IEG3610을 이용한

시퀀스 제어 실습

김세찬, 이한석 공저

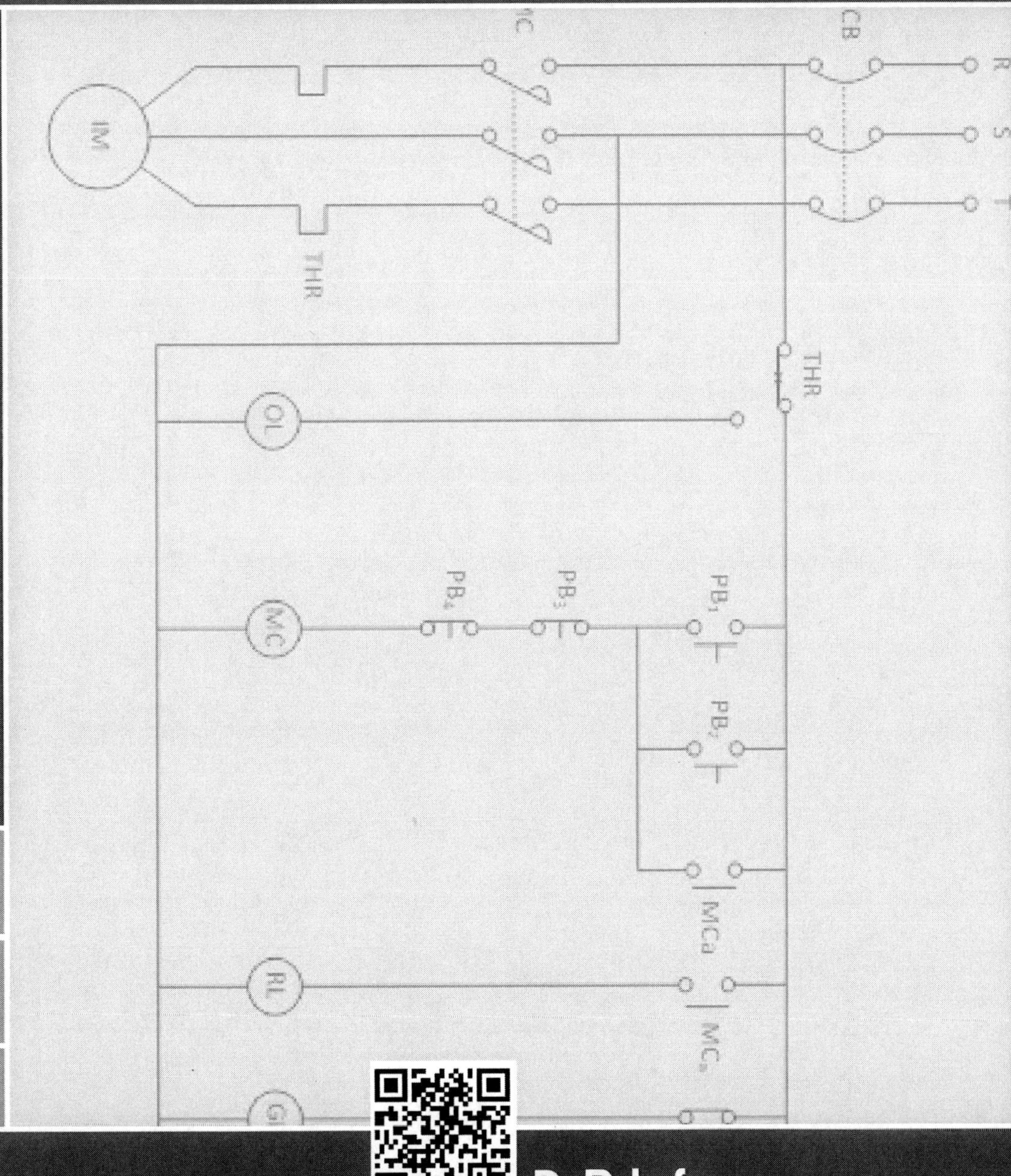

D.B.Info

PREFACE

시퀀스 회로는 자동화가 요구되는 거의 모든 산업분야에서 사용되고 있는 제어장치로서 PLC 제어회로를 공부하기 전 필수적으로 이해하여야 할 제어회로이다. PLC 제어기가 사용되기 전 과거에는 모든 제어 장치가 시퀀스 회로에 의하여 제어 되었다고 해도 과언이 아니다. 최근에는 이러한 시퀀스 제어회로들이 PLC 제어로 대부분 대치되고 있으나, 간단한 제어반 등에는 아직도 시퀀스 회로들이 사용되고 있는 것이 현실이다. 시퀀스 회로를 이해하게 되면, 추후 PLC 제어회로를 구성하는데 있어서 회로 구성 및 부품을 선정하는데 있어서 기초적인 지식이 될 뿐만 아니라 PLC 제어 프로그램을 작성하는 능력을 향상하는데 있어서도 많은 도움이 된다.

이 책은 IEG 사의 모듈식 시퀀스 실습장비인 IEG3610을 기반으로 하여 기본적인 시퀀스 회로를 실습할 수 있도록 구성되어 있으며 각 장의 마지막에는 평가문제를 제시하여 실습을 통하여 학습한 내용을 복습해 볼 수 있도록 하였다.

따라서 이 책을 통하여 공부한다면 누구나 쉽게 시퀀스 회로의 기본 동작과 원리를 이해하고 간단한 응용 회로를 구성할 수 있다.

이 책은 다음과 같이 구성되어 있다.

- 제1장에서는 시퀀스 회로를 구성하는데 있어서 필요한 수 체계와 코드에 관한 기초적인 지식을 학습한다.
- 제2장에서는 시퀀스 회로 구성의 기초적인 지식이 되는 이진논리, 논리 축약을 위한 카르노 맵 및 불 대수에 관하여 학습한다.
- 제3장에서는 자동제어의 기본 개념을 학습하고 시퀀스 제어의 개념을 익힌다.
- 제4장에서는 실습장치와 시퀀스 회로를 구성하는데 있어서 필수적인 부품에 대한 기본적인 지식을 학습한다.

- 제5장에서는 16개의 시퀀스 회로를 구성하고 실습을 통하여 그 동작을 이해할 수 있도록 하였다.

- 제6장에서는 시퀀스 회로를 구성하는데 있어서 필수적인 전선의 종류와 굵기를 선정하고 차단기의 용량을 선정하는데 필요한 기초적인 지식을 학습한다.

시퀀스 회로를 공부하는 가장 좋은 방법은 실제 회로를 구성하고 그 동작을 확인하여 보는 것이다. 이 책은 16 종류의 시퀀스 회로를 실습할 수 있도록 구성되어 있고, 전기, 전자에 대한 기본 지식이 없이도 16주 한 학기동안 학습하여 완성할 수 있도록 쉽게 설명하였다. 또한 시퀀스 회로의 배선 또한 그림을 통하여 그대로 따라할 수 있도록 구성하였기 때문에, 이 책을 통하여 성실히 공부한다면 누구나 시퀀스 회로의 구성 및 배선 방법을 쉽게 익힐 수 있을 것으로 기대된다.

저자 씀

CONTENTS

제1장

수 체계와 코드

1.1 십진수 체계

십진수는 가장 일반적으로 사용되는 수 체계이며 “10”을 기저수(base)로 하고 있다. 어떤 수 체계의 기수 또는 기저수는 그 수 체계에서 사용된 숫자 또는 서로 다른 심볼의 전체 개수를 결정한다. 예를 들어 10진수 체계에서는 10개의 유일한 수, 즉 십진수 “0 ~ 9”가 사용되며 전체 심볼의 개수는 기저수와 동일하다. 그리고 가장 큰 값을 가지는 심볼은 기저수 보다 “1” 작다. 십진수의 값은 구성되는 수와 각 수의 자리값에 의하여 결정된다. 자리값(가중치)은 오른쪽 수에서 왼쪽 수의 순서로 각 자리에 할당된다. 십진수 체계에서 가장 오른쪽 자리로부터 시작하는 첫째자리는 “0”, 둘째 자리는 “1”, 셋째 자리는 “2” 등 마지막 자리까지 계속된다. 각 자리의 가중치는 자리의 승수로 증가되는 기저로서 표현될 수 있는데, 10진수 체계에서 자리 가중치는 1(10^0), 10(10^1), 100(10^2), 1000(10^3) 등이다. 그림 1.1은 각 숫자에 자리 가중치를 곱하고 그 결과를 더함으로서 십진수 값이 계산되는 과정을 보여준다.

$$4728 = (4 \times 10^3) + (7 \times 10^2) + (2 \times 10^1) + (8 \times 10^0)$$

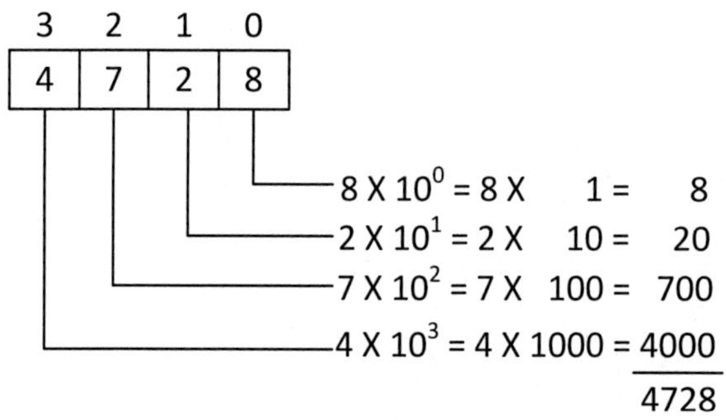

그림 1.1 십진수 체계에서의 가중치

1.2 이진수 체계

이진수 체계는 기저수로서 “2”를 이용한다. 따라서 이진수에서 허용되는 수는 “0”과 “1”뿐이다. 이진수는 디지털 회로에서 두 개의 전압(5V, 0V)으로 쉽게 구현할 수 있기 때문에 컴퓨터, 시퀀스 회로, PLC 등과 같은 디지털 시스템에서는 주로 이진수 체계를 사용한다. 이진수 체계는 두 수(0,1)만을 이용하기 때문에 이진수의 각 자리는 단지 두 번의 변화에 의해 자리 이동이 발생된다. 이때 "자리올림으로 발생한 1"은 인접한 상위 자리(왼쪽자리)로 옮겨간다.

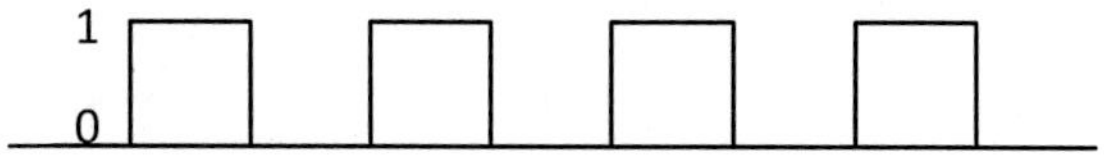

그림 1.2 디지털 신호파형

표 1.1은 4개의 일반적인 수 체계(10진수(기저수:10), 8진수(기저수:8), 16진수(기저수:16), 이진수(기저수:2))를 비교하여 보여준다.

표 1.1 수 체계 비교

10진법	8진법	16진법	이진법
0	0	0	0
1	1	1	1
2	2	2	10
3	3	3	11
4	4	4	100
5	5	5	101
6	6	6	110
7	7	7	111
8	10	8	1000
9	11	9	1001
10	12	A	1010
11	13	B	1011
12	14	C	1100
13	15	D	1101
14	16	E	1110
15	17	F	1111
16	20	10	10000
17	21	11	10001

이진수의 10진 등가수는 10진수에서 사용되었던 방법과 비슷하게 계산된다. 이때 자리 가중치는 $1(2^0)$, $2(2^1)$, $4(2^2)$, $8(2^3)$, $16(2^4)$, $32(2^5)$, $64(2^6)$ 등이다. 가중치는 자릿수에 따른 10의 누승이 되는 대신에 자릿수에 따른 2의 누승이 된다. 그림 1.3은 이진수 1011이 어떻게 10진수 11로 변환되는지를 보여준다.

이진수의 각 자리수는 특별히 비트라고 한다. 일반적으로 메모리는 수백, 수천 개의 기억장소로 구성되며, 이들 기억장소(또는 레지스터)는 워드단위로 구분된다. 각 워드는 이진수 또는 비트의 형태로 데이터를 저장한다. 한 워드가 저장할 수 있는 비트의 수는 사용된 CPU 종류에 따라 달라지는데 8비트 워드와 16비트 워드가 가장 일반적으로 사용된다. 기술이 발전함에 따라서 32비트 워드 또는 더 큰 워드도 가능하다. 또한 비트는 하나의 워드 단위 내에서 바이트로 그룹화 될 수도 있는데, 일반적으로 8비트 그룹이 1바이트가 된다.

$$1011 = (1\times 2^3)+(0\times 2^2)+(1\times 2^1)+(1\times 2^0) = 11$$

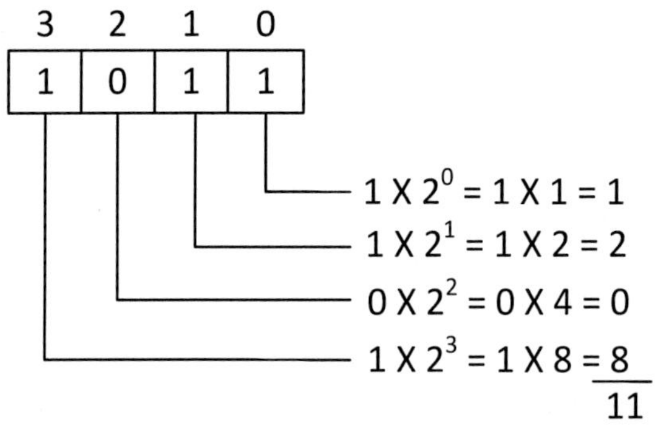

그림 1.3 2진수를 10진수로 변환

그리고 1개 또는 그 이상의 바이트를 워드라 한다. 그림 1.4는 2바이트로 구성된 16비트 워드를 보여준다. 여기서 LSB는 가장 작은 값을 나타내는 자리수이고, MSB는 가장 큰 값을 나타내는 자리수이다. 그리고 어떤 워드 내에 있는 하나의 비트는 단지 두 가지 논리적 상태(논리적 1(ON) 조건 또는 논리적 0(OFF) 조건)만 가진다.

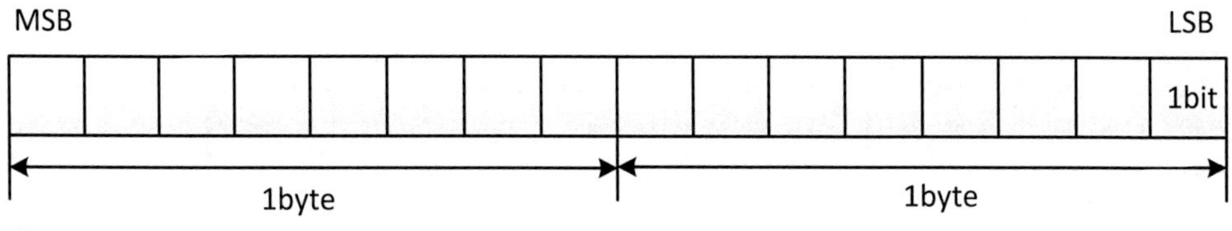

그림 1.4 16비트 워드

한편, 10진수를 이진 등가수로 변환하기 위해서는 그림 1.5와 같이 단순히 10진수를 2로 나누는 과정을 더 이상 나눌 수 없을 때까지 반복적으로 수행하면 된다. 그림 1.5는 10진수 47을 이진수로 변환하는 과정을 보여준다. 이것은 10진수를 "2"로 나눔으로 시작한다. 만약 나머지가 있다면 그 값은 이진수의 LSB가 된다. 그러나 나머지가 없다면 LSB의 값은 "0"이 된다. 그 후 나누기 결과의 몫은 아래로 내려온다. 이러한 과정은 나머지의 결과가 "0"이 될 때까지 반복된다.

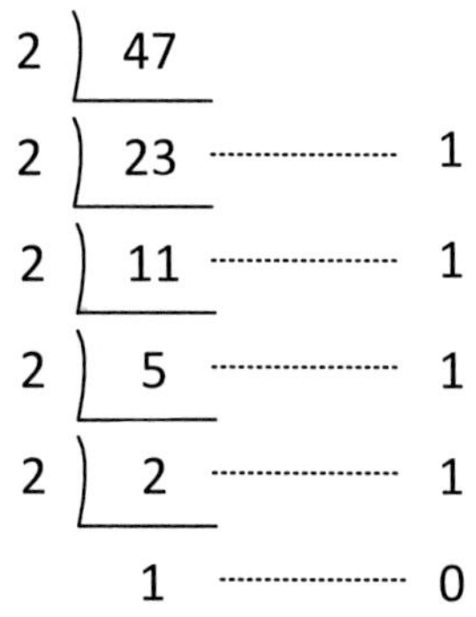

그림 1.5 10진수를 이진수로 변환

1.3 음수 체계

10진수에서 양수 값은 플리스(+) 기호를 가지며 음수값은 마이너스(−) 기호를 가진다. 그러나 이진수 체계에서는 수의 부호를 나타내기 위하여 플러스(+), 마이너스(−) 기호를 사용하는 것이 불가능하다. 따라서 이진수에서는 양수값과 음수값을 표현하기 위하여 수의 MSB 자리에 별도의 자리 수 또는 부호비트를 사용한다. 표 1.2에서와 같이 만약 부호비트의 값이 "0"이면 양수 값을 나타내고 "1"이 되면 음수값을 나타낸다.

표 1.2 부호 있는 이진수 표현

부호표시	2진법	10진법
0	111	+7
0	110	+6
0	101	+5
0	100	+4
0	011	+3
0	010	+2
0	001	+1
0	000	0
1	001	-1
1	010	-2
1	011	-3
1	100	-4
1	101	-5
1	110	-6
1	111	-7

표 1.3 1의 보수와 2의 보수

10진법	1의 보수	2의 보수
+7	0111	0111
+6	0110	0110
+5	0101	0101
+4	0100	0100
+3	0011	0011
+2	0010	0010
+1	0001	0001
0	0000(+0) 1111(-0)	0000
-1	1110	1111
-2	1101	1110
-3	1100	1101
-4	1011	1100
-5	1010	1011
-6	1001	1010
-7	1000	1001

디지털 시스템에서 음수를 표현하는 또 다른 방법은 2진수의 보수를 이용하는 것이다. 이진수의 보수를 구하는 방법은 매우 간단하게 이루어지는데 '1'은 '0'으로 바꾸고 '0'은 '1'로 바꾸면 된다. 이렇게 하여 얻어진 이진수의 보수는 '1'의 보수라 한다. 예를 들어 "1001"의 '1'의 보수는 "0110"이 된다. 그러나 '1'의 보수는 두 개의 '0'(+0과 -0)을 가지므로 마이크로프로세서에서 사용이 불가능하다.

따라서 마이크로프로세서에서는 '1'의 보수가 아니라 '1'의 보수에 다시 '1'을 더함으로서 얻어지는 '2'의 보수를 사용한다. 표 1.3은 이진수의 '1'의 보수와 '2' 보수를 보여준다. 여기서 부호비트가 '0'이면 양수를 나타내고 '1'이면 음수를 나타낸다.

2의 보수의 사용은 마이크로프로세서가 수학적 연산을 더욱 쉽게 할 수 있도록 해 준다. 만약 마이크로프로세서가 메모리로부터 어떤 값을 읽어 왔을 때 MSB가 "1"이라면 그 수를 음수로 판단한다. 그리고 어떤 데이터 값이 키보드로부터 입력되었을 때 그 값이 음수라면 마이크로프로세서는 그 값을 2의 보수로 변환하여 저장한다.

1.4 8진수 체계

앞에서 언급한 바와 같이 이진수 체계로 수를 표현하는 경우 10진수로 표현하는 경우보다 많은 자리 수를 필요로 한다. 이러한 문제점을 해결하기 위하여 약간 다른 수 체계가 사용되는데, 8을 기저로 하는 8진수와 16을 기저로 하는 16진수 체계가 있다.

8을 기저로 하는 8진수 체계와 16을 기저로 하는 16진수 체계는 주로 마이크로프로세서, 컴퓨터 시스템에서 사용된다. 왜냐하면 8개의 데이터 비트는 사용자 또는 프로그래머에 의하여 주소지정 될 수 있는 1바이트의 정보를 구성하기 때문이다. 그림 1.6은 8진수 체계를 이용한 입/출력 모듈의 주소지정을 보여준다. 수의 범위는 0 ~ 7까지 이며, 8, 9는 허용되지 않는다. 8진수는 큰 2진수를 다루기 편리하기 때문에 사용된다. 표 1.4에서 보여준 것처럼 한자리의 8진수는 3자리의 이진수를 표현하기 위하여 사용될 수 있다. 8진수 체계는 8개의 숫자(0 ~ 7)를 사용한다. 다른 수 체계에서처럼 8진수에서 각 숫자는 그 자릿수에 따라 가중 8진 값을 가진다. 그림 1.7은 8진수 462가 10진수 306으로 변환되는 과정을 보여준다.

앞에서 언급했던 것처럼 8진수는 큰 2진수를 표현하는데 편리하게 이용된다. 예를 들어 8진수 462는 그림 1.8에서처럼 3비트 그룹을 결합함으로서 2진 등가수로 변환할 수 있다. 그래서 8진수 "462"는 이진수 "100 110 010"이 된다.

입력모듈0	입력모듈1	입력모듈2	입력모듈3
100	110	120	130
101	111	121	131
102	112	122	132
103	113	123	133
104	114	124	134
105	115	125	135
106	116	126	136
107	117	127	137

그림 1.6 8진수 체계를 이용한 입/출력 모듈의 주소지정

표 1.4 이진법과 8진법

이진법	8진법
000	0
001	1
010	2
011	3
100	4
101	5
110	6
111	7

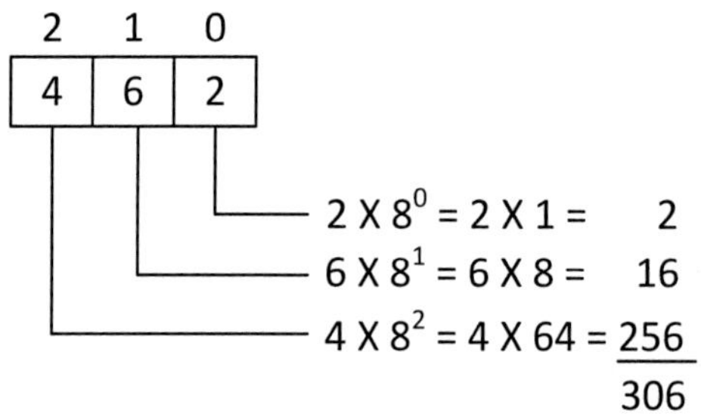

그림 1.7 8진수를 10진수로 변환

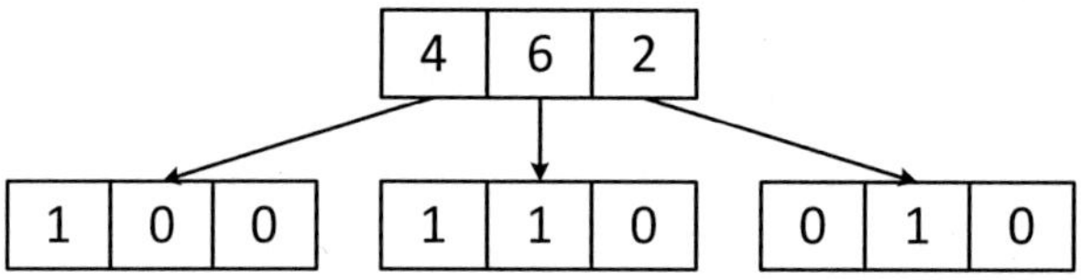

그림 1.8 8진수를 2진수로 변환

1.5 16진수 체계

16진수 체계는 데이터가 16비트, 또는 8비트로 구성되며, 디지털 기기에서 주로 사용되는 수 체계이다.

표 1.5 16진수 체계

16진법	이진법	10진법
0	0000	0
1	0001	1
2	0010	2
3	0011	3
4	0100	4
5	0101	5
6	0110	6
7	0111	7
8	1000	8
9	1001	9

A	1010	10
B	1011	11
C	1100	12
D	1101	13
E	1110	14
F	1111	15

16진수 체계는 기저가 "16"이므로 16개의 심볼을 필요로 한다. 따라서 표 1.5에서와 같이 "0 ~ 9"까지의 수는 기존의 십진수에서 사용되는 아라비아 수를 사용하지만 "10 ~ 15"를 나타내기 위하여 영문자 "A ~ F"를 사용한다.

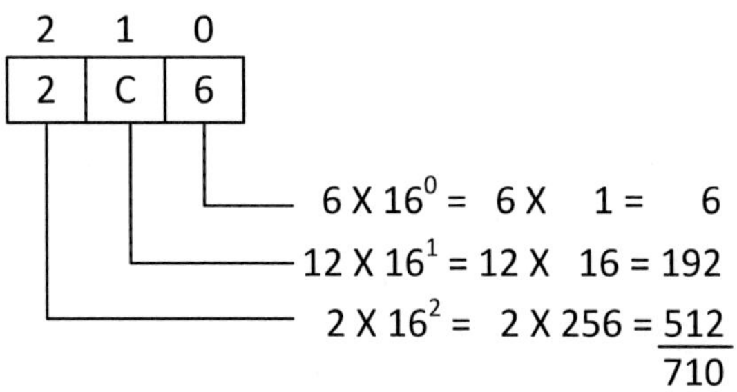

그림 1.9 16진수를 10진수로 변환

16진수를 10진수로 변환하는 방법은 이진수와 8진수의 변환방법과 동일하다. 16진수를 10진 등가수로 변환하기 위하여 16진수의 각 자리수는 가중도에 따라 가중치 16을 곱한다. 그림 1.9는 16진수 "2C6"이 어떻게 10진수 "710"으로 변환되는지를 보여준다.

8진수와 마찬가지로 16진수는 쉽게 이진수로 변환된다. 그림 1.10에서와 같이 각 자리마다 16진수의 4비트 이진 등가수를 쓰면 된다. 그림 1.9, 그림 1.10에서와 같이 16진수 2C6은 이진수로 "0010 1100 0110"이고 십진수로 "710"이 된다.

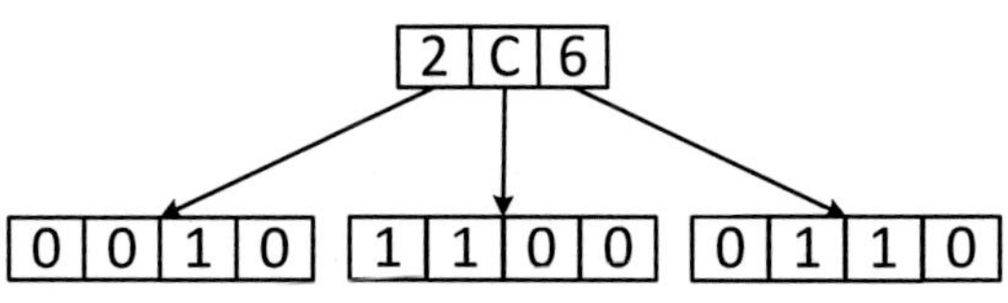

그림 1.10 16진수를 2진수로 변환

1.6 BCD 체계

이진화 십진법(Binary-coded decimal, BCD)은 이진수 네 자리를 묶어 십진수 한 자리로 사용하는 기수법이다. BCD 수 체계는 이진수 네 자리가 십진수 한 자리에 바로 대응되기 때문에 변환이 편리 하다는 장점이 있으나, 쓰이지 않고 버려지는 메모리가 많아 같은 데이터를 저장하더라도 더 많은 메모리가 필요하다는 단점이 있다.

BCD 수 체계는 특히 숫자의 십진 출력을 요하는 전자 회로와 마이크로프로세서에서 많이 사용되는데, 이는 순수 이진법으로 표현된 숫자를 십진법으로 출력하기 위해서는 복잡한 나눗셈 회로가 필요하기 때문이다. BCD를 사용할 경우 각 자리 별로 하나씩 간단한 변환 회로를 만들어서 7세그먼트 표시 장치 등에 바로 연결할 수 있기 때문에 전체적인 구현을 간편하게 할 수 있다. 이 때문에 일부 프로세서는 아예 BCD로 덧셈과 뺄셈 등의 간단한 연산을 할 수 있는 명령을 갖추고 있다. BCD에서 십진법의 각 자리는 표 1.6과 같이 표현된다.

많은 컴퓨터가 8비트를 묶어서 1바이트로 처리하기 때문에, 이런 환경에서 이진화 십진법을 저장하는 방법은 두 가지가 있을 수 있다. 즉 한 바이트에 한 자리만을 저장하고, 남는 네 자리를 0000이나 1111(EBCDIC의 경우), 또는 0011(ASCII의 경우) 등으로 채우는 방법과 한 바이트에 두 자리를 저장하는 방법이다.

PLC Thumb-wheel 스위치 그리고 LED 디스플레이는 BCD 시스템을 사용하는 장치의 한 예이다. 십진수의 BCD 표현은 각 자리의 십진수를 BCD 등가수로 대치함으로서 얻어진다. BCD수 체계와 2진수 체계를 구분하기 위하여 BCD라는 문자가 BCD수의 오른쪽에 자리한다. 십진수 7863의 BCD표현은 그림 1.11에서 보여준다.

표 1.6 BCD와 이진 등가수 그리고 10진 등가수

10진수	BCD	이진수
0	0000	0
1	0001	1
2	0010	10
3	0011	11
4	0100	100
5	0101	101
6	0110	110

7	0111	111
8	1000	1000
9	1001	1001
10	0001 0000	1010
11	0001 0001	1011
12	0001 0010	1100
13	0001 0011	1101
14	0001 0100	1110
15	0001 0101	1111

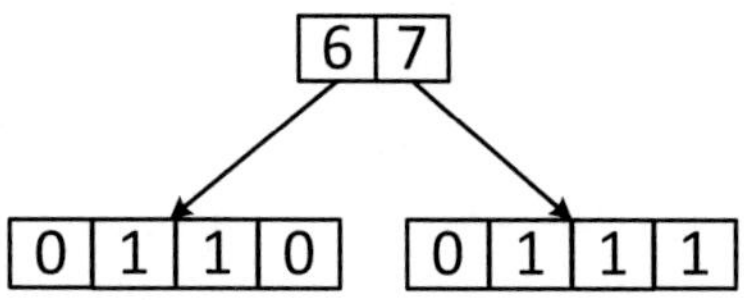

그림 1.11　10진수의 BCD 표현

1.7 그레이 코드

그레이 코드는 자리 가중치를 두지 않는 이진수의 특수한 형태이다. 다른 말로 하면 각 자릿수는 한정된 지정 가중치를 가지지 않는다. 그레이 코드는 단지 하나의 비트만을 변화시킴으로서 한 수로부터 다른 수로 천이 될 수 있도록 한다. 이것은 카운팅 회로에 있어서는 꽤 혼란스러울 수 있지만 엔코드 회로에는 이상적이다. 예를 들어 절대치 엔코드는 각 위치를 결정하기 위하여 그레이 코드를 이용하는 위치 변환기이다. 그레이 코드는 각 카운터(어떤 수에서 다음 수로의 각 천이)마다 단지 하나의 자릿수 만 변화한다. 표 1.7은 그레이 코드와 이진 코드의 비교를 보여준다. 이진수에서는 한번 카운트함으로서 최대 4개의 자리수가 변화할 수 있다. 예를 들어 이진수 0111에서 1000으로의 변화는 4개의 자릿수 모두를 변화하게 한다. 이러한 종류의 변화는 어떤 디지털 회로에서 에러가 발생할 확률을 높여준다. 이러한 이유로 그레이 코드는 에러 최소화 코드이다. 한 번에 단지 하나의 비트가 변화하기 때문에 그레이 코드에서의 변화의 속도는 BCD와 같은 코드들의 변화 속도보다 빠르다.

표 1.7 그레이 코드와 이진 등가수

그레이 코드	이진수
0000	0000
0001	0001
0011	0010
0010	0011
0110	0100
0111	0101
0101	0110
0100	0111
1100	1000
1101	1001
1111	1010
1110	1011
1010	1100
1011	1101
1001	1110
1000	1111

1.8 아스키 코드

아스키 코드는 정보 교환을 위한 미국 표준 코드(Ameriacn Standard Code for Information Interchange) 이다. 이것은 숫자, 문자 겸용 코드이다. 왜냐하면 아스키 코드는 문자와 숫자를 모두 포함하기 때문이다. 아스키 코드에 의하여 엑세스될 수 있는 문자는 26개의 소문자와 25개의 알파벳 그리고 25개의 특수 문자(@,#,$,%,* 등)를 포함하여 10개의 숫자도 포함하고 있다. 표 1.8은 아스키 코드를 보여준다. 이것은 주로 MCU와 외부 기기와의 통신을 위하여 사용된다.

1.9 엔코딩과 디코딩

대부분의 마이크로프로세서 응용장치들은 어떤 수 체계로부터 다른 수 체계로의 변환을 위하여 디지털 IC를 이용하고 있다. 엔코드 IC는 10진수를 2진수로 변환하기 위하여 사용된다. 그림 1.12는 10진수 "0~9"를 2진수로 바꾸기 위한 엔코드 회로를 보여준다. 수치신호의 범위는 제한되어 있지 않다. 대부분의 마이크로프로세서 응용장치들은 수치값을 엔코딩하기 위하여 16비트 정수를 이용한다. 그래서 가능한 수의 범위는 "−32768 ~ 32767"까지 이다. 전원이 연결되었을 때 모든 입력 스위치가 오픈 되었다면 LED는 모두 오프 될 것이다. 이것은 출력에 이진수 0000이 나타남을 나타낸다.

표 1.8 아스키 코드

Hex	Dec	ASCII	Hex	Dec	ASCII	Hex	Dec	ASCII	Hex	Dec	ASCII
00	0	NULL	20	32	SP	40	64	@	60	96	.
01	1	SOH	21	33	!	41	65	A	61	97	a
02	2	STX	22	34	"	42	66	B	62	98	b
03	3	ETX	23	35	#	43	67	C	63	99	c
04	4	EOT	24	36	$	44	68	D	64	100	d
05	5	ENQ	25	37	%	45	69	E	65	101	e
06	6	ACK	26	38	&	46	70	F	66	102	f
07	7	BEL	27	39	`	47	71	G	67	103	g
08	8	BS	28	40	(	48	72	H	68	104	h
09	9	HT	29	41	)	49	73	I	69	105	i
0A	10	LF	2A	42	*	4A	74	J	6A	106	j
0B	11	VT	2B	43	+	4B	75	K	6B	107	k
0C	12	FF	2C	44	`	4C	76	L	6C	108	l
0D	13	CR	2D	45	-	4D	77	M	6D	109	m
0E	14	SO	2E	46	.	4E	78	N	6E	110	n
0F	15	SI	2F	47	/	4F	79	O	6F	111	o
10	16	DLE	30	48	0	50	80	P	70	112	p
11	17	DC1	31	49	1	51	81	Q	71	113	q
12	18	SC2	32	50	2	52	82	R	72	114	r
13	19	SC3	33	51	3	53	83	S	73	115	s

14	20	SC4	34	52	4	54	84	T	74	116	t
15	21	NAK	35	53	5	55	85	U	75	117	u
16	22	SYN	36	54	6	56	86	V	76	118	v
17	23	ETB	37	55	7	57	87	W	77	119	w
18	24	CAN	38	56	8	58	88	X	78	120	x
19	25	EM	39	57	9	59	89	Y	79	121	y
1A	26	SUB	3A	58	:	5A	90	Z	7A	122	z
1B	27	ESC	3B	59	;	5B	91	[	7B	123	{
1C	28	FS	3C	60	〈	5C	92	\	7C	124	|
1D	29	GS	3D	61	=	5D	93	]	7D	125	}
1E	30	RS	3E	62	〉	5E	94	·	7E	126	~
1F	31	US	3F	63	?	5F	95	_	7F	127	DE

예를 들어 십진 입력 스위치 3번을 닫으면 십진수 3이 엔코드로 입력된다. 결국 이것은 이진수 "0011"을 나타내도록 LED1번과 2번이 켜지게 된다. 디코드 IC는 이진수를 십진수로 다시 바꾸기 위하여 이용된다.

그림 1.13은 이진수 "0000 ~ 1001"까지를 십진수로 변환하는 회로를 보여준다. 전원이 연결되었을 때 모든 입력스위치가 개방되면 출력 LED는 켜지지 않는다. 이것은 이진수 "0000"을 나타낸다. 예를 들어 이진입력 스위치 2번과 4번을 닫으면 이진수 "0110"이 디코드로 입력된다. 이것은 결국 10진수 6을 나타내는 10진 출력 6번 LED가 켜지게 한다.

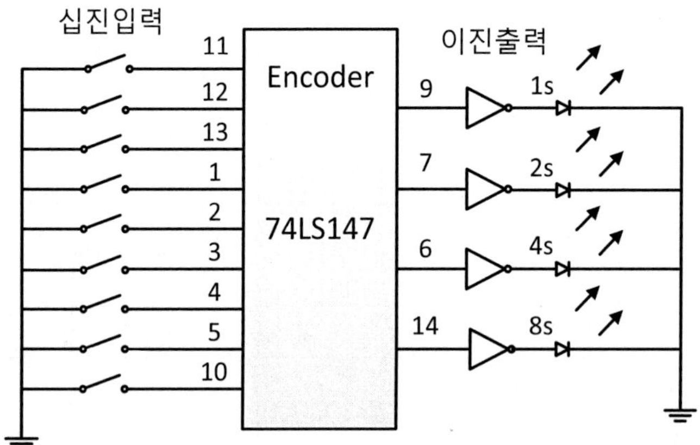

그림 1.12 십진수-이진수 엔코드

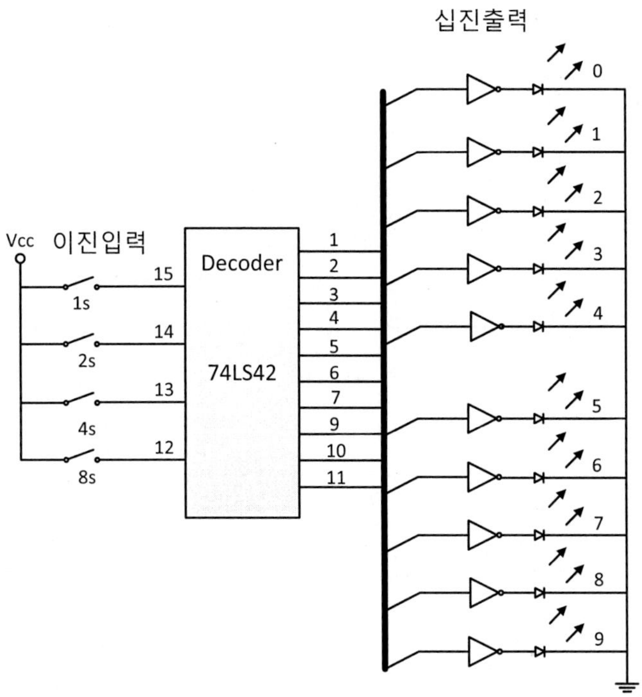

그림 1.13 이진수-10진수 디코드

1.10 패리티 비트

일반적으로 통신 시스템은 데이터 전송의 정확성을 검사하기 위하여 이진수를 이용한다. 예를 들어 데이터가 마이크로프로세서를 장착한 어떤 장치들 사이에 전송될 때 이진 자리수 중의 하나가 외부 노이즈 또는 전송망의 이상에 의하여 '1'에서 '0'으로 바뀔 수 있다. 패리티 비트는 어떤 워드가 전송될 때 발생할지도 모르는 에러를 검출하기 위하여 사용된다. 패리티 비트는 전송 중 노이즈 등에 의하여 발생된 에러를 검출하기 위하여 전송되는 문자의 마지막에 부가적으로 포함되는 비트를 말한다. 패리티 비트는 문자 자체의 '1' 또는 '0'의 개수에 따라서 이진수 '0' 또는 '1'이 된다.

일반적으로 두 가지 종류(홀수(odd) 또는 짝수(even))의 패리티 비트가 사용된다. 홀수 패리티는 전송될 어떤 이진코드에서 "1"의 개수가 패리티 비트를 포함하여 홀수가 됨을 의미하며, 짝수 패리티는 어떤 전송될 어떤 이진코드에서 "1"의 개수가 패리티 비트를 포함하여 짝수가 됨을 의미한다. 표 1.9는 짝수, 홀수 패리티에 대한 예를 보여준다.

표 1.9 짝수, 홀수 패리티

문자	짝수 패리티	홀수 패리티
0000	0	1
0001	1	0
0010	1	0
0011	0	1
0100	1	0
0101	0	1
0110	0	1
0111	1	0
1000	1	0
1001	0	1

1.11 이진 연산

덧셈, 뺄셈, 곱셈, 나눗셈을 포함한 산술 연산은 CPU 내부의 산술 연산장치인 ALU에서 이루어진다.

1 이진 덧셈

이진 덧셈은 십진수 덧셈과 유사하게 다음의 규칙을 따른다. 이진수 덧셈이 실행될 때는 단지 4가지 규칙만이 있다.

① 0 + 0 = 0
② 0 + 1 = 1
③ 1 + 0 = 1
④ 1 + 1 = 10

십진수 덧셈에서와 마찬가지로 ①,②,③ 번의 연산은 10진수와 동일하며 이해하기 쉽다. 그러나 ④번의 연산은 약간 다르다. 십진수에서 1+1=2가 된다. 그러나 이진수에서는 사용가능한 수가 '0'과 '1' 뿐이며, 따라서 '2'는 자리올림이 발생하여 "10"으로 표현된다. 그림 1.14는 10진 덧셈과 이진 덧셈의 예를 비교하여 보여준다.

10진수 연산	등가 이진수 연산
5	101
+ 2	+ 10
7	111

10진수 연산	등가 이진수 연산
11	1011
+ 2	+ 10
13	1101

10진수 연산	등가 이진수 연산
23	0010 0011
+ 16	+ 0001 0110
39	0011 1001

그림 1.14 10진 연산과 이진 연산의 예

2 이진 뺄셈

수치연산기능에서 뺄셈에 의하여 결합되어지는 처음 값은 피감수와 감수이다. 뺄셈의 결과는 차라고 하며 다음과 같이 표현된다.

```
  A (피감수)
- B (피감수)
------------
  C ( 차)
```

더 큰 이진수의 뺄셈은 각 자리끼리 뺀다. 그리고 필요하면 이웃 자리에서 빌려온다. 이웃자리에서 빌려오면 두 자리 수가 된다. 즉 '0'이 '1'을 빌리면 "10"을 빌려오는 것이 된다.

예 1.1 1101로부터 0101을 뺀다.

```
  1011
- 0101
------
  0110
```

이진수는 음수일 수 있다. 음수 연산과정은 10진수의 연산과정과 일치한다. 왜냐하면 더 작은 값은 더 큰 수로부터 빼질 수 있고 음수 표시는 결과의 앞에 위치하기 때문이다.

예 1.2 1000으로부터 1101을 뺄셈한다.

```
  1000
- 1101
------
- 1011
```

그러나 컴퓨터 내부에서 음수 부호(-)의 사용은 불가능하다. 따라서 음수의 표현은 다른 방법이 사용되고 있는데 보수 표현이 그것이다. 이 보수 표현은 컴퓨터 내부에서 뺄셈 연산을 용이하게 하기 위하여 사용되는 연산 방법이다. 보수의 표현에는 1의 보수와 2의 보수가 있다. 1의 보수 표현은 0이 2개(+0, -0)가 되므로 컴퓨터 내부 연산에서 사용되지 않으며 컴퓨터 내부 연산에서는 2의 보수가 뺄셈을 위하여 사용된다.

1의 보수를 구하는 방법은 이진수에서 모든 자리수를 반전시키면 된다. 예를 들어 "1010"의 1의 보수값은 "0101"이 된다. 그리고 2의 보수를 구하는 방법은 1의 보수에 단순히 1을 더함으로서 얻어진다. 따라서 "1010"의 2의 보수는 "1010"의 1의 보수인 "0101" 값에 1을 더하여 "0110"이 된다. 2의 보수를 이용한 뺄셈에서는 감수의 2의 보수를 구한 다음 피감수와 더하면 된다. 이때 그 연산 결과에서 캐리가 발생하면 그 결과는 양수가 되고 캐리가 없으면 그 결과는 음수가 되고 음수 표시를 한다. 예 1.3은 2의 보수를 이용한 뺄셈을 보여준다.

예 1.3 "0110"로부터 "0011"을 뺀다.

먼저 뺄셈을 위하여 감수인 "0011"의 2의 보수를 구하면 "1101"이 되고 이 보수값을 이용하여 "0110"과 덧셈을 실행하면 된다.

```
  0110
+ 1101
------
[1] 0011
캐리
```

연산 결과 캐리가 발생했으므로 연산 결과는 양수가 되고 캐리는 버리면 된다.

다음은 연산 결과가 음수인 예를 보여준다.

예 1.4 "0110"로부터 "0111"을 뺀다.

```
  0110
+ 1001
------
[0] 1111
캐리
```

먼저 감수인 "0111"의 1의 보수를 구하면 "1000"이 되고 여기에 1을 더하면 2의 보수인 "1001"이 얻어진다. 이 값을 피감수인 "0110"과 덧셈을 취하면 0110-0111의 결과를 얻을 수 있다. 연산 결과 캐리의 값이 0이므로 연산결과는 음수가 된다. 따라서 이 음수 값을 구하기 위하여 연산결과에서 1을 뺀 다음 1의 보수를 구하고 음수 부호를 붙인다. 즉 1111-1=1110이 되고 이 값의 1의 보수를 구하고 음수 부호를 붙이면 -0001이 된다. 따라서 그 연산 결과는 -1이 된다.

하지만 컴퓨터 내부에서 이러한 여러 단계의 연산을 거치는 것은 매우 비효율적이다. 따라서 컴퓨터 내부에서 사용되는 뺄셈은 최상위 비트를 부호 비트로 사용하고 감수의 2의 보수를 취하여 연산을 수행한다. 연산결과 최상위 부호 비트가 0이면 양수를 나타내고 1이면 음수를 나타내게 된다.

예 1.5 "3-5"를 연산한다.

먼저 감수인 5의 2의 보수를 구하면 1011이 된다. 따라서 3의 이진수 값인 0011과 1011을 더하면 다음과 같이 된다.

$$\begin{array}{r} 0011 \\ +\ 1011 \\ \hline 1110 \end{array}$$

여기서 최상위 비트는 부호 비트가 되고 연산 결과 부호비트가 1이므로 음수가 된다. 따라서 연산결과는 -2이다.

3 이진 곱셈

이진수는 10진수와 똑같은 방법으로 곱해진다. 이진곱셈을 할 때는 아래와 같이 단지 4가지 조건이 있다.

① 0 × 0 = 0
② 0 × 1 = 0
③ 1 × 0 = 0
④ 1 × 1 = 1

한자리 이상의 수를 곱하기 위해서는 아래의 예에서 보는 것과 같이 부분 곱셈을 실행하고 그것을 서로 더한다.

예 1.6 "6 X 2"를 연산한다.

10진수 연산	등가 이진수 연산
$$\begin{array}{r} 6 \\ \text{X}\ \ 2 \\ \hline 12 \end{array}$$	$$\begin{array}{r} 0110 \\ \text{X}\ \ \ 10 \\ \hline 0000 \\ 0110\ \\ \hline 01100 \end{array} \longrightarrow 12$$

4 이진 나눗셈

하나의 이진수를 다른 이진수로 나누기 위한 과정은 예 1.5에서 보는 것과 같이 10진수나 이진수 모두 같다.

예 1.7 "6÷2"를 연산한다.

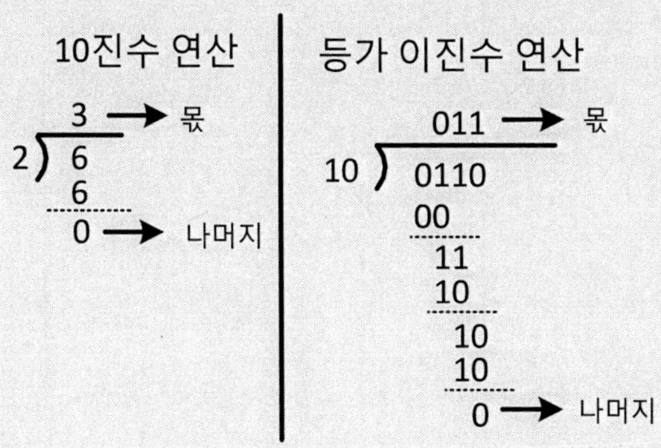

학습평가문제

1. 다음 이진수를 십진수로 변환하시오.

이진수	십진수
㉠ 10	
㉡ 100	
㉢ 111	
㉣ 1011	
㉤ 1100	
㉥ 10010	
㉦ 10101	
㉧ 11111	
㉨ 11001101	
㉩ 11100011	
㉪ 01011101	
㉫ 01101010	

2. 다음 십진수를 이진수로 변환하시오.

십진수	이진수
㉠ 7	
㉡ 19	
㉢ 28	
㉣ 46	
㉤ 57	
㉥ 86	
㉦ 94	
㉧ 67	
㉨ 159	
㉩ 229	

㉪ 112	
㉫ 148	
㉬ 230	
㉭ 126	

3. 다음 8진수를 10진수로 변환하시오.

8진수	십진수
㉠ 36	
㉡ 104	
㉢ 120	
㉣ 216	
㉤ 360	

4. 다음 8진수를 2진수로 변환하시오.

8진수	십진수
㉠ 74	
㉡ 130	
㉢ 250	
㉣ 1510	
㉤ 2551	
㉥ 2634	

5. 다음 16진수를 10진수로 변환하시오.

16진수	십진수
㉠ 5A	
㉡ C7	
㉢ 9B5	
㉣ 1A6	
㉤ 4D3	
㉥ 23C	
㉦ 3A3D	

6. 다음 16진수를 이진수로 변환하시오.

16진수	이진수
㉠ 5A	
㉡ C7	
㉢ 9B5	
㉣ 1A6	
㉤ 4D3	

7. 다음 10진수를 BCD로 변환하시오.

110진수	BCD
㉠ 146	
㉡ 389	
㉢ 1657	
㉣ 3452	
㉤ 2572	

8. 그레이 코드의 가장 중요한 특징은 무엇인가?

9. 엔코드 회로의 기본적인 기능은 무엇인가?

10. 디코드 회로의 기본적인 기능은 무엇인가?

11. 이진체계는 왜 컴퓨터 회로에 잘 적용될 수 있는가?

12. 다음 용어를 설명하시오.

㉠ 비트

㉡ 바이트

㉢ 워드

㉣ LSB

㉤ MSB

13. 다음의 수 체계에서 사용된 기저수는 무엇인가?

㉠ 8진수

㉡ 10진수

㉢ 이진수

㉣ 16진수

14. 부호 비트를 정의하시오.

15. 1의 보수와 2의 보수와의 차이점을 설명하시오.

16. ASCII 코드는 무엇인가?

17. 패리티 비트는 왜 사용되는가?

18. 다음 이진수 덧셈을 하시오.

㉠ 110 + 111 ㉡ 101 + 011

㉢ 1100 + 1011

19. 다음 이진수 뺄셈을 하시오.

㉠ 1101 − 1011 ㉡ 1001 − 1100

㉢ 10111 − 10010

20. 다음 이진수 곱셈을 하시오.

㉠ 110 × 110 ㉡ 010 × 101

㉢ 101 × 11

21. 다음 부호 없는 이진수 나눗셈을 하시오.

㉠ 1010 ÷ 10 ㉡ 1100 ÷ 11

㉢ 110110 ÷ 10

22. 10진수 18을 다음 각 수 코드로 표현하시오.

㉠ 이진수

㉡ 8진수

㉢ 16진수

㉣ BCD

제2장

디지털 논리 기초

제2장에서는 디지털 논리 회로의 전반적인 내용과 이러한 디지털 논리 회로를 어떻게 시퀀스 회로로 변경할 수 있는지를 학습한다.

2.1 이진수 개념

모든 디지털 기기에서와 같이 시퀀스 회로도 이진 논리로 동작한다. 이진 논리란 모든 상태가 두 상태 중의 하나로 존재한다는 것을 의미한다. 이들 두 상태는 "HIGH", "LOW","ON","OFF","YES","NO" 또는 "0", "1"의 두 상태가 될 수 있다. 예를 들어 전구는 스위치를 켜거나 꺼서 "ON","OFF" 상태로 할 수 있고 전동기는 운전 상태 또는 정지 상태로 할 수 있다. 이 회로에 적용된 이진 논리는 결정론의 기본이 된다. 논리 회로는 논리적인 결정을 수행하는 한 개 또는 그 이상의 입력과 그 결론을 출력하는 한 개의 출력부분으로 구성되는 장치를 말한다. 그림 2.1과 그림 2.2는 논리 회로의 결정이 어떻게 이루어지는지를 보여주는 예이다. 논리란 어떤 동작이 발생하기 전 한 개 또는 그 이상의 다른 요소들이 입력되었을 때 동작을 결정을 할 수 있는 능력을 말하는데 이것은 시퀀스 회로 동작의 기본이 된다.

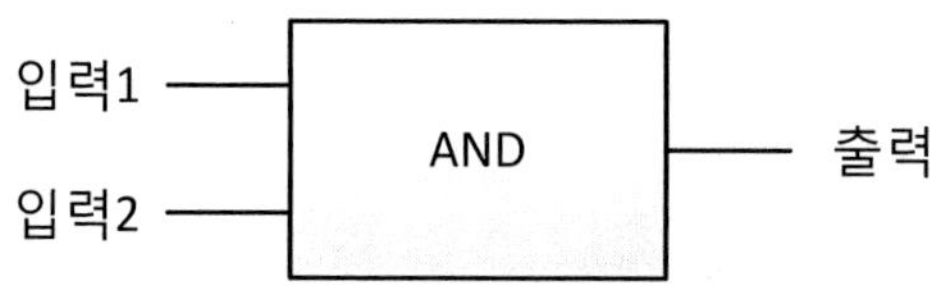

그림 2.1 논리 AND

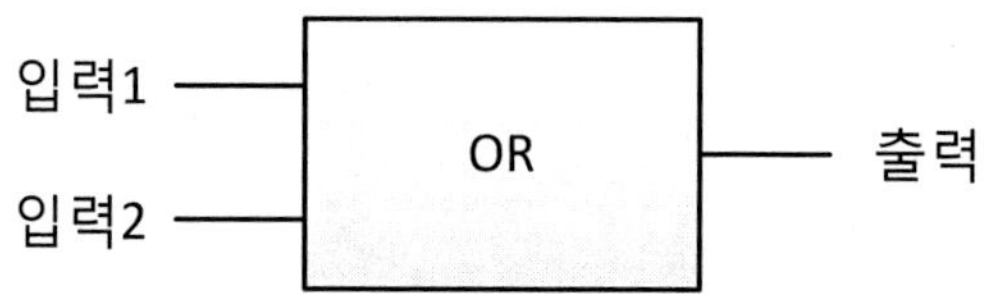

그림 2.2 논리 OR

2.2 논리연산

디지털 기기에 의해서 수행되는 동작은 기본적인 논리 함수인 AND, OR, NOT를 기본으로 한다. 각 논리함수는 출력을 결정하는 규칙과 동작을 나타내는 심볼을 가진다. 이러한 디지털 논리회로에서, 일반적으로 출력은 'Y'라고 하고 신호 입력은 'A','B','C' 등이라 한다. 또한 이진수 '1'은 신호의 존재 또는 사건의 발생을 나타내고, 이진수 '0'은 신호의 부재 또는 사건이 발생하지 않음을 나타낸다.

1 AND 함수

그림 2.3은 AND 회로를 나타낸다. AND 회로는 두 개 또는 그 이상의 입력과 한 개의 출력을 가지는 장치이다. AND 회로 출력은 단지 모든 입력이 '1'일 때만 출력이 '1'이 된다. 그림 2.3의 진리표는 모든 가능한 입력조합으로부터의 결과 출력을 보여준다.

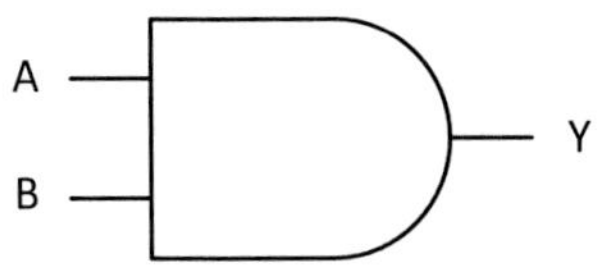

2입력 1 출력 AND 게이트 기호

입 력		출 력
A	B	Y
0	0	0
0	1	0
1	0	0
1	1	1

AND 게이트 진리표

그림 2.3 AND 논리회로와 진리표

그림 2.4와 그림 2.5는 AND 회로의 실제적인 응용 예를 보여준다. 여기서, 스위치 A, B가 모두 "ON" 되면 출력 'Y' 또는 램프는 활성 상태가 된다(즉 전구가 켜진다). 만약 활성 상태를 논리적 '1' 그리고 비활성 상태를 논리적 '0'라고 하면 그림 2.3과 같이 AND 함수에 대한 진리표가 만들어진다. '1'은 활성 상태를 '0'은 비활성 상태를 설명하는데 사용되었을 때 정 논리가 사용된다. 그림 2.5와 같이 AND 회로는 각각의 입력에 전압이 나타났을 때 출력전압이 만들어지는 직렬회로와 같이 동작한다.

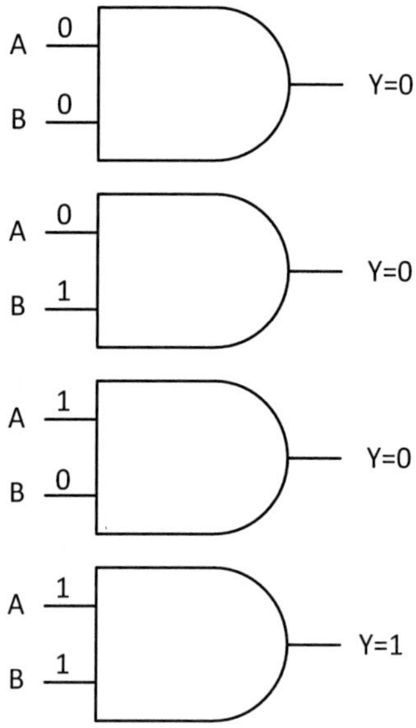

입 력		출 력
A	B	Y
0	0	0
0	1	0
1	0	0
1	1	1

AND 게이트 진리표

그림 2.4 AND 논리회로 함수 응용–예1

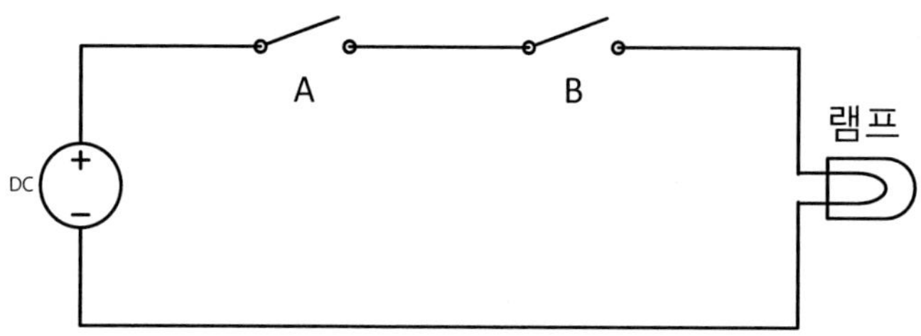

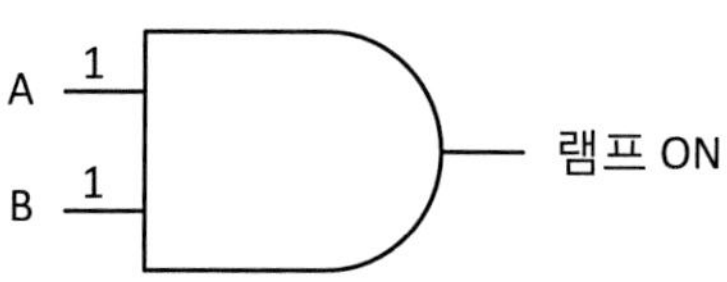

입 력		출 력
A	B	Y
0	0	0
0	1	0
1	0	0
1	1	1

AND 게이트 진리표

그림 2.5 AND 논리회로 함수 응용–예2

2 OR 함수

그림 2.6에 그려진 기호는 OR 회로이다. OR 회로는 여러 개의 입력을 가지지만 출력은 단 한 개만을 가진다. 만약 한 개 이상의 입력이 '1'이면 OR 회로 출력은 '1'이 된다. 그림 2.6에서 보여준 진리표는 각 입력조합에 대한 출력 Y값을 보여주고 있다.

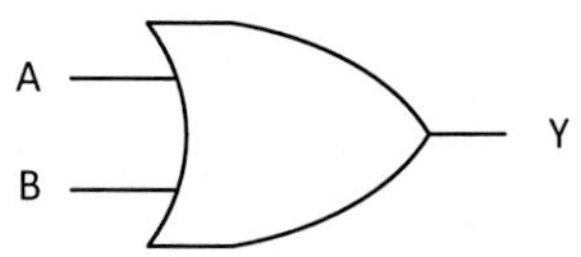

OR 게이트 기호

입 력		출 력
A	B	Y
0	0	0
0	1	1
1	0	1
1	1	1

OR 논리회로 진리표

그림 2.6 OR 논리 회로

그림 2.7과 그림 2.8은 OR 회로의 실제적인 응용 예를 보여준다. OR 회로는 본질적으로 어떤 입력이든지 하나만 전압이 나타나면 출력전압이 만들어지는 병렬회로로 동작한다.

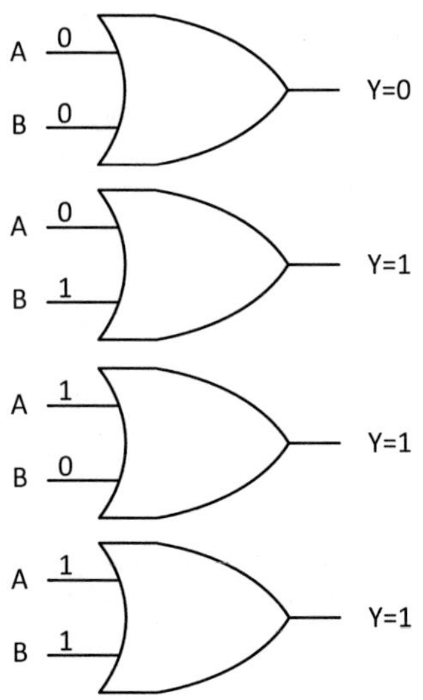

입 력		출 력
A	B	Y
0	0	0
0	1	1
1	0	1
1	1	1

OR 논리회로 진리표

그림 2.7 OR 회로 함수 응용-예1

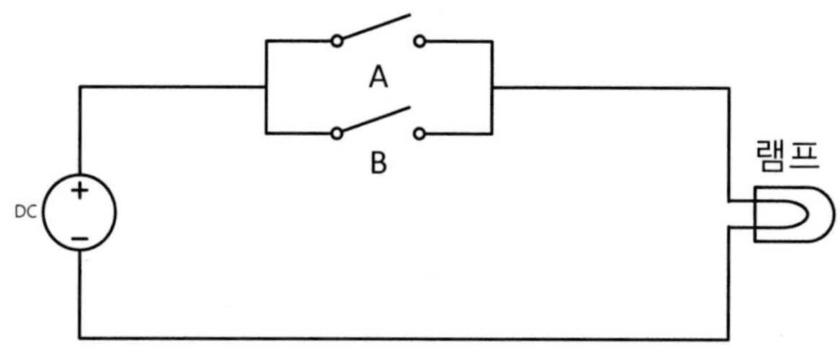

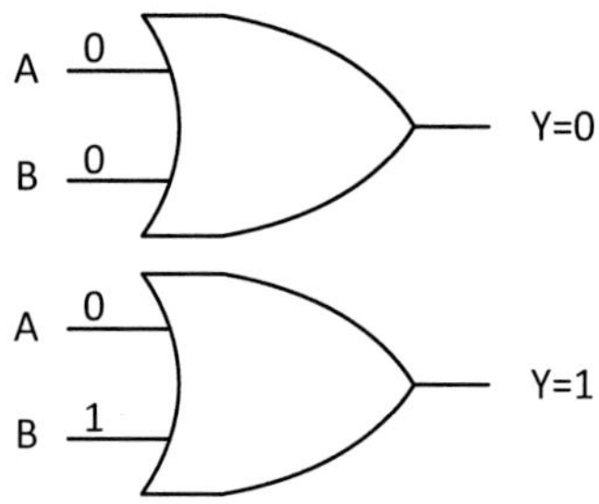

입 력		출 력
A	B	Y
0	0	0
0	1	1
1	0	1
1	1	1

OR 논리회로 진리표

그림 2.8 OR 회로 함수 응용 –예2

3 NOT 함수

그림 2.9에서 보여준 심볼은 NOT 함수이다. AND, OR 회로와는 다르게 NOT 함수는 단지 한 개의 입력을 가진다. NOT 함수에서는 입력이 '0'이면 출력이 '1'이 되고, 입력이 '1'이면 출력은 '0'가 된다. NOT 동작의 결과는 항상 입력의 반대이다. 그리고 NOT 함수는 가끔 문자의 위에 바를 그어 표현되기도 한다. 인버터 출력의 작은 원은 상태 표시기로 불리며 논리적 함수의 역이 발생했다는 사실을 나타낸다.

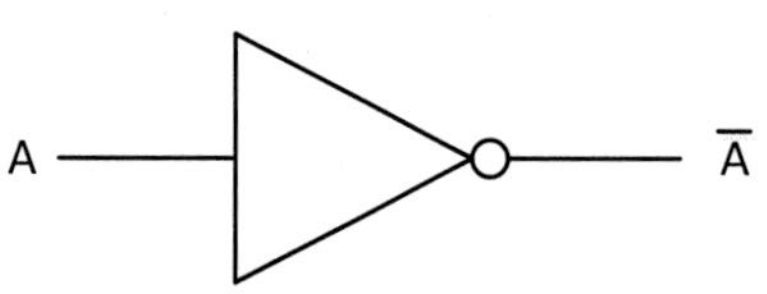

NOT 게이트 기호

입력	출력
1	0
0	1

NOT 논리회로 진리표

그림 2.9 NOT 함수 기호

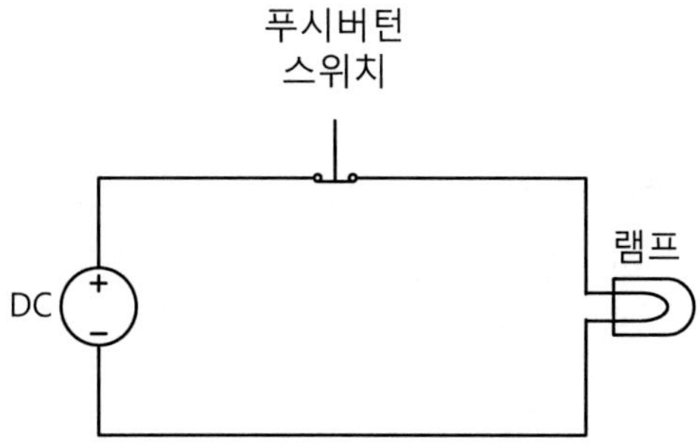

그림 2.10 NOT 회로 함수 응용예

그림 2.10은 NOT 함수의 실제적인 응용 예를 보여준다. 여기서 NC(normally closed)형 푸시버튼이 출력과 직렬로 연결되어 있다. 푸시버튼이 동작하지 않을 때 출력은 "ON"이고 푸시버튼이 동작했을 때 출력은 "OFF"이다.

4 NAND 함수

AND 회로의 출력에 있는 NOT 심볼은 회로 출력을 반전시킨다. 반전된 출력을 가지는 AND 회로는 NAND 회로라 한다. 그림 2.11은 NAND 회로의 심볼과 진리표를 보여준다.

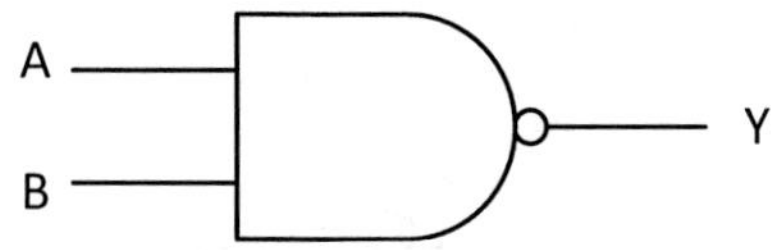

NAND 게이트 기호

A	B	Y
0	0	1
0	1	1
1	0	1
1	1	0

NAND 논리회로 진리표

그림 2.11 NAND 회로 심볼과 진리표

NAND 회로는 가끔 집적회로의 논리 배열에 이용된다. 그리고 PLC에서 복잡한 논리를 해결하기 위하여 사용될 수 있다.

5 NOR 함수

NOT 심볼이 OR 회로의 출력에 붙어 있다면 똑같은 결과를 가져온다. 즉 회로의 출력값은 반전된다. 그리고 이 함수는 NOR 회로라 한다. 그림 2.12는 NOR 회로 심볼과 진리표를 보여준다.

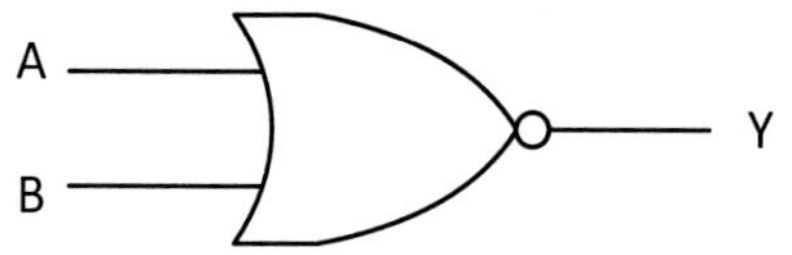

NOR 게이트 기호

A	B	Y
0	0	1
0	1	0
1	0	0
1	1	0

NOR 논리회로 진리표

그림 2.12 NOR 회로 심볼과 진리표

6 배타적-OR(XOR) 함수

그림 2.13은 XOR 함수의 논리회로와 논리회로의 진리표를 보여준다. 이 회로의 출력은 단지 두 입력 중 한 개의 입력이 "HIGH"일 때만 출력이 "HIGH"가 된다. XOR 회로는 일반적으로 두 이진수의 비교를 위하여 이용된다.

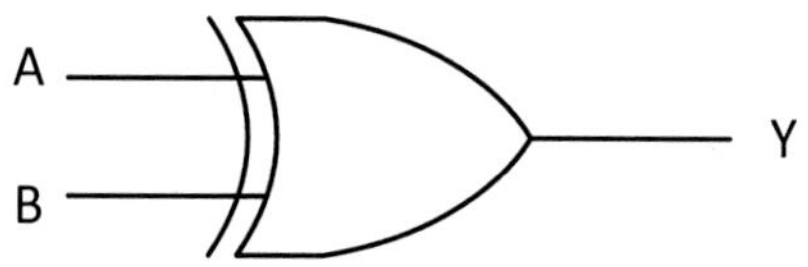

XOR 게이트 기호

A	B	Y
0	0	0
0	1	1
1	0	1
1	1	0

XOR 논리회로 진리표

그림 2.13 XOR(배타적-OR)회로 심볼과 진리표

2.3 불 대수

불 대수는 18세기 중반 조지 불이 고안한 논리 수학의 대표적 형태이다. 이 불 대수는 디지털 회로 설계에 있어서 필수적인 지식이며, 이진 체계와 이진 논리에 대한 수학적 이론 토대를 제공한다. 불 대수를 이용하면 디지털 회로 설계 또는 시퀀스회로 설계에 필요한 복잡한 논리적 표현을 간단하게 구현할 수 있다.

다음은 불대수의 기본 법칙을 보여준다.

1) 0과 1의 법칙

㉠ $A + 0 = A$　　㉡ $A \cdot 1 = A$

㉢ $A + 1 = 1$　　㉣ $A \cdot 0 = 0$

㉤ $A + \overline{A} = 1$　　㉥ $A \cdot \overline{A} = 0$

2) 동일 법칙

㉠ $A + A = A$　　㉡ $A \cdot A = A$

3) 교환법칙

㉠ $A + B = B + A$　　㉡ $A \cdot B = B \cdot A$

4) 결합법칙

㉠ $A + (B + C) = (A + B) + C$

㉡ $A + (B \cdot C) = (A + B) \cdot (A + C)$

5) 분배법칙

㉠ $A \cdot (B + C) = A \cdot B + A \cdot C$

㉡ $A + (B \cdot C) = (A + B) \cdot (A + C)$

6) 흡수 법칙

㉠ $A + A \cdot B = A(1 + B) = A$

㉡ $A + (\overline{A} \cdot B) = (A + \overline{A}) \cdot (A + B) = A+B$

㉢ $$\begin{aligned} A + \overline{A} \cdot B &= A(1 + B) + \overline{A} \cdot B \\ &= A + A \cdot B + (\overline{A} \cdot B) \\ &= A + B(A + \overline{A}) \\ &= A + B \end{aligned}$$

㉣ $$\begin{aligned} A \cdot (A + B) &= A \cdot A + A \cdot B \\ &= A + A \cdot B \\ &= A(1 + B) \\ &= A \end{aligned}$$

7) 누승 법칙

$\overline{\overline{A}} = A$

8) 드 모르강 법칙

㉠ $\overline{A + B} = \overline{A} \cdot \overline{B}$ ㉡ $\overline{A \cdot B} = \overline{A} + \overline{B}$

표 2.1은 불 대수 공리를 보여준다.

표 2.1 불대수 공리

	공리1	공리2	공리3	공리4	공리5
①	$A \neq 0$ 이면 $A=1$	$0 \cdot 0 = 0$	$1 \cdot 1 = 1$	$0 \cdot 1 = 0$	$1' = 0$
②	$A \neq 0$ 이면 $A=1$	$0 + 0 = 0$	$1 + 1 = 1$	$0 + 1 = 1$	$0' = 1$
③	$A \neq 1$ 이면 $A=0$				
④	$A=0$ 이면 $A'=1$				

몇몇 부울 대수식의 법칙은 이진 대수식의 규칙과 다른 형식을 가지고 있다. 그림 2.14에서 보여준 3개의 기본적인 법칙은 부울 대수와 이진 대수 사이를 잘 비교해 주고 있다. 뿐만 아니라 두 대수 사이의 차이점도 잘 보여준다.

논리기호	부울 대수식	설명
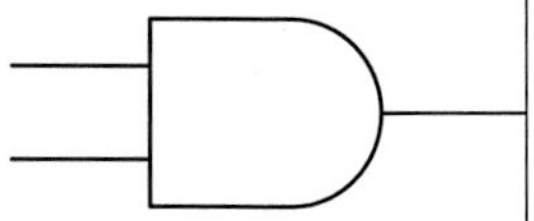	Y=A•B Y=AB	A와 B가 모두 '1' 이면 Y는 '1' 이 된다.
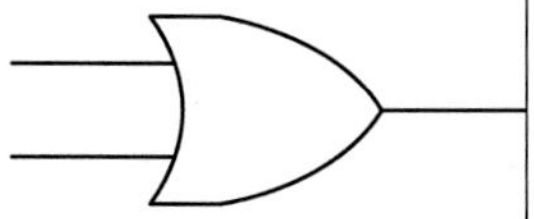	Y=A+B	A 또는 B가 '1' 이면 Y는 '1' 이 된다.
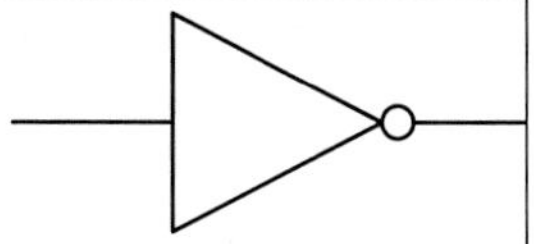	$Y=\overline{A}$	A가 '1' 이면 Y는 '0' A가 '0' 이면 Y는 '1'

그림 2.14 AND ,OR 그리고 NOT 함수와 관련된 불 대수

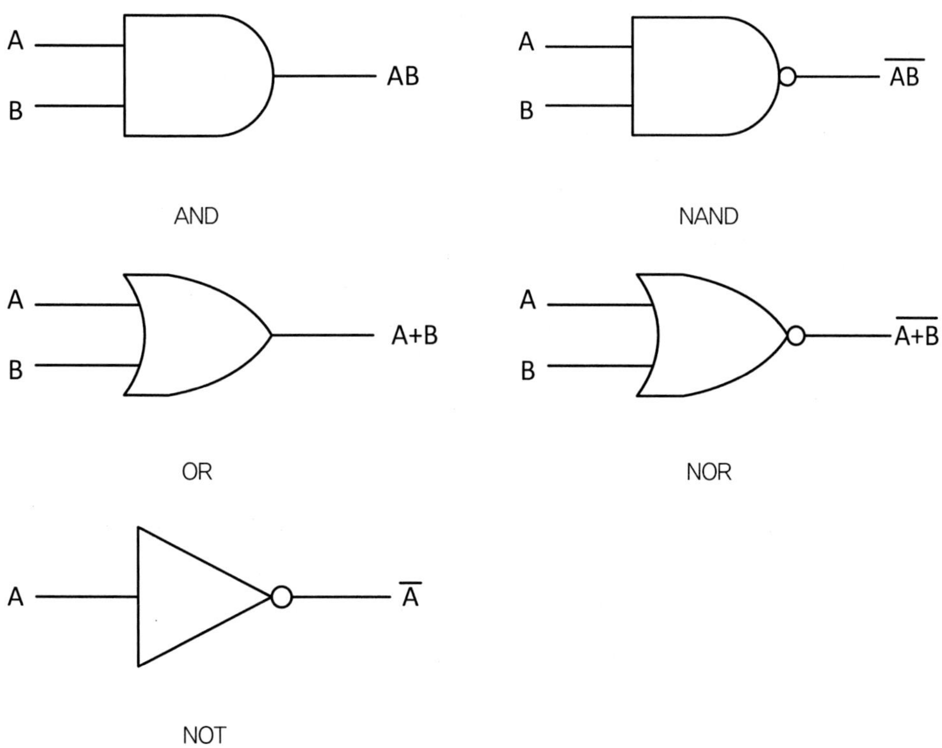

그림 2.15 불 대수식 -예1

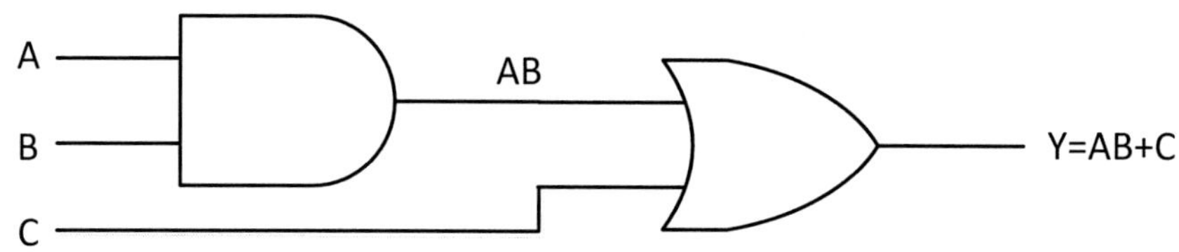

(a)

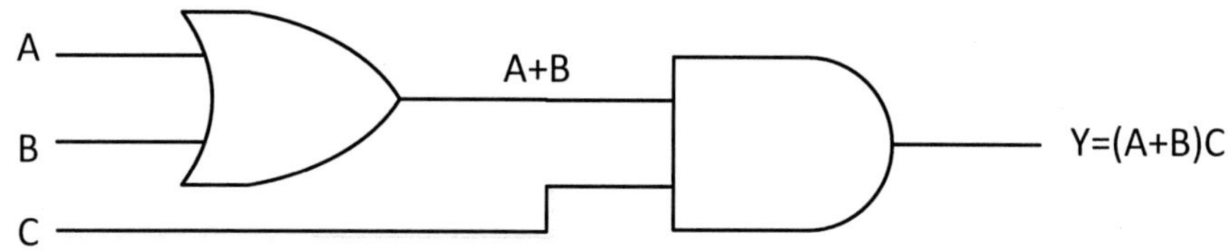

(b)

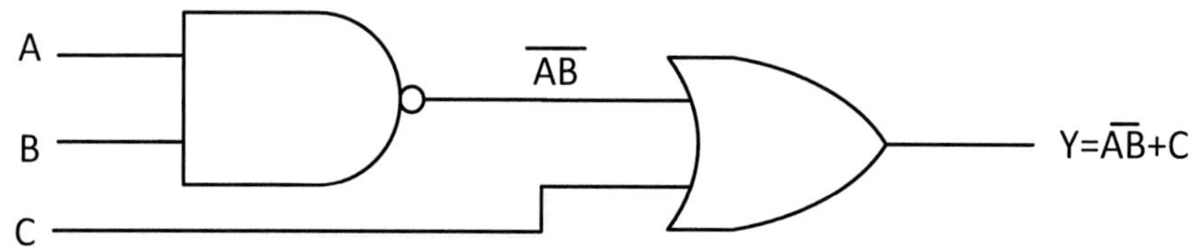

(c)

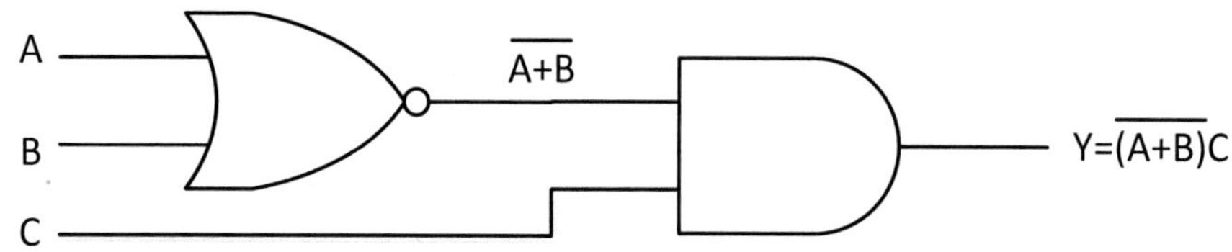

(d)

그림 2.16 불 대수식-예2

드-모르강 법칙은 불 대수의 가장 중요한 규칙 중 하나이다. 드-모르강 법칙은 그림 2.17과 같이 어떤 논리적 함수가 AND 회로와 인버터 또는 OR 회로와 인버터로서 충족되어질 수 있다는 사실을 보여준다.

$$\overline{AB} = \overline{A} + \overline{B}$$

$$\overline{A+B} = \overline{A} + \overline{B}$$

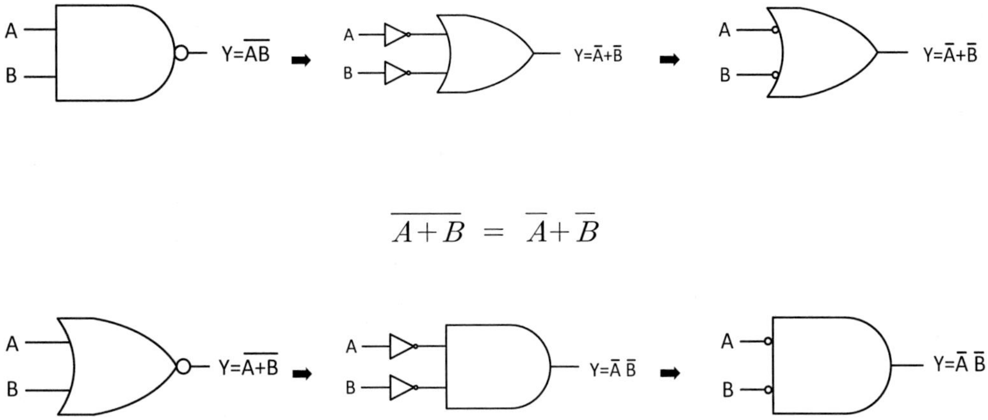

그림 2.17 드-모르강 법칙

2.4 불 표현으로부터 회로 구성

논리 회로가 보다 복잡해짐에 따라서 이러한 회로를 불 형식으로 표현해야 될 필요성이 점점 커지고 있다. 간단한 논리 회로는 동작이 상당히 쉽다. 하지만 이러한 회로들의 조합이 모여지면 어떤 입력 조합이 어떤 출력을 만들어낼지를 결정하는 것이 점점 어려워진다. 그림 2.18, 그림 2.19는 불 표현으로 회로를 전개하기 위하여 사용된 방법을 보여준다.

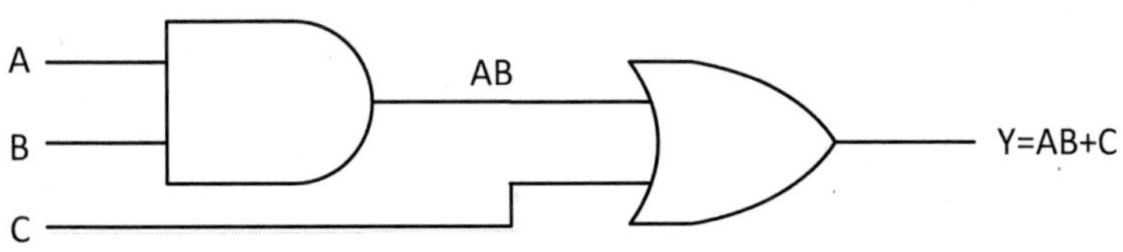

그림 2.18 불 대수식을 이용한 회로 전개-예1

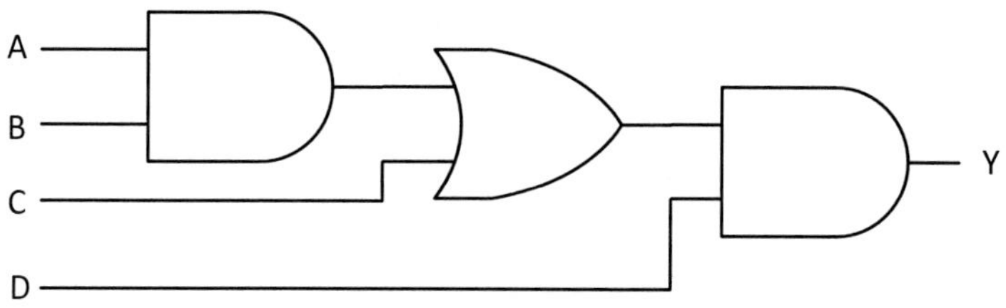

그림 2.19 불 대수식을 이용한 회로전개-예2

2.5 회로로부터 불 대수식 유도

그림 2.20과 그림 2.21는 주어진 회로로부터 어떻게 불 대수식을 만들어 내는가를 보여준다.

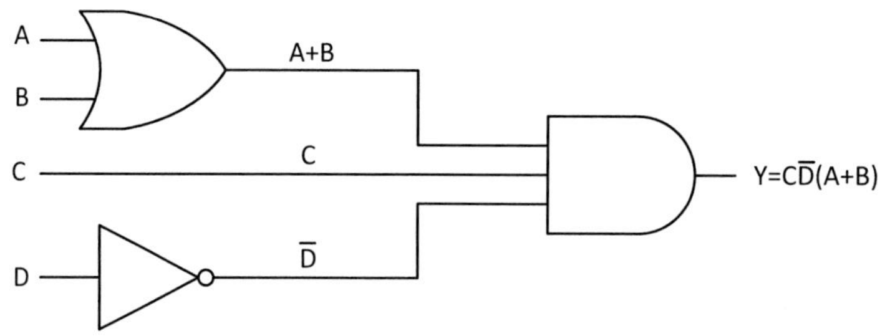

$$Y = C\overline{D}(A+B)$$

그림 2.20 주어진 회로로부터 불 대수식 유도-예1

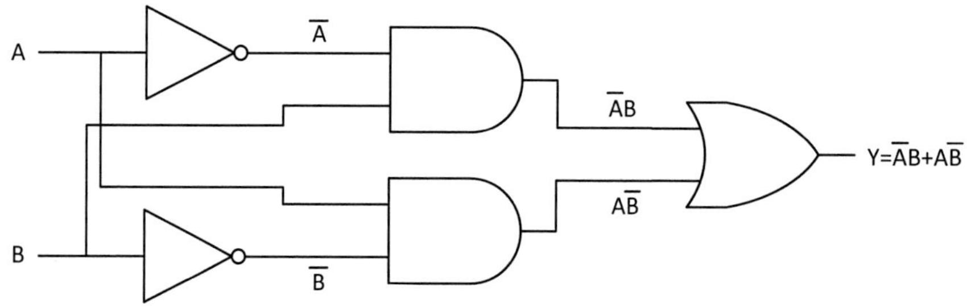

$$Y = \overline{A}B + A\overline{B}$$

그림 2.21 주어진 회로로부터 불 대수식 유도 – 예2

2.6 카르노 맵을 이용한 불대수의 간략화

카르노 맵은 1953년 모리스 카르노(Maurice Karnaugh)에 의하여 소개되었으며, 복잡한 논리식을 간략화 하기 위하여 사용되는 진리표의 2차원적인 표현이다. 일반적으로 입력변수가 2 ~ 5 개 정도 일 경우에 대단히 효과적인 방법이다. 변수가 5개를 초과하는 경우에는 다른 방법이 사용된다.

카르노 맵은 여러 개의 사각형으로 된 그림으로, 진리표의 각 항(최소항 또는 최대항)들은 카르노 맵 각 한 칸의 사각형에 표시된다. 그리고 카르노 맵에서의 간소화 규칙에 따라 과정을 거치면 간략화된 불 대수식을 얻을 수 있다. 카르노 맵에서의 간소화 과정은 다음과 같다.

1 카르노 맵에서의 간소화 과정

① 논리회로를 부울 함수로 표시

② 진리표로 나타낸다.

③ 카르노 맵에 진리표의 각 값을 적합한 칸에 기입

④ SOP(Sum Of Products)로 최소화할 때는 '1'로 구성 되는 최대 인접항으로 묶고 POS(Product Of Sums)로 최소화 할 때는 '0'으로 구성되는 최대 인접항으로 묶는다.

⑤ 각항들은 중복되어 묶일 수 있다.

⑥ 모든 최소항은 한번 이상은 묶여야 한다.

⑦ 큰 항의 묶음에서 남아있는 변수들로 간소화된 부울식을 구한다.

- 정규(X) 및 반전($\overline{X}$)인 변수가 묶음 내에 존재하면 그 변수는 식으로부터 소거
- 모든 칸에 나타나는 같은 변수는 최종식에 남는다
- 보다 큰 1(0)의 묶음은 더 많은 수의 변수를 소거 시킨다.
- '1'로 묶은 함수는 정규형이므로 SOP로 바로 구하여진다.
- '0'으로 묶은 함수는 보수형 이므로 그 결과를 반전하여 POS형의 정규함수를 구한다.

1) 2변수 카르노 맵

2변수 카르노 맵은 2개의 2진 변수에 대한 4개의 최소항으로 구성되어 있다. 각 최소항은 각각 하나씩 4개의 사각형에 배치된다.

$X \backslash Y$	$\overline{Y}$	Y
$\overline{X}$	m_0	m_1
X	m_2	m_3

그림 2.22 2변수 카르노 맵

예 2.1 다음의 논리식을 카르노 맵을 이용하여 간략화 하시오.

$$f = \overline{A}\,\overline{B} + \overline{A}B + A\overline{B}$$

① 각 최소항을 표의 해당 칸에 각각 배치한다.

② 각각의 항을 2,4,8,16개의 인접항으로 묶는다.

카르노 맵

$B \backslash A$	$\overline{A}$	A
$\overline{B}$	1	1
B	1	

③ 각 묶여진 항에서 변하지 않는 변수를 추출한다.

④ 그러므로 $f = \overline{A} + \overline{B}$

예 2.2 다음의 논리식을 카르노 맵을 이용하여 간략화 하시오.

$$f = A + \overline{A}B$$

① 각 최소항을 표의 해당 칸에 각각 배치한다.
② 각각의 항을 2,4,8,16개의 인접항으로 묶는다.

카르노 맵

B \ A	$\overline{A}$	A
$\overline{B}$		1
B	1	1

③ 각 묶여진 항에서 변하지 않는 변수를 추출한다.
④ 그러므로 $f = A + B$

2) 3변수 카르노 맵

3변수 카르노 맵은 3개의 2진 변수에 대한 8개의 최소항으로 구성되어 있다. 각 최소항은 하나씩 8개의 사각형에 배치된다.

X \ YZ	$\overline{YZ}$	$\overline{Y}Z$	YZ	$Y\overline{Z}$
$\overline{X}$	m_0	m_1	m_3	m_2
X	m_4	m_5	m_7	m_6

그림 2.23 3변수 카르노 맵

3변수 맵 구성시 변수의 0과 1 배열 순서에 주의 해야 한다. 카르노 맵은 그레이 코드를 기반으로 하고 있으므로 한 번에 하나의 변수만이 변화하게 된다. 따라서 그림 2.24에서 YZ의 변화 순서는 00->01->11->10으로 변화하는 것에 주목한다.

예 2.3 카르노 맵을 이용하여 다음 논리식을 간략화 하시오.

$$f = \overline{A}BC + \overline{A}B\overline{C} + A\overline{B}C + AB\overline{C}$$

A \ BC	$\overline{B}\overline{C}$	$\overline{B}C$	BC	$B\overline{C}$
$\overline{A}$			1	1
A		1		1

그러므로 $f = \overline{A}B + B\overline{C} + A\overline{B}C$

예 2.4 카르노 맵을 이용하여 다음 논리식을 간략화 하시오.

$$f = \overline{A}\overline{B}\overline{C} + A\overline{B}\overline{C} + \overline{A}B\overline{C} + AB\overline{C}$$

카르노 맵

A \ BC	$\overline{B}\overline{C}$	$\overline{B}C$	BC	$B\overline{C}$
$\overline{A}$	1			1
A	1			1

그러므로 $f = \overline{C}$

3) 4변수 카르노 맵

$WX \backslash YZ$	$\overline{YZ}$	$\overline{Y}Z$	YZ	$Y\overline{Z}$
$\overline{WX}$	m_0	m_1	m_3	m_2
$\overline{W}X$	m_4	m_5	m_7	m_6
WX	m_{12}	m_{13}	m_{15}	m_{14}
$W\overline{X}$	m_8	m_9	m_{11}	m_{10}

그림 2.24 4변수 카르노 맵

4변수 카르노 맵은 4개의 2진 변수에 대한 16개의 최소항으로 구성되어 있다. 각 최소항은 하나씩 16개의 사각형에 배치된다.

예 2.5 카르노 맵을 이용하여 다음 논리식을 간략화 하시오.

$$f = \overline{ABCD} + \overline{ABC}D + \overline{AB}C\overline{D} + \overline{A}B\overline{C}D + \overline{A}BCD + \overline{A}BC\overline{D} + AB\overline{C}D + ABCD$$

$AB \backslash CD$	$\overline{CD}$	$\overline{C}D$	CD	$C\overline{D}$
$\overline{AB}$	1	1		1
$\overline{A}B$		1	1	1
AB		1	1	
$A\overline{B}$				

그러므로 $f = \overline{ABC} + BD + \overline{A}C\overline{D}$

4) Don't Care에 의한 간략화

어떤 논리함수에서는 입력변수가 있는 조합에 대응하는 출력이 절대로 발생하지 않는 경우가 있다. 그 대표적인 예가 BCD 코드의 경우이다. BCD 코드는 아래 표와 같이 입력변수 ABCD의 조합이 $10_{(10)} \sim 15_{(10)}$로 되는 조건은 발생하지 않는다. 따라서 그때의 논리 출력 *f*는 '0'이거나 '1'의 어느 쪽도 상관없게 되어 이것을 Don't Care라 부르고 통산 d 또는 x를 기입한다.

Don't Care는 카르노 맵을 이용하여 간략화 할 때 대단히 융통성을 지닌 작용을 발생한다. 즉, 0이나 1일지라도 마음대로 해석해도 되는 것이다.

예 2.6 Don' t Care가 있는 논리 함수의 표현

10진	A	B	C	D	f
0	0	0	0	0	1
1	0	0	0	1	0
2	0	0	1	0	0
3	0	0	1	1	1
4	0	1	0	0	1
5	0	1	0	1	0
6	0	1	1	0	0
7	0	1	1	1	1
8	1	0	0	0	1
9	1	0	0	1	0
10	1	0	1	0	d
11	1	0	1	1	d
12	1	1	0	0	d
13	1	1	0	1	d
14	1	1	1	0	d
15	1	1	1	1	d

카르노 맵

AB \ CD	$\bar{A}\bar{B}$	$\bar{A}B$	AB	$A\bar{B}$
$\bar{C}\bar{D}$	1	1	d_{12}	1
$\bar{C}D$			d_{13}	
CD	1	1	$d15$	d_{11}
$C\bar{D}$			d_{14}	d_{10}

그러므로 $f = CD + \bar{C}\bar{D}$로 간략화 된다.

2.7 결선 논리와 프로그램 논리

시퀀스 제어로 알려진 결선논리는 장치들을 전선을 이용하여 서로 연결함으로서 결정된다. 결선 논리는 릴레이나 릴레이 래더도 이용하여 구현될 수 있으며, 릴레이 래더도는 산업체에서 광범위하게 이용된다. 그림 2.25는 상태표시등을 가진 전동기 정지/기동 제어 시스템의 전형적인 래더도를 보여준다.

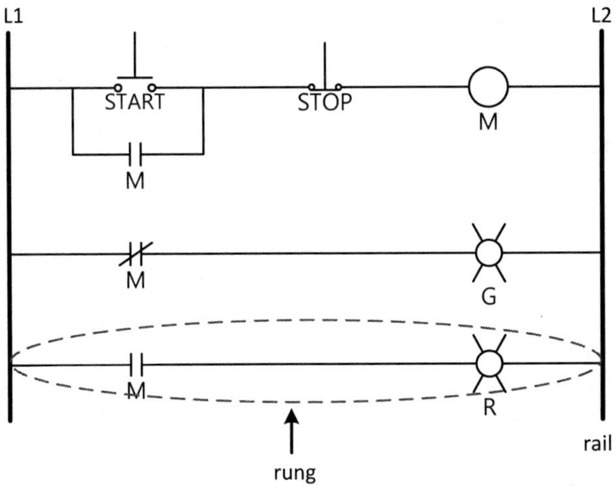

그림 2.25 릴레이 래더도

제어도는 수직으로 그려진 두 개의 전원 공급선 사이에 그려진다. 모든 요소는 레일(rail) 또는 레그(leg)라고 하는 이들 두 선 사이에 놓여진다. 그리고 이들 두 전원선을 연결하는 것이 마치 사다리의 렁과 같이 보이기 때문에 래더 논리 프로그램이라고 한다.

결선 논리는 고정적이다. 즉 이것은 연결된 장치들을 바꾸어야만 변경할 수 있다. 이와 대조적으로 프로그래머블 논리는 기본적인 논리 함수를 토대로 하고 있으며 이것은 프로그래머블 하고 쉽게 변경할 수 있다.

이들 함수(AND, OR, NOT)는 장치가 온 또는 오프 할 것인가를 결정하는 명령어를 구성하기 위하여 단독 또는 조합으로 사용된다. 이들 명령어가 PLC에게 명령을 전달하기 위하여 적용되는 형식을 래더 논리라 한다. 가장 일반적인 PLC 언어는 래더 논리이다. 그림 2.26에서 그림 2.25의 릴레이 래더도를 위한 전형적인 논리 프로그램을 볼 수 있다.

사용된 명령어는 NO(Normally Open)접점, NC(Normally Closed)접점 그리고 코일의 등가 릴레이다. 접점 심볼은 릴레이 제어회로에서 사용된 심볼 항으로 제어논리를 표현하는 간단한 방법이다. 렁(rung)은 어떤 출력을 제어하기 위하여 필요한 접점의 상징적 표현이다. 몇몇 PLC는 렁(rung)이 다중 출력을 가질 수 있도록 한다. 그래서 완전한 래더 논리 프로그램은 몇 개의 렁(rung)으로 구성되어지며 그 각각은 출력을 제어한다.

PLC는 래더 논리도를 이용하기 때문에 기존의 릴레이 논리로부터 프로그램 논리로의 변환이 간단하다. 각 렁(rung)은 왼쪽으로부터 오른쪽으로 연결된 입력조건(심볼)의 조합이며 가장 오른쪽의 심볼은 출력을 나타낸다.

입력을 나타내는 심볼은 원하는 논리를 얻기 위하여 직렬, 병렬 또는 이들 두 가지의 조합으로 연결되어진다. 다음의 예들은 릴레이 래더도, 래더 논리도 프로그램, 등가논리회로 사이의 관계를 보여준다.

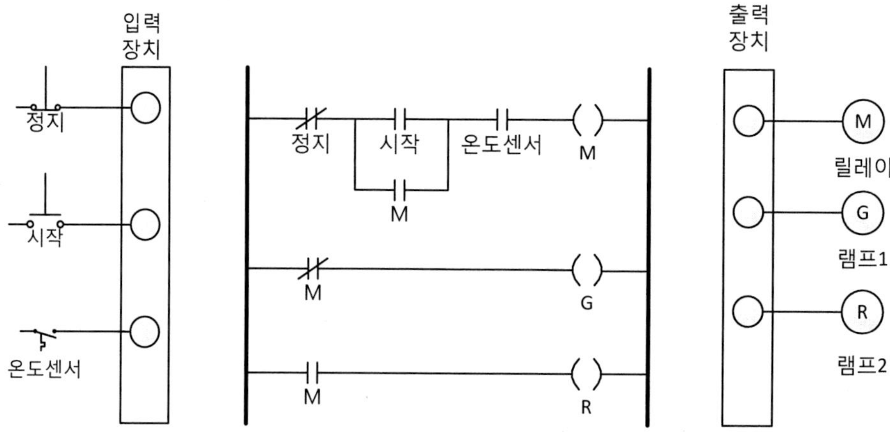

그림 2.26 래더 논리 프로그램

예 2.6 두 개의 리밋 스위치가 직렬로 연결되어 솔레노이드 밸브를 제어하기 위하여 사용되었다.

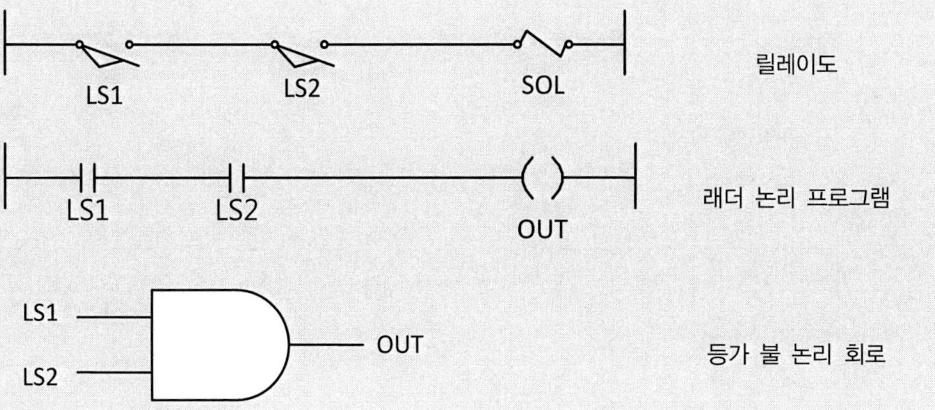

예 2.7 두 개의 리밋 스위치가 병렬로 연결되어 솔레노이드 밸브를 제어하기 위하여 사용되었다.

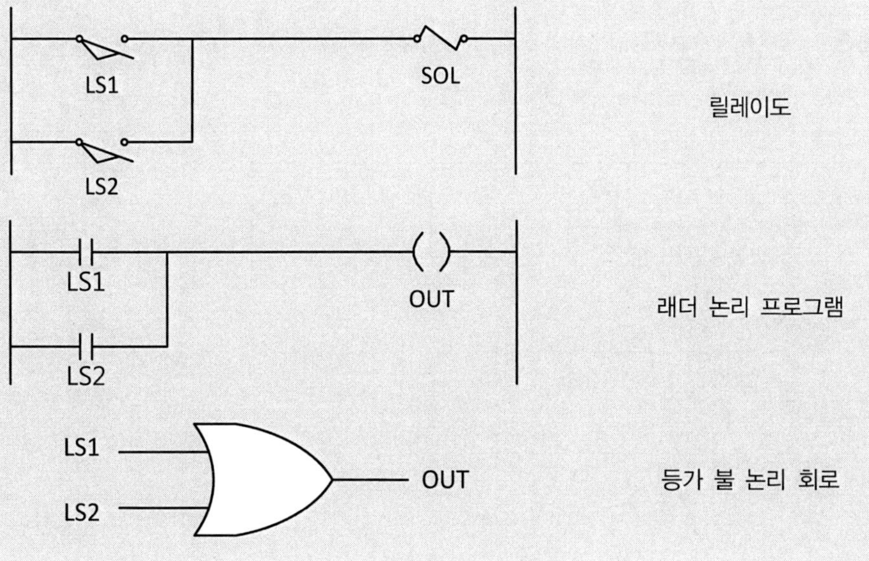

예 2.8 두 개의 리밋 스위치가 서로 병렬로 연결되었고 이것은 다시 한 개의 릴레이 접점과 직렬로 연결되어 표시등을 제어하기 위하여 사용된다.

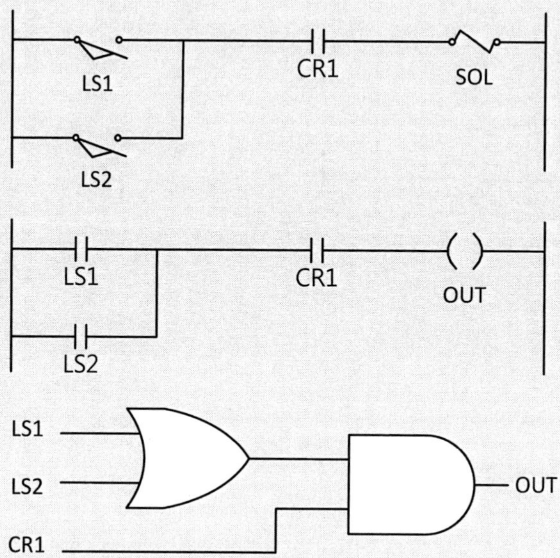

릴레이도

래더 논리 프로그램

등가 불 논리 회로

예 2.9 두 개의 리밋 스위치가 서로 병렬로 연결되었고 이것은 다시 병렬로 연결된 두 개의 릴레이 접점과 직렬로 연결되어 표시등을 제어하기 위하여 사용된다.

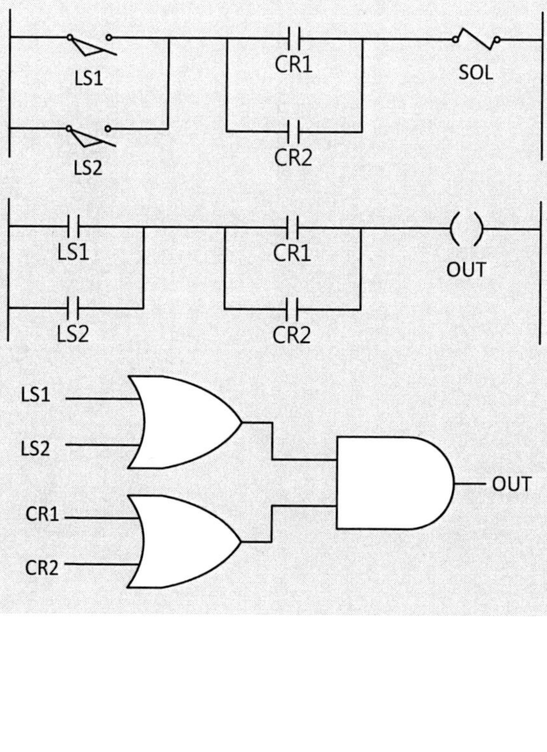

릴레이도

래더 논리 프로그램

등가 불 논리 회로

예 2.10 두 개의 리밋 스위치가 직렬로 연결되고 이것은 다시 세 번째 리밋 스위치와 병렬로 연결되어 경고용 부저를 제어하기 위하여 사용된다.

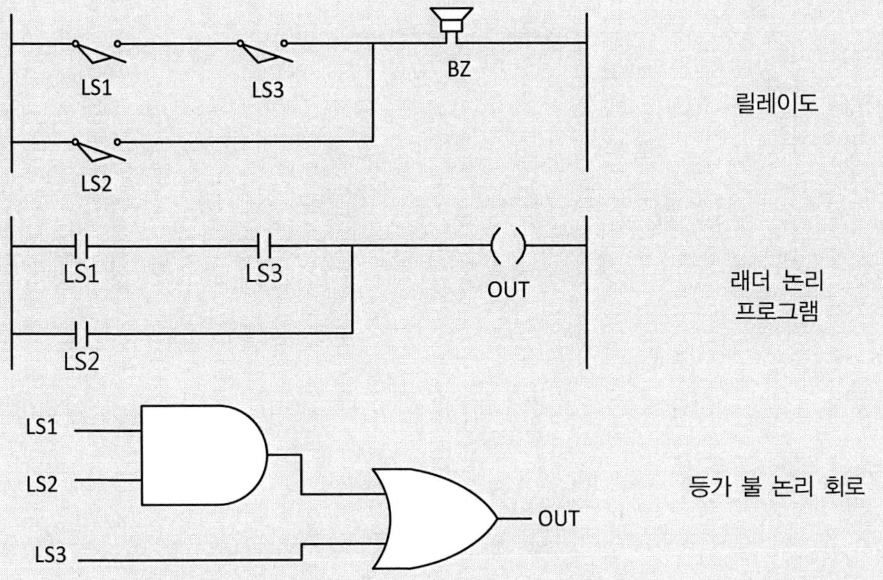

예 2.11 두 개의 리밋 스위치가 직렬로 연결되고 이것은 다시 두 개의 직렬연결 리밋 스위치와 병렬로 연결되어 표시등을 제어하기 위하여 사용된다.

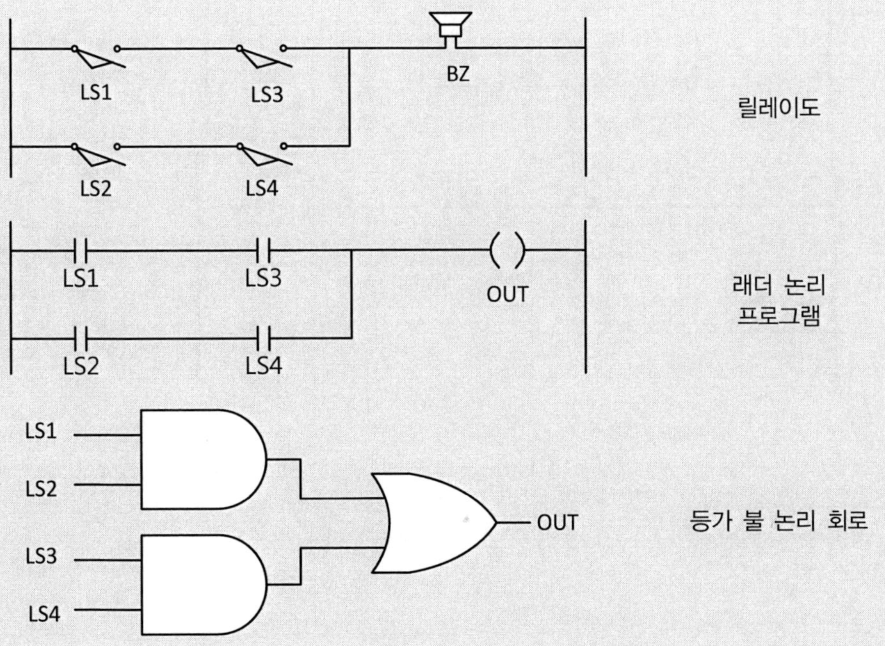

예 2.12 하나의 리밋 스위치가 NC 릴레이 접점과 직렬로 연결되고 이것은 솔레노이드 밸브를 제어하기 위하여 사용된다.

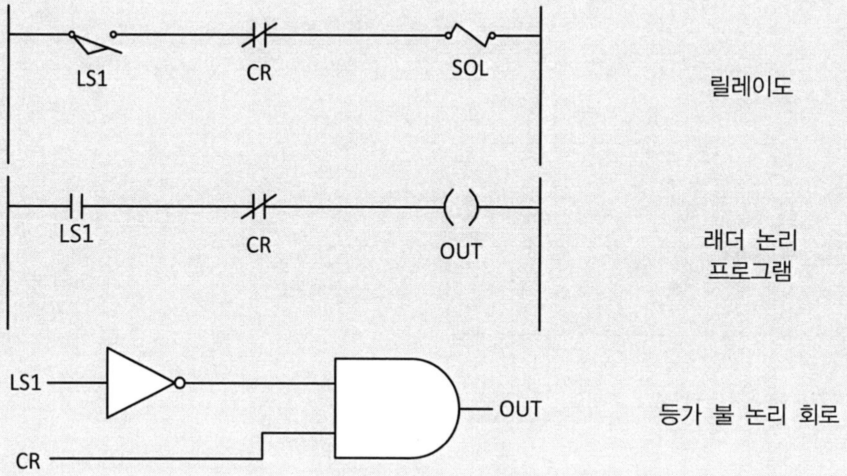

예 2.13 배타적 OR 회로. 이 회로의 출력은 부시버튼 스위치 A ,B 모두가 눌러졌을 때가 아니라 두 개 중 하나가 눌러졌을 때만 온 된다.(⊕기호는 배타적 OR 심볼)

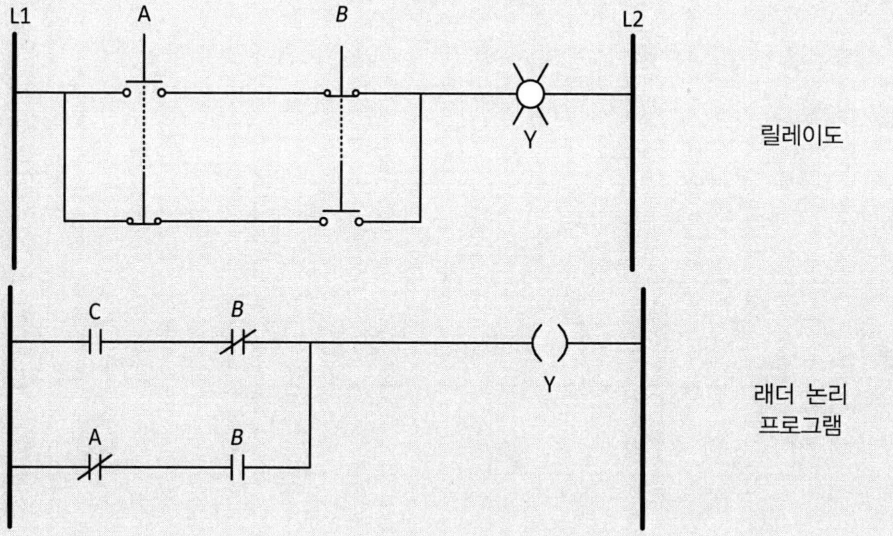

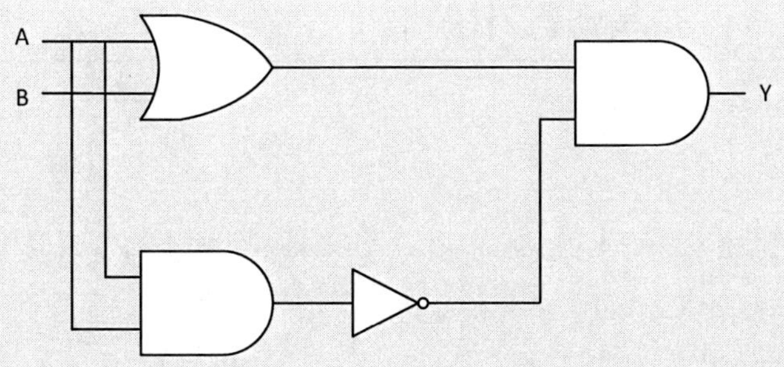

등가 불 논리 회로

예 2.14 두 개의 정지 스위치를 가진 전동기 제어회로. 기동 버튼이 눌러지면 전동기는 운전된다. 자기 유지회로에 의하여 기동 버튼이 복귀해도 운전상태를 유지한다. 정지 버튼이 눌러지면 전동기는 정지한다.

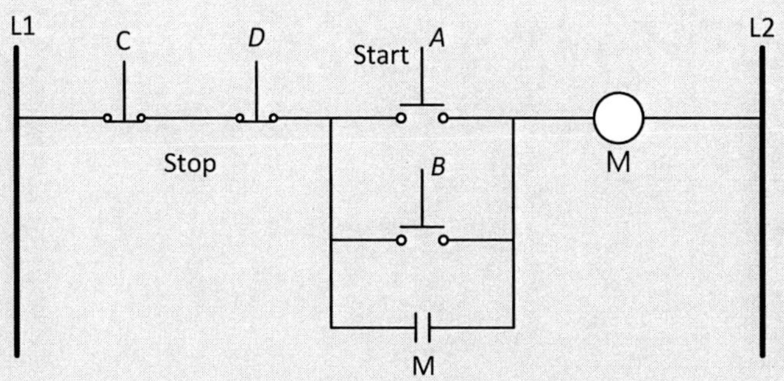

릴레이도

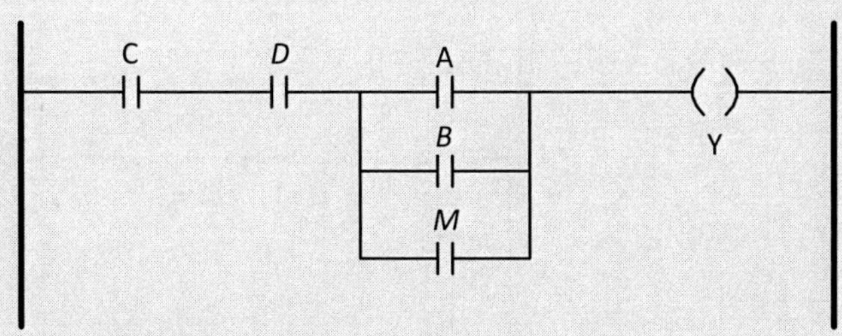

래더 논리 프로그램

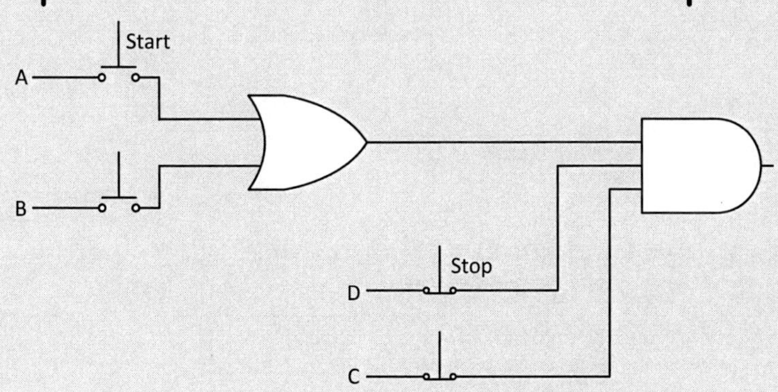

등가 불 논리회로

학습평가문제

1. 다음에 주어진 각각에 대한 논리회로의 심볼을 그리고 진리표를 작성하시오. 그리고 다음 각각에 대하여 불 대수식을 쓰시오.
   ㉠ 2입력 AND 회로
   ㉡ NOT 함수
   ㉢ 3입력 OR 회로
   ㉣ XOR 함수

2. 다음 각 논리식으로부터 논리회로를 구성하시오.
   ㉠ $Y=(A+B)CD$
   ㉡ $Y=A\overline{B}+\overline{D}+E$
   ㉢ $Y=[(\overline{A}+\overline{B})C]+DE$
   ㉣ $Y=(\overline{A}B\overline{C})+(D\overline{E}F)$

3. 다음 결선도로부터 논리식을 도출하고 논리 회로를 구성하시오.

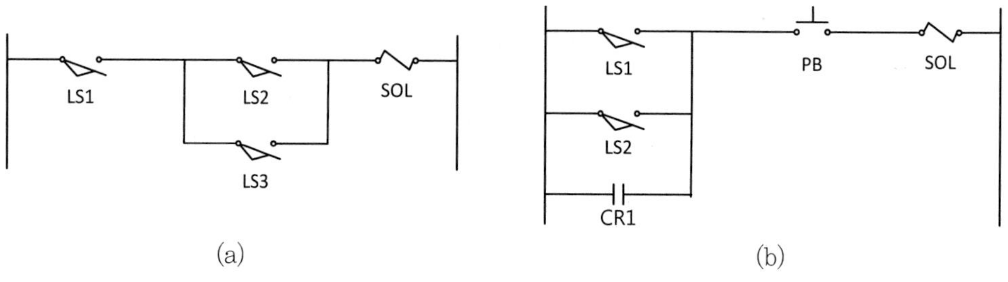

그림 2.1

4. AND, OR, NOT 회로를 이용하여 다음의 각 논리식에 대한 논리 회로를 구성하시오.
   ㉠ $Y=ABC+D$
   ㉡ $Y=AB+CD$
   ㉢ $Y=(A+B)(\overline{C}+D)$

㉣ $Y=\overline{A}(B+CD)$

㉤ $Y=\overline{A}B+C$

㉥ $Y=(ABC+D)(E\overline{F})$

5. 다음 상황에서 사용되는 논리 연산은 무엇인가?

㉠ 서로 다른 두 워드에서 하나 또는 모든 매칭 비트가 ON 일 때를 알기를 원할 때

㉡ 한 워드에서 비트의 상태를 역으로 하기를 원할 때

㉢ 서로 다른 두 워드에서 매칭 비트가 모두 ON이 될 때를 알기를 원할 때

㉣ 서로 다른 두 워드에서 모든 비트가 아니라 매칭 비트의 하나 또는 다른 비트가 ON이 되는 때를 알기를 원할 때

6. 다음의 조건이 충족되면 표시등이 켜지는 것이 요구된다. 이때 AND, OR, NOT 회로를 이용하여 이 문제를 해결하기 위한 논리 회로를 구성하시오.

㉠ 모든 4개의 압력 스위치가 ON 된다

㉡ 3개의 리밋 스위치 중 적어도 두 개가 ON 된다.

㉢ 리셋 스위치가 ON 된다.

7. 그림 2.32(a)에서 그림 2.32(e)까지의 각 논리 회로에 대한 논리식을 작성하시오

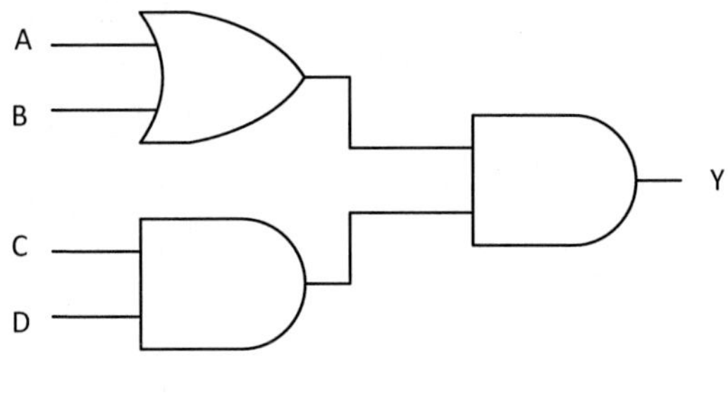

(a)

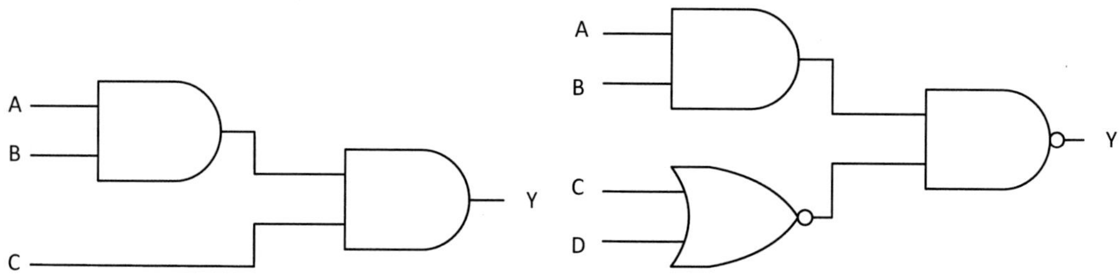

(b)

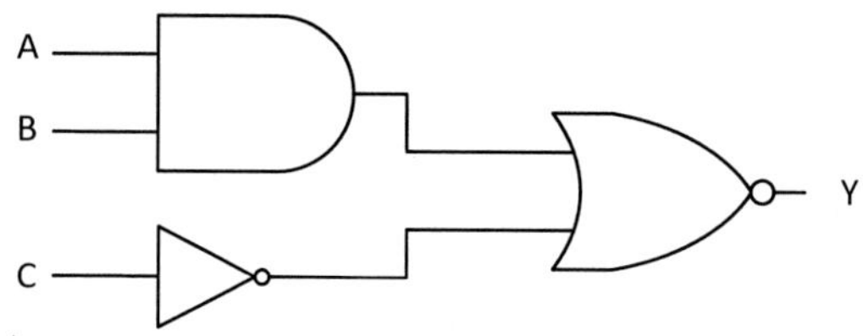

©

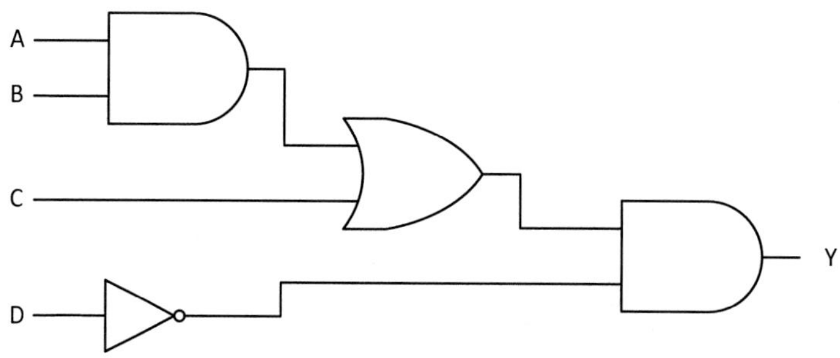

(d)

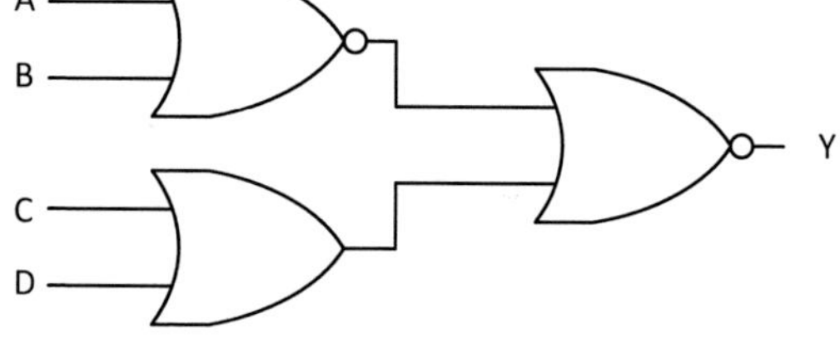

(e)

그림 2.2 논리회로

8. 다음의 상황(㉠에서 ㉤까지)을 그림 2.33에서 유사한 논리회로와 연결시키시오.

㉠ 새로운 PLC를 구입하기 위해서는 기존의 PLC와 50만원 현금을 이용하여 보상 구매하던지 또는 100만원을 가지고 신규 구매하여야 한다.

㉡ 가습기를 동작시키기 위해서는 전원이 투입되어 있고 수조에 최소한의 물이 있는 상태에서 가습기에 있는 시작 스위치를 누르거나 또는 리모컨에 있는 시작 스위치를 누르면 된다.

㉢ PLC 과목을 이수하기 위해서는 중간평가와 기말평가를 모두 통과하여야 하고 결석이 전체 수업일수의 1/4이 넘지 말아야 한다.

㉣ 카드게임에서 한 쌍의 킹이나 한 쌍의 에이스를 가진 사람은 그 게임을 이긴다.

㉤ 회사에 입사하기 위해서는 자격증을 소지하거나 또는 해당 관련 학과를 졸업한 후 면접시험에 통과 하거나 또는 필기시험과 실기 시험에 모두 합격한 후 면접시험에 통과하여야 한다.

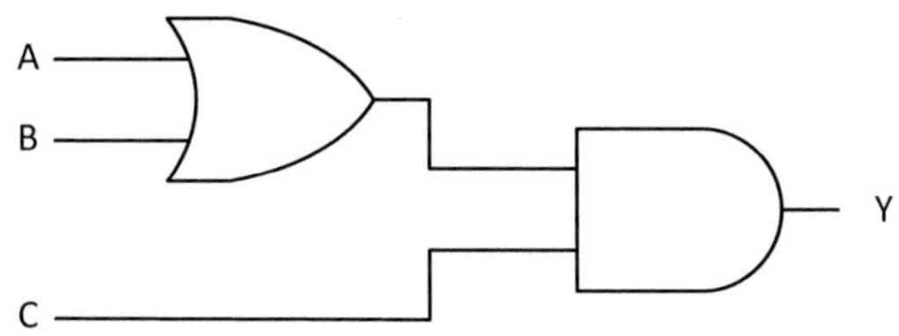

(a)

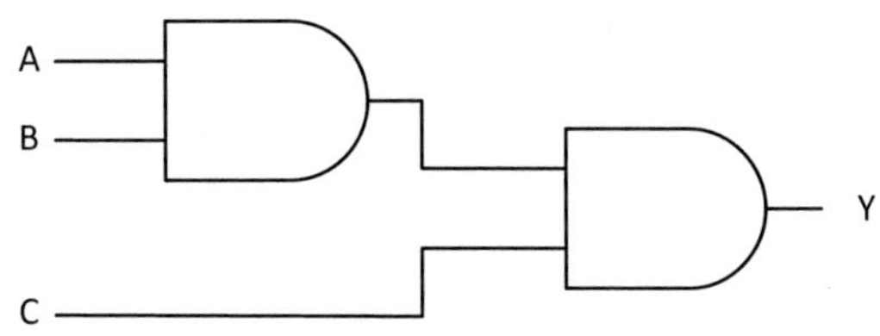

(b)

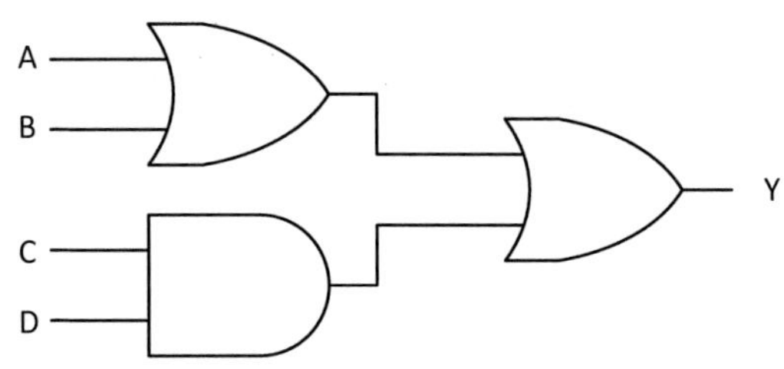

(c)

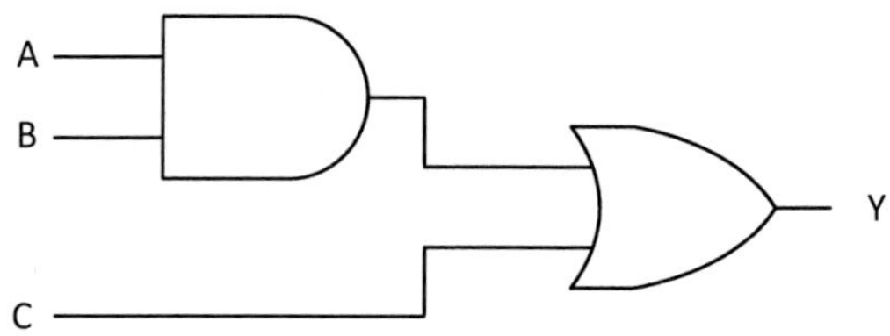

(d)

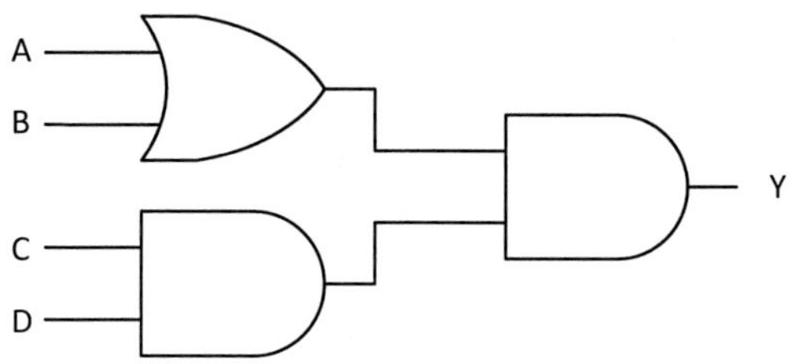

(e)

그림 2.3 논리회로

9. 그림 2.34의 논리 회로는 출력(Y)이 "1"일 때 알람을 활성화시키기 위하여 사용된다. 16개의 모든 가능한 입력 조건에 대한 출력 결과를 보여주는 회로에 대한 진리표를 작성하시오.

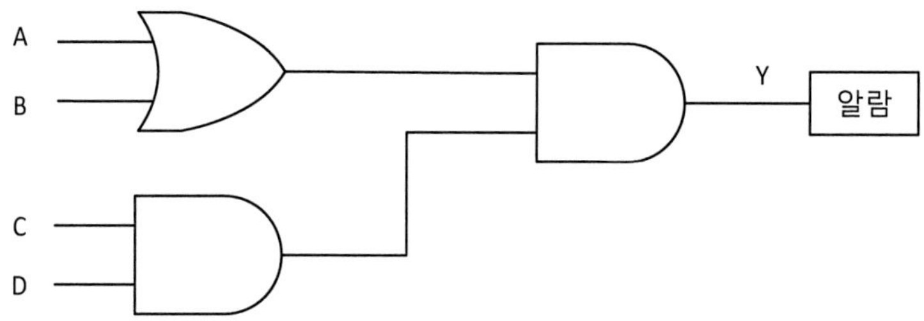

그림 2.4 논리회로

10. 다음 주어진 조건에 대한 논리식을 구하고 논리회로를 구성하시오.

㉠ 입력 A는 오프

㉡ 입력 B는 ON 또는 입력 C는 ON 또는 입력 B와 C는 ON

㉢ 입력 D 그리고 E는 모두 ON

㉣ 입력 F, G, H 중 하나 또는 그 이상이 ON

제3장

자동 제어와 시퀀스 제어

3.1 자동제어의 개념

제어란 "어떤 목적에 적합하도록 제어 대상에 필요한 조작을 가하는 것"이라고 정의할 수 있다. 예를 들면 수도꼭지로 더운물과 찬물의 유량을 조절함으로서 물의 온도와 세기를 제어 할 수 있다. 자동제어의 또 다른 예로는 실내온도 조절기의 온도 값을 설정하여 방안의 온도를 제어하는 것이다. 앞의 두 가지 예에서 수도꼭지의 물 온도와 세기를 조정하는 것은 사람이 직접 조절하게 되는데, 이와 같이 사람이 직접 하는 제어방식을 수동제어라고 한다. 그러나 두 번째 예에서는 방안의 온도조절을 하기 위하여 온도조절기의 값을 설정하면 설정된 방안 온도를 유지하기 위하여 방안의 온도가 설정치 보다 높으면 보일러를 끄고, 낮으면 보일러를 켜는 동작을 자동으로 수행한다. 이와 같이 컴퓨터 또는 기계에 의하여 원하는 양이 자동으로 조절되는 제어방식을 자동제어라 한다.

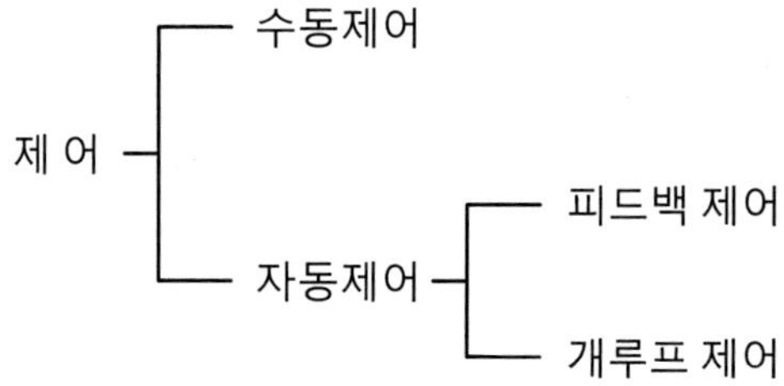

그림 3.1 제어의 종류

3.2 자동 제어계의 종류

자동 제어계는 크게 개루프 제어와 폐루프 제어 두 가지로 나누어진다.

1 개루프 제어계

개루프 제어의 가장 대표적인 예는 그림 3.2와 같이 세탁기와 커피 자동판매기이다. 세탁기는 사용자가 세탁기에 세탁물을 넣고 시작 스위치를 누르면 설정된 순서에 따라 급수, 세탁, 탈수, 건조 순으로 진행된다. 이렇게 동작하는 세탁기는 세탁물이 완전히 세탁되었는지는 알 수 없으며 단지 세탁 순서가 종료되면 세탁물의 세탁 여부에 상관없이 세탁동작을 완료하게 된다. 커피 자동판매기도 마찬가지로 동작된다. 동전을 투입하고 원하는 형태의 커피 선택 스위치를 누르면 원하는 커피가 정상적으로 만들어지는지는 상관없이 컵을 배출한 후 컵에 미리 설정된 양의 물을 커피, 설탕과 함께 배출한다. 하지만 최종적으로 컵에 담긴 커피가 정상적으로 제조 되었는지는 알지 못한다. 예를 들어 내부 컵 스택에 컵이 없는 경우 이를 인지하지 못하고 정해진 순서대로 진행되어 커피와 설탕 그리고 물은 컵이 없는 상태에서 배출된다. 이와 같이 개루프 제어계는 구조가 간단하고 설계가 용이하여 단순하고 경제적인 장점이 있으나 예상치 않은 외란 등에 의하여 초기 설계와 달리 출력에 오차가 발생할 경우가 있는데, 개루프 제어 시스템은 이 오차를 교정할 수 없는 단점을 가지고 있다. 그러므로 개루프 제어계는 입력과 전체 시스템을 정확히 알거나 출력을 예측 할 수 있는 작은 규모의 시스템에 적합하다.

그림 3.3는 개루프 제어계의 일반적인 구성도를 보여준다. 개루프 제어계는 그림3.3에서와 같이 제어 입력을 받아 동작신호를 생성하는 제어기 부분과 동작신호를 받아 실제 동작을 실행하는 제어공정 부분으로 나누어진다. 여기서 동작신호는 제어공정을 제어하여 규정된 기준에 맞게 출력을 내도록 한다. 개루프 제어는 시퀀스 제어 방식으로 많이 응용되고 있다. 시퀀스 제어는 세탁기, 엘리베이터 등과 같이 정해진 순서에 따라 각 제어 단계를 진행하는 제어방식을 말한다.

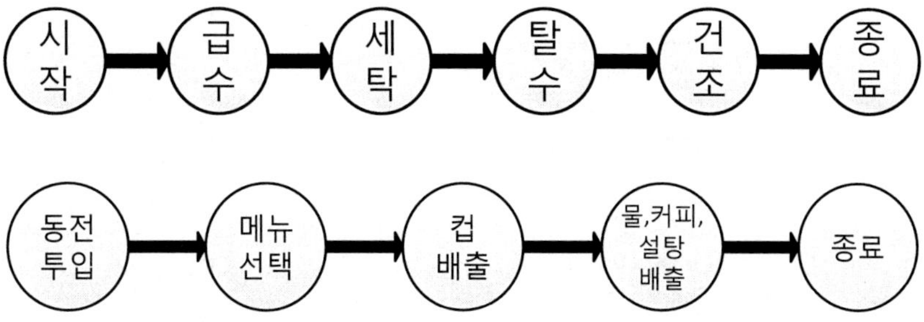

그림 3.2 개루프 제어계의 예

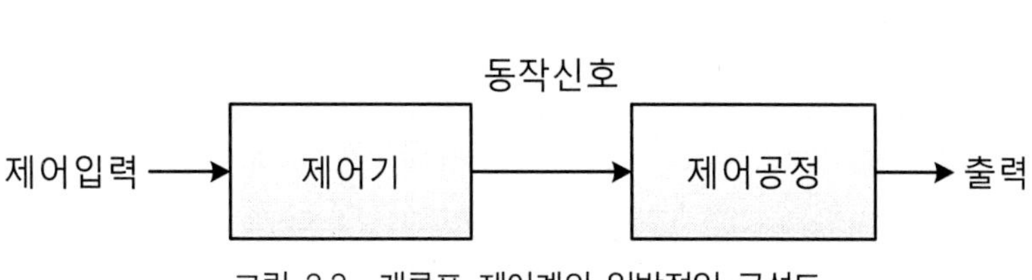

그림 3.3 개루프 제어계의 일반적인 구성도

2 폐루프 제어계

폐루프 제어계의 대표적인 예는 가정에서 사용되는 전기담요이다. 전기담요의 경우 온도센서가 있어 설정된 온도보다 높을 경우 자동으로 전원을 차단하고 설정온도보다 낮을 경우 자동으로 전원을 투입하여 항상 설정된 온도가 유지되도록 제어하게 된다. 전기담요의 자동온도 조절기의 형태는 그림 3.4와 같다.

전기담요의 온도제어기에서 목표온도를 설정하고 전원스위치를 켜면 전기담요의 전열기는 열을 발생한다. 이때 전기담요의 온도는 센서에 의하여 매 순간 감지되어 입력되어 있는 목표온도와 비교된다. 이때 전기담요의 온도가 설정된 목표온도보다 높으면 전열기의 동작 스위치가 차단되어 온도가 낮아지며, 온도제어기에 의하여 설정된 목표온도보다 낮아지면 다시 동작 스위치가 켜지게 되어 항상 설정된 온도를 유지하도록 한다.

이와 같이 폐루프 제어계는 제어계의 출력과 기준입력을 비교하여 두 값이 일치할 때까지 제어를 계속해 나가는 궤환 루프가 있는 제어계이다. 여기서, 제어기는 동작신호를 받아서 제어편차를 감소시켜 조작신호를 만들어 제어공정에 넘기는 제어동작을 하며 보통 조절부와 조작부로 이루어진다.

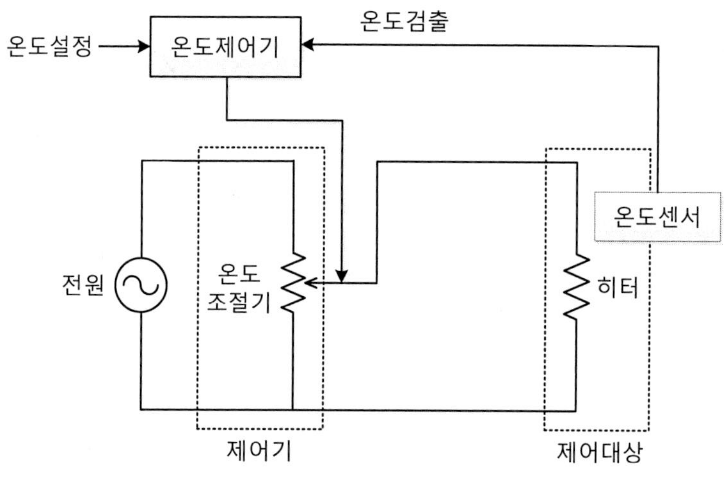

그림 3.4 폐루프 제어기 예(전기담요 자동온도조절장치)

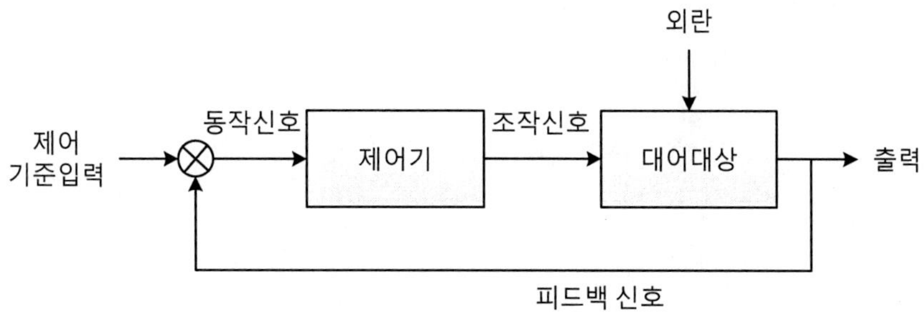

그림 3.5 폐루프 제어계의 일반적인 구성

3.3 피드백 제어와 시퀀스 제어

제어이론에 따라 제어 시스템을 분류해 보면 피드백 제어는 폐루프 제어 이론에 바탕을 두고 있고 시퀀스 제어는 개루프 제어 이론을 바탕으로 이루어진다.

1 피드백 제어

피드백 제어는 그림 3.6과 같이 피드백 루프를 가지고 있는 제어 시스템을 말한다. 피드백 제어는 목표값에 따라 자동적으로 행해지는 제어로 제어량의 종류에 따라 공정제어, 서보기구, 자동조정 등으로 나눈다. 시퀀스 제어와 비교해 보면 비교부가 존재하여 현재의 출력값과 제어 목표값을 비교하여 원하는 출력을 얻을 수 있을 때까지 계속 제어를 수행하는 제어계이다.

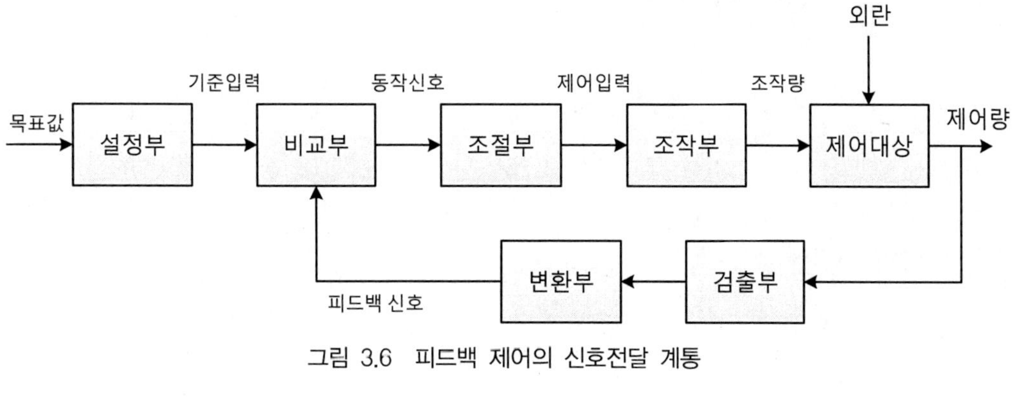

그림 3.6 피드백 제어의 신호전달 계통

이와 같은 피드백 제어의 장점은 정확도와 정밀도를 높일 수 있고 인간과 같이 기분에 좌우되지 않으므로 신뢰성을 향상 시킬 수 있다. 또한 생산량을 높일 수 있으며 인건비가 절감되고 작업환경이 열악한 곳에서도 노동 조건을 향상 시킬 수 있다. 피드백 제어는 현재 자동화 분야의 핵심 기술로 자리 잡고 있으며 PLC의 기술에도 많이 도입되어 PLC의 성능을 한층 향상시키고 있다.

2 시퀀스 제어

시퀀스 제어 회로는 결과가 처음부터 알려져 순서대로 실행되는 회로로서 피드백 제어에서와 같이 오차를 수정할 수 있는 피드백 회로가 없고 입력 신호에서 출력신호까지 정해진 순서에 따라 일방적으로 제어 명령이 전해지는 순차제어 시스템을 말한다. 표 3.1은 피드백 제어 시스템과 시퀀스 제어 시스템의 장단점을 보여 준다.

표 3.1 피드백 제어와 시퀀스 제어의 장단점

제어 방식	장점	단점	예
시퀀스 제어	간단 저렴 조작 및 운용이 간단	오차 발생	세탁기, 밴딩머신 신호등 제어, 전기밥솥, 엘리베이터 제어
피드백 제어	정밀 제어	복잡 고비용 숙련된 기술 필요	인공위성 제어, 크루즈 미사일, 전기장판

3.4 시퀀스 제어 시스템

시퀀스 제어는 신호등과 같이 정해진 순서에 따라 차례대로 진행되는 제어를 말하며 인간의 생활과 매우 밀접한 관계를 가지고 있다. 최근의 제어기술은 시퀀스제어와 피드백 제어가 결합되어 하나의 제품을 만드는데 이용되고 있는데, 대표적으로 PLC를 이용한 제어 기술이 여기에 속한다.

1 시퀀스 제어이론

시퀀스 제어는 그림 3.7과 같이 출력이 전혀 입력에 영향을 주지 못하는 개루프 이론에 바탕을 두고 있다. 따라서 신호가 $C_1 -> C_2 -> C_3$ 순으로 진행하여 제어대상을 제어한다.

그림 3.7 시퀀스 제어 시스템

시퀀스 제어 방식을 사용하는 목적은 피드백 제어에 비하여 구성이 간단하고 가격이 저렴하며 순차제어가 가능하기 때문이다. 이와 같은 시퀀스 제어의 종류를 살펴보면 다음과 같이 나눌 수 있다.

(1) 순서제어

기억과 판단 기억에 의하여 미리 정해진 순서에 따라 순차적으로 제어를 행한다.

(2) 시한제어

기억과 타이머나 카운터와 같은 시한 기구에 의하여 미리 정해진 시간에 따라 제어를 행한다.

(3) 조건제어

판단기구에 의하여 미리 정해진 조건에 따라 제어를 행한다. 단 피드백 제어와 다른 것은 피드백 제어는 목표치의 조건에 미치지 못하면 출력이 입력에 영향을 주어 원하는 목표 값까지 제어를 수행하나 시퀀스 조건 제어는 제어 목표치에 미달 하더라도 출력이 입력에 영향을 주지 못한다.

(4) 프로그램 제어

컴퓨터나 프로세서에 의하여 메모리에 입력된 정해진 프로그램에 따라 수행되는 제어를 말한다.

이상은 명령처리에 따라 분류한 것이며 이를 제어장치에 따라 분류하면 다음과 같다.

(1) 유접점 시퀀스 제어

릴레이 전자 개폐기 등 기계적 유접점을 이용한 제어

(2) 무접점 시퀀스 제어

IC 등 전자기구와 반도체의 무접점을 이용하여 수행하는 제어장치로서 PLC 제어의 기본이 되는 제어

(3) PLC 제어

시퀀스 회로를 프로그램화 하여 무접점 시퀀스를 이용하여 행하여지는 제어

2 시퀀스 제어의 구성

시퀀스 제어계는 그림 3.8과 같이 명령 처리부, 제어부, 제어대상, 표시 정보부, 검출부 등으로 구성된다. 피드백 제어기와 비교해 보면 목표치와 피드백된 신호를 조절하는 조절부가 시퀀스 제어계에는 없다는 것을 알 수 있다.

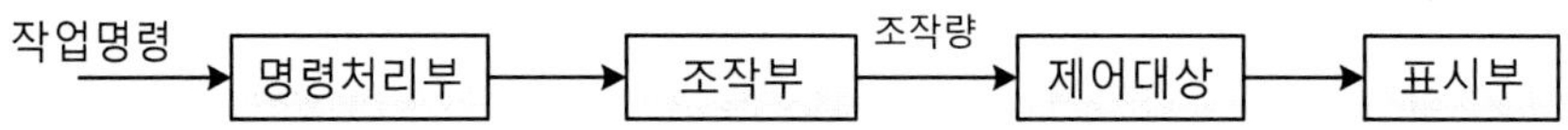

그림 3.8 시퀀스 제어계의 구성

시퀀스 제어계를 표시하는 방법에는 기기의 접속과 배치를 중심으로 표시하는 실제 배선도가 있는데 실제로 회로를 배선하는 경우에는 편리하나 회로가 복잡하여 회로 해독이 어렵다. 이러한 복잡한 문제를 해결하기 위해서 블록선도나 논리회로, 각종 기호나 심볼, 차트 등을 이용하여 누구나 쉽게 알 수 있도록 작성하는 것을 원칙으로 한다. PLC의 래더 다이어그램이나 타임 차트, 플로차트 등이 대표적인 경우이다.

3 시퀀스 제어의 기본 용어

시퀀스 제어계에서 사용되는 용어들을 살펴보면 다음과 같다.

(1) 작업명령

시퀀스 제어계에 외부에서 주어지는 입력신호를 말한다.

(2) 명령 처리부

작업명령 또는 검출신호를 미리 기억시켜 둔 순서나 신호에 의하여 제어명령을 지령하는 부분이다.

(3) 제어명령

제어대상을 제어하는 신호로서 정성적 제어와 정량적 제어가 있다.

(4) 조작부

제어대상을 직접 제어하는 부분으로서 제어 명령신호를 증폭하여 제어대상을 조작하기에 편리한 조작 신호로 만든다. 조작 신호의 형태는 디지털 신호와 아날로그 신호가 있다.

(5) 제어대상

제어를 하고자 하는 장치를 말한다.

(6) 표시 경보부

제어상태를 표시하거나 문제가 발생시에 경보 등을 발생하는 부분이다.

(7) 제어량

제어대상의 결과를 나타내는 제어대상의 상태이다.

(8) 검출신호

제어량이 제어를 목표로 하는 정해진 조건을 만족하고 있는지를 나타내는 신호이다.

(9) 제어부

명령처리부, 조작부, 검출부, 경보부를 총칭하여 제어부라 한다.

4 시퀀스 제어의 응용

시퀀스 제어를 위해 사용되는 부품들은 반도체의 기술 혁신에 힘입어 날로 발달함과 동시에 시퀀스 제어 응용범위도 넓어지고 있다 최근 많은 기계의 시퀀스 제어화가 실행되고 있다. 지금까지는 시퀀스 제어용 장치를 위한 시퀀스 제어반이 제조되었는데, 최근에 PLC의 출현으로 회로 구성의 자유로운 변경이 가능하게 되었다. 종래 널리 사용되고 있던 시퀀스 제어 장치는 릴레이, 타이머, 무접점 릴레이 등을 이용하여 배선하여 구성되었지만, 오늘날 PLC는 컴퓨터처럼 기억 능력을 가지고 있어 시퀀스 내용을 프로그램화하여 기억 저장 시킬 수 있으며 또한 시퀀스 내용의 변경을 간단히 할 수 있다. 오늘날 시퀀스 제어가 활용되고 있는 범위를 열거하면 광범위하지만 크게 나누어 보면 다음과 같다.

(1) 각종 기계에 응용

공장기계, 트랜스퍼 머신, 컨베이어, 크레인, 압연기, 인쇄기, 용접기, 펌프, 발전기, 보일러, 통신기 등 기타 모터를 응용하는 제반 기계

(2) 일상생활에 응용

교통신호, 엘리베이터, 광고탑, 자동판매기, 세탁기, 전기밥솥 냉장고 등

(3) 조업관리에 대한 응용

물품 운송관리,창고관리,생산수량관리,자동차 조립라인 관리, 송배전 관리, 열차의 운전관리, 선박의 운항 및 하역 항공제어의 제어장치 등

(4) 각종 공업 프로세서에 응용

원심분리기, 여과기, 염색조, 각종로, 이온 교환장치, 분뇨처리 장치, 발효조, 각종 원료혼합장치 등

(5) 기타

인공위성의 발사 및 추적 의료관계 과학용 측정장치, 원자로 관계 제어

3.5 시퀀스 제어회로의 구성 부품

1 조작용 스위치

1) 푸시버튼 스위치

푸시버튼 스위치는 수동으로 버튼을 누르면 접점기구부가 개폐동작을 행하여 전로 또는 폐로하며 손을 떼면 자동으로 원상태로 복귀하는 제어용 조작 스위치를 말한다.

그림 3.9 푸시버튼 스위치

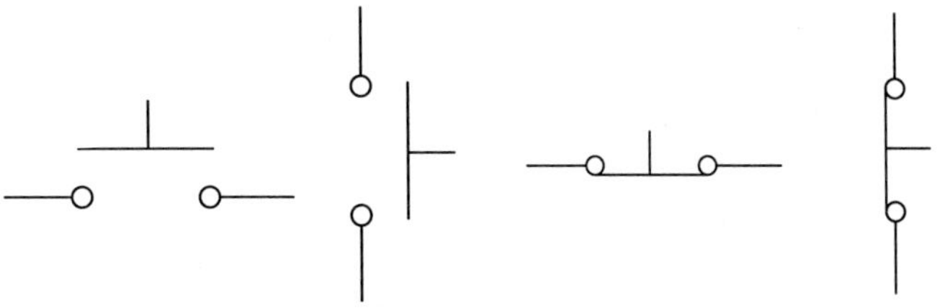

(a) A접점　　(b) B 접점

그림 3.10 푸시버튼 스위치의 그림기호

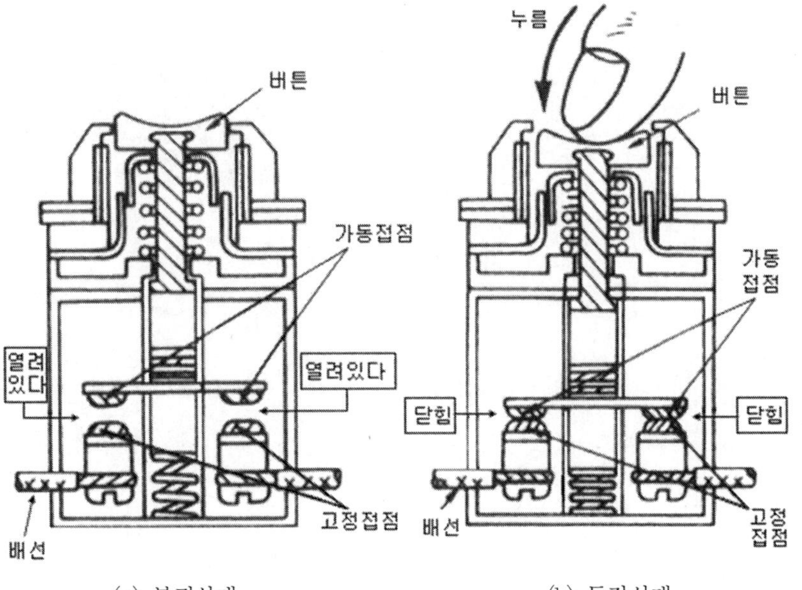

(a) 복귀상태　　(b) 동작상태

그림 3.11 푸시버튼 스위치의 접점 복귀 상태와 동작상태

2) 토글 스위치

손가락 끝으로 손잡이 레버를 직선적으로 왕복 운동시켜 이것을 기계적으로 접점부에 전달함으로서 회로의 개폐 조작을 하는 스위치로서 수동, 자동 절환 등 전원 스위치 및 전로의 절환 조작에 주로 사용된다.

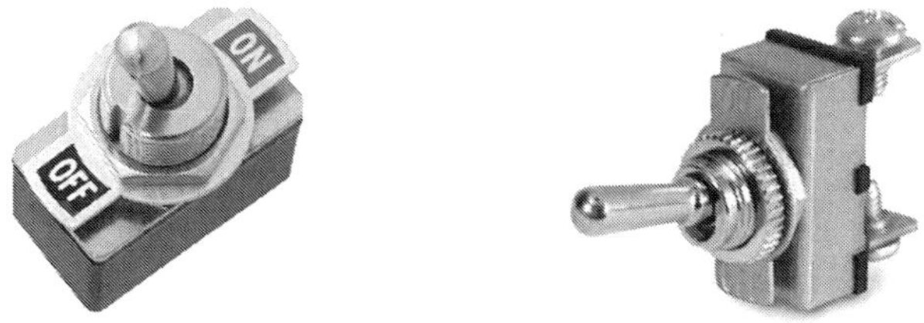

그림 3.12 토글 스위치

3) 회전 스위치

셀렉터 스위치, 로터리 스위치 등이 이에 속하며 손잡이나 레버의 회전에 의하여 개폐하는 스위치로서 온/오프 및 2단 이상의 전환용 스위치로 사용한다.

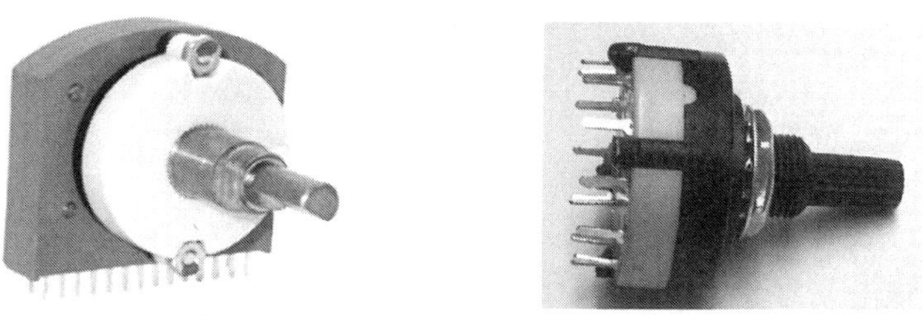

그림 3.13 회전 스위치

4) 캠 스위치

캠 스위치는 캠의 회전에 의하여 접점이 개폐되는 스위치로서 여러 개의 단자를 이용할 수 있는 장점이 있다.

그림 3.14 캠 스위치

5) 검출용 스위치

(1) 온도 스위치

온도가 설정치에 도달 했을 때 동작하는 스위치로서 온도가 상승하면 저항값이 증가하고 온도가 내려가면 저항값이 낮아지는 원리로 온도를 검출한다.

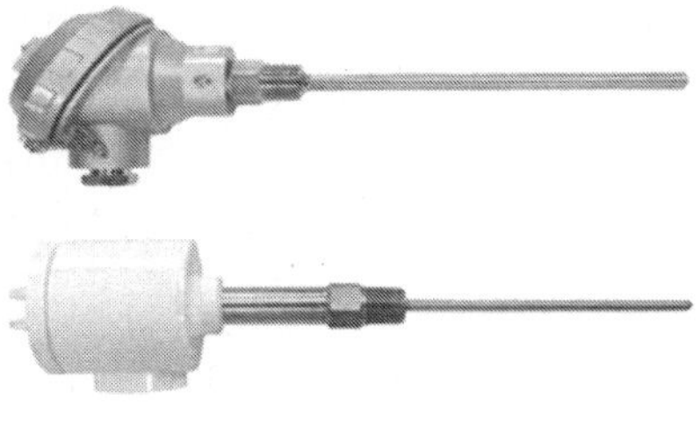

그림 3.15 온도 스위치

(2) 근접 스위치

자계 에너지를 이용하여 검출 헤드 부분에 접근하는 금속체를 검출하여 전기회로를 개폐하는 스위치이다.

그림 3.16 근접 스위치

(3) 플로트 스위치

액체의 액위를 검출하는 스위치로서 부자를 사용하는 플로우트식과 밑면의 수 압을 이용하는 압력식, 액체가 전극에 접촉할 때 전극간의 저항의 변화를 검출하는 전극식 등이 있다.

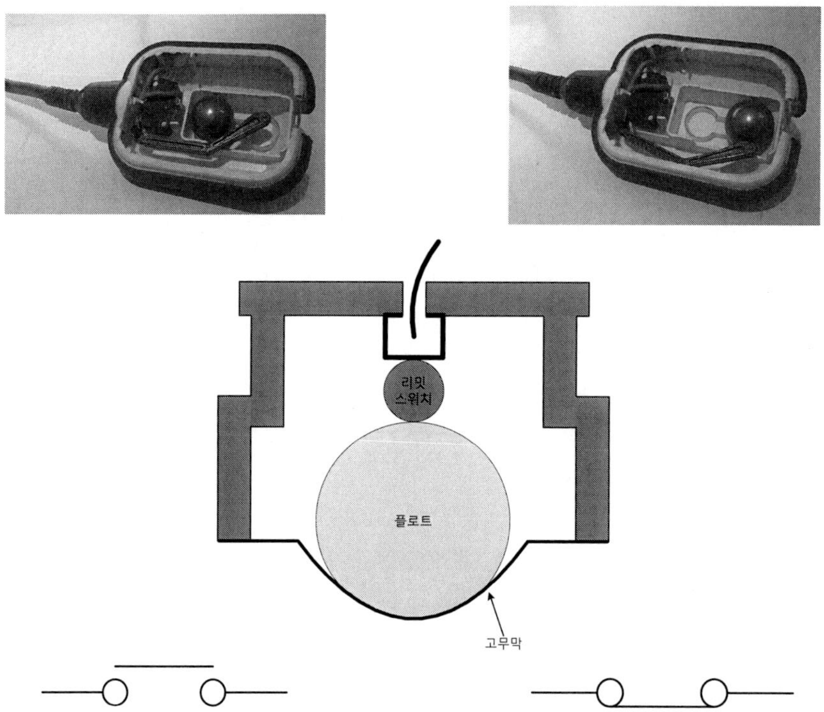

그림 3.17 플로트 스위치의 원리와 기호

(4) 광전 스위치

빛을 신호로 사용하는 스위치로서 투광부와 수광부로 나뉘어 있다. 투광부의 빛을 수광부에서 받아들이면 스위치가 온 되고 차단하면 오프 된다.

(5) 리미트 스위치

검출용 스위치 중에서 가장 많이 사용하는 스위치로서 사용이 편리하고 저렴하다. 물체가 닿으면 접촉자가 움직여 접점이 개폐되는 방식이다. 물체의 형 또는 뾰족한 부분을 캡 또는 도그라 하며 캠은 정해진 위치보다 더 진행 했는지를 검출하고 도그는 정해진 위치에 있는지를 검출한다.

그림 3.18 광전 스위치

그림 3.19 리밋 스위치와 기호

2 제어용 계전기

1) 전자 계전기(릴레이)

그림 3.20은 전자계전기의 외관 및 내부 구조를 보여 준다. 전자계전기는 릴레이라고도 불리며 전자석에 의한 철편의 흡입력을 이용해서 접점을 개폐하는 기능을 가진 기기를 말한다.

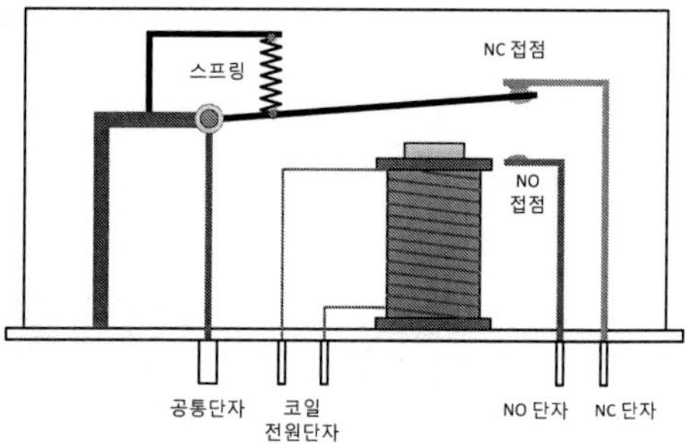

그림 3.20 릴레이의 외관 및 내부구조

릴레이 시퀀스 제어에서 제어기기 가운데 주역이 되는 것으로서 소형으로 접점의 수가 많은 제어용 전자 계전기에서부터 큰 전류의 개폐도 할 수 있는 전력용 전 자계전기 등 여러 가지 종류가 있다. 그림 3.21은 전자계전기의 그림 기호를 나타낸다. 전자 계전기는 일반적으로 A 접점과 B 접점을 모두 가지고 있다.

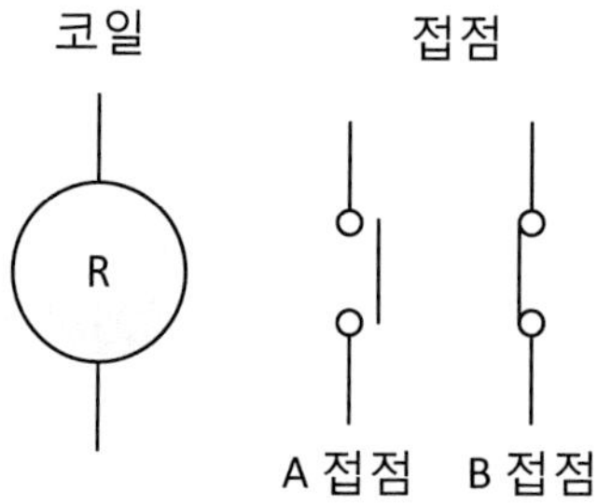

그림 3.21 전자계전기의 그림 기호

릴레이의 작동 원리는 그림3.22에서 보여준다. 그림 3.22(a)는 동작 전 상태를 보여준다. 동작 전 상태는 스프링에 의하여 NC 접점이 온 되어 있고 NO 접점은 오프 되어 있는 상태이다. 전자 릴레이를 동작시키기 위해서는 그림 3.22(b)와 같이 외부에 전원을 연결하여 내부 여자 코일에 전류를 공급하면 된다. 내부 봉상 코일에 전류가 공급되면 봉상 코일은 전자석이 되며, 따라서 스프링의 힘에 의하여 NC 접점에 연결되어 있던 접점은 전자석의 힘에 의하여 NO 접점과 연결된다.

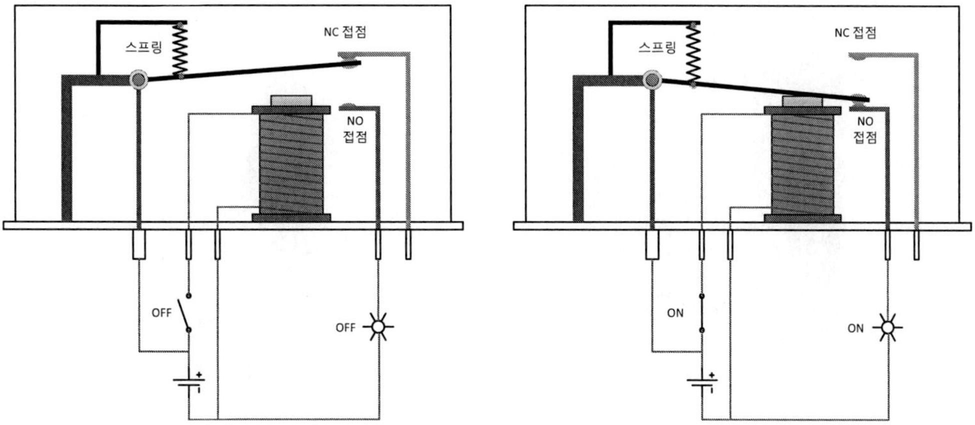

(a) OFF 동작　　　　　　　　(b) ON 동작

그림 3.22 릴레이의 동작원리

이와 같이 전자 계전기는 전자석과 스프링의 힘에 의하여 NC 접점과 NO 접점을 자동으로 절환 할 수 있다.

릴레이의 접점을 살펴보면 다음과 같다.

표 3.2 릴레이의 종류와 호칭

접점의 종류	접점의 상태	동작 설명
a접점	상시 열린 접점 Normal Open Contect(NO)	동작 전 스위치 접점이 오프 되어 있다가 동작되면 접점이 온 된다.
b접점	상시 닫힌 접점 Normal Close Contect(NC)	동작 전 스위치 접점이 온 되어 있다가 동작되면 접점이 오프 된다.
c 접점	전환접점 Change Over Contact	a, b 접점이 모두 존재하며 동작 전에는 a 접점이 온 상태를 유지하다가 동작 후에는 b 접점이 온 되는 절환 접점을 가진다.

2) 타이머 계전기

(a) 기계식 타이머　　　　　　　　(b) 전자식 타이머

그림 3.23 타이머 외관

일반적으로 전자 계전기는 전자 코일에 전류를 흐르게 하면 그 접점은 순간적으로 폐로 또는 개로가 된다. 그러나 한시 계전기는 전기적 또는 기계적 입력을 부여하면 전자 계전기와는 달리 설정된 시한이 경과된 후에 그 접점이 폐로 또는 개로 하는 것으로서 인위적으로 시간 지연을 만들어내는 계전기를 말한다. 타이머의 시간차를 만들어내는 방법에 따라서 모터식 타이머, 전자식 타이머, 제동식 타이머 등이 있다. 그림 3.23은 타이머의 외관을 보여준다. 그림 3.23(a)는 기계식 타이머이고 그림 3.23(b)는 전자식 타이머이다.

표 3.3 타이머 접점과 동작

한시 접점	접점의 종류	심벌	시간적인 동작내용
전자 코일 또는 타이머 구동모터	코일	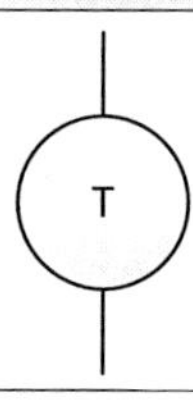	전류가 흐르면 여자 된다.
한시 동작 접점	a 접점	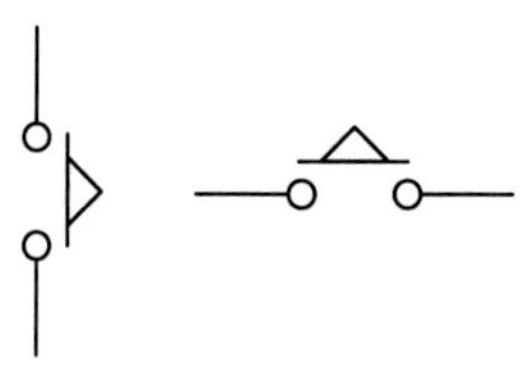	코일이 여자되면 한시 동작 접점은 설정된 시간 이 흐른 후 동작한다. 즉 a 접점은 신호가 입력되어 코일이 여자되면 설정된 시간이 경과 된 후 접점이 동작(온)된다. 그리고 신호가 소멸되면 즉시 복귀(오프)된다.
	b 접점	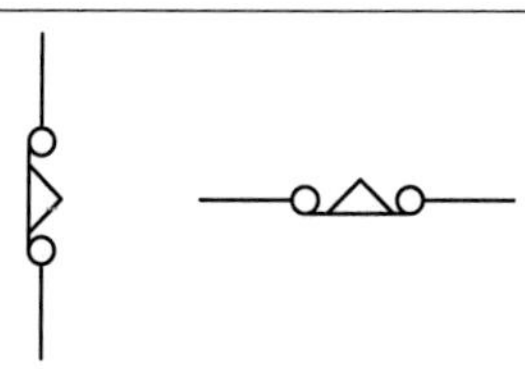	b 접점은 신호가 입력되어 코일이 여자되면 설정된 시간이 경과된 후 동작(오프) 된다. 그리고 신호가 소멸되면 즉시 복귀(온)된다.

한시 복귀 접점	a 접점	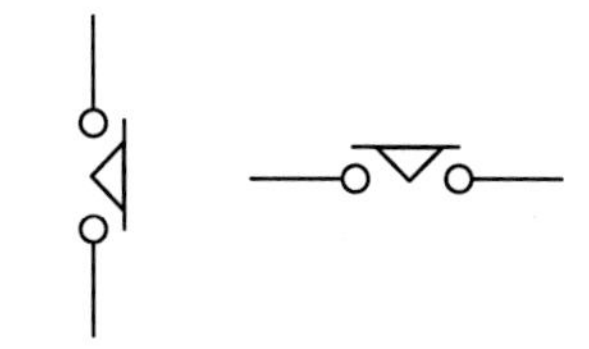	한시 복귀 접점은 신호 입력 후 즉시 동작하고 신호 소멸 후 설정된 시간이 지나면 복귀한다. 즉 a 접점의 경우 신호 입력 후 즉시 온 되지만 신호가 소멸되면 설정된 시간이 지난 후 복귀(오프) 된다.
	b 접점	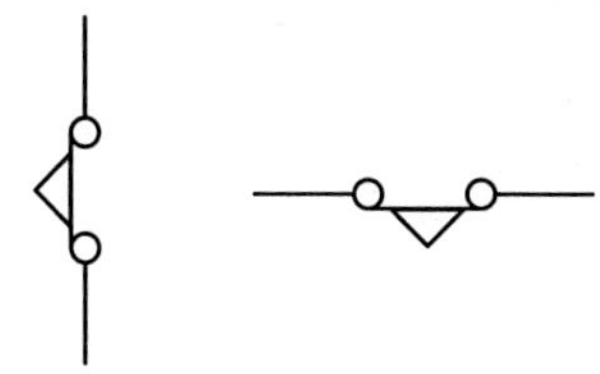	b 접점의 경우 신호 입력 후 즉시 오프 되지만 신호가 소멸되면 설정된 시간이 지난 후 복귀(온) 된다.

3 전자 접촉기(Magnetic Contact)

1) 전자접촉기의 외형 및 내부구조

전자접촉기의 동작원리는 전자계전기의 동작원리와 동일하다. 전자 코일에 전류가 흐르면 고정 철심이 전자석으로 되어 가동 철심을 흡인하여 가동 철심에 부착된 주 접점과 보조 접점을 폐로하고 전자 코일에 전류가 흐르지 않으면 개로한다. 전자 접촉기는 주로 주회로 전류와 같이 대전류의 개폐나 전동기의 빈번한 시동 정지 제어 등에 사용된다. 그림 3.24는 전자 접촉기의 외형과 내부구조 그리고 접점기호를 보여준다. 그리고 그림 3.25는 전자접촉기의 사용 예를 보여준다.

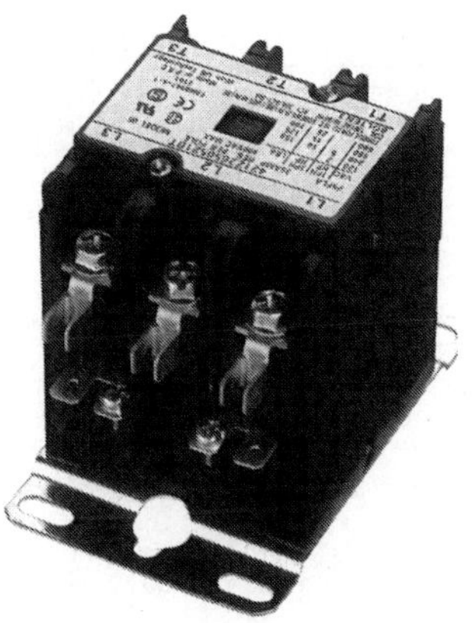

(a) 전자 접촉기 외형

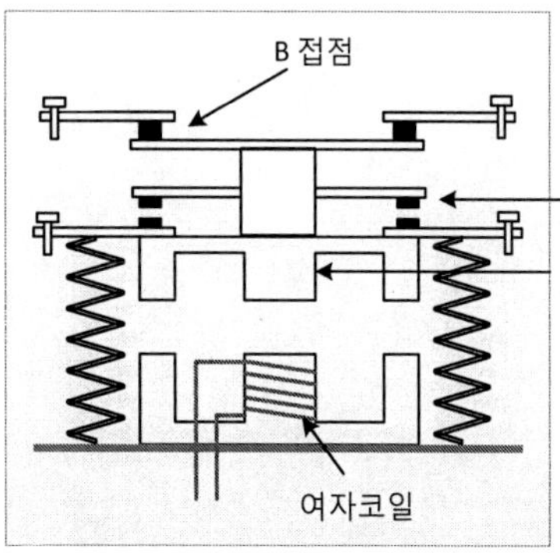

(b) 전자접촉기 내부구조

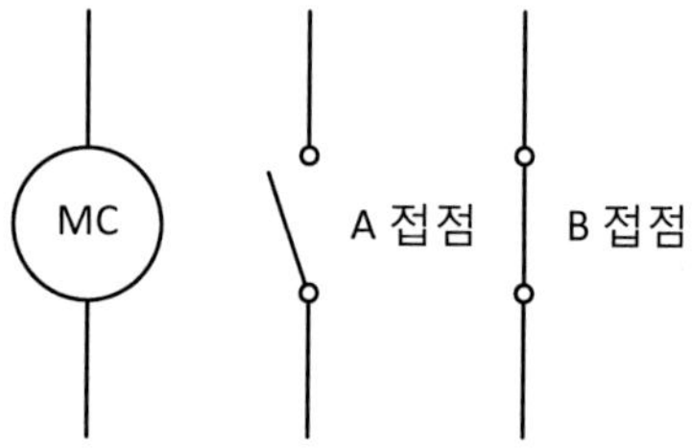

(c) 전자접촉기 기호와 접점

그림 3.24 전자 접촉기 외형/내부구조 및 기호

2) 접점과 회로 구성

(1) 주접점

큰 전류가 흘러도 안전한 대전류 용량의 접점으로 주 회로를 구성한다.

(2) 보조접점

작은 전류 용량의 접점으로 주회로의 개폐조작에 필요한 것으로 조작 회로 또는 보조회로를 구성한다.

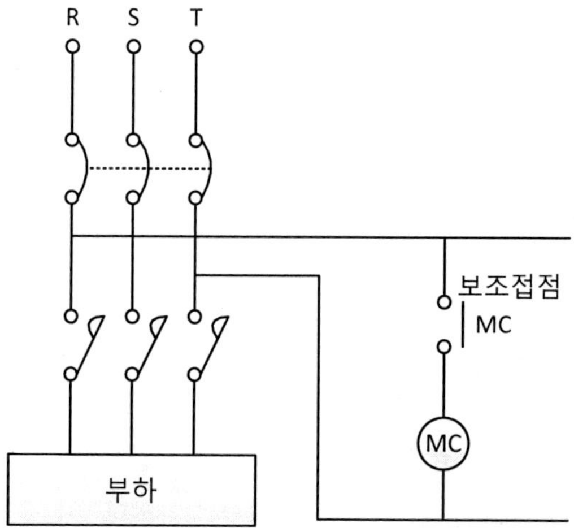

그림 3.25 전자 접촉기 사용 예

4 열동형 과전류 계전기

열동 계전기라고도 부르며 설정치 이상의 전류가 흐르면 접점을 동작 시키는 계전기로서 전동기의 과부하 보호에는 필수적인 부품이다. 주 회로에 삽입된 히터에 과전류가 흐르면 바이메탈이 열을 받아서 굽어져 접점이 동작된다.

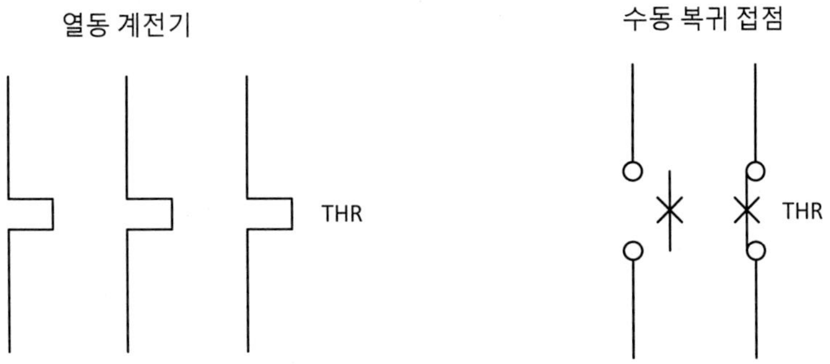

그림 3.26 열동 계전기의 그림기호

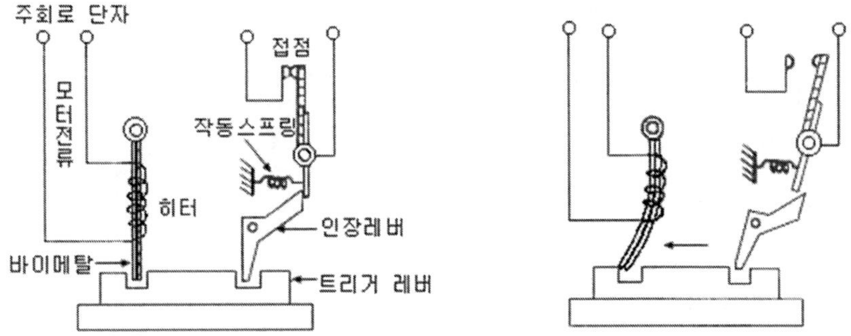

(a) 통상상태 (b) 과전류가 흘러 트립된 상태

그림 3.27 열동 계전기의 동작원리

그림 3.26은 열동 계전기의 그림기호를 나타내고, 그림 3.27은 열동 계전기의 동작 원리를 보여준다. 작동과정은 전동기에 과부하 또는 구속 상태 등으로 이상 전류가 흐르면 주 회로에 접속된 과부하 전류에 의해 히터의 발열로 바이메탈이 작용하여 접점부를 동작 시킨다. 그림 3.26에서 a접점은 경보용 접점으로 경보 램프를 점등하는데 사용되고, b접점은 조작 회로용 접점으로 전자 접촉기의 여자 회로를 차단하는 접점으로 사용된다. 그리고 열동계전기의 복귀는 수동으로 이루어진다.

5 전자 개폐기

전자 개폐기는 전자 접촉기와 과전류에 의해 동작하는 과부하 계전기가 조합되어 외부의 조작 스위치에 의해 동작하는 개폐기이다. 전자 접촉기와 전자 개폐기를 비교하면 다음과 같다.

1) 전자 접촉기

전동기와 같이 비교적 대용량에 사용하는 계전기이다.

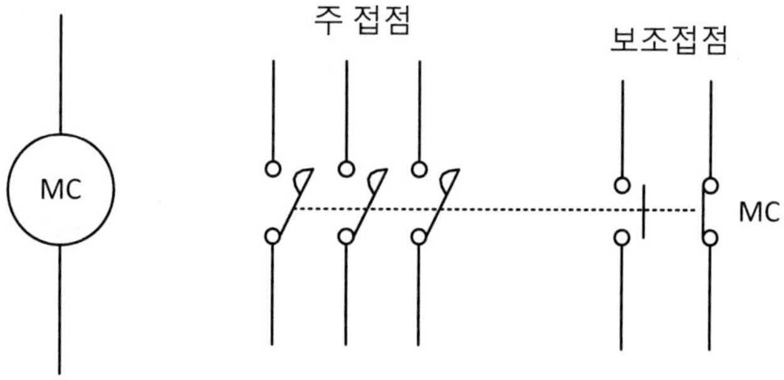

그림 3.28 전자 접촉기의 그림기호

2) 전자 개폐기

전자 접촉기와 열동 계전기를 조합하여 하나로 합친 것을 전자 개폐기라 하면 마그네트 스위치라고도 한다.

그림 3.29 전자 개폐기 외형

시퀀스도는 다음과 같다.

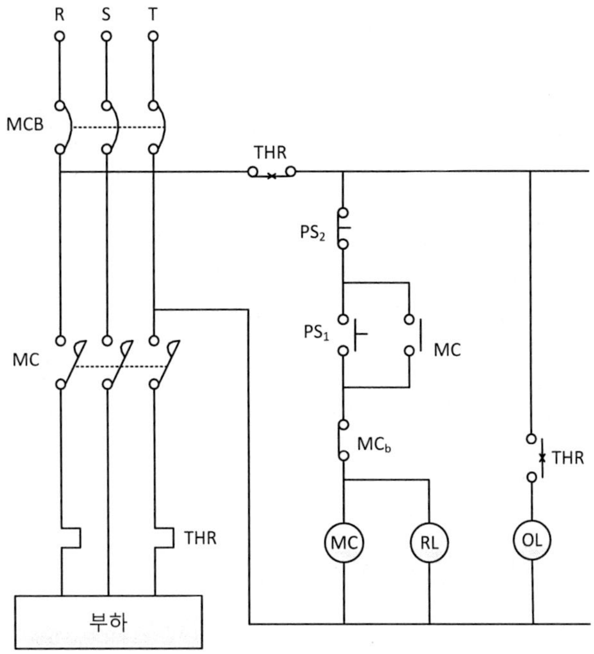

그림 3.30 시퀀스도

3) 전자 개폐기의 동작 설명

그림 3.30에서 PBS1을 누르면 MC가 여자 되어 MC의 주 접점과 보조 접점이 온 되어 부하인 전동기가 구동되고 MC의 보조 접점이 붙어 자기유지가 된다. 그리고 PBS2를 누르면 MC가 무여자 되어 MC의 주접점과 보조접점이 모두 오프되고 전동기는 정지한다.

3.6 시퀀스 작도법

여러 가지 장치들로 구성된 제어회로에서 기기 상호간의 접속을 표시할 때, 단선 접속도나 복선 접속도, 배치도 등을 보아서는 동작이 어떻게 이루어지는지, 또는 어떤 형태로 제어회로가 이루어지는지 이해하기 어렵다. 이 경우 제어방식이나 동작 순서를 알기 쉽게 표시한 접속도가 필요하다.

1 시퀀스 도면 작성 규칙

시퀀스 도면은 일반적으로 다음 규칙에 의하여 작성된다.

① 전원모선은 도면 상하 또는 좌우에 표시한다.
② 제어기기를 접속하는 접속선은 전원 모선 사이에 표시한다.
③ 접속선은 작동순서에 따라 좌에서 우 또는 위에서 아래로 그린다.
④ 제어기기는 비작동 상태로 그리며 모든 전원은 차단한 상태로 그린다.
⑤ 개폐 접점이 있는 제어기기는 그 기구 부분이나 지지 보호부분 등의 기계적 관련 상태를 생략하고 접점 및 코일 등으로 표시하며, 접속선에서 분리하여 표시한다.
⑥ 제어기기가 분산된 각 부분에는 그 제어기기 명을 표시한 문자 기호를 첨가하여 기기의 상태를 표시한다.

2 시퀀스도의 가로 그리기와 세로 그리기

1) 가로 그리기

① 전원모선은 도면의 좌측과 우측에 세로선을 그린다.
② 접속선은 전원 모선 사이에 가로선으로 그린다.
③ 접속선은 작동순서에 따라서 위에서 아래로 그린다.

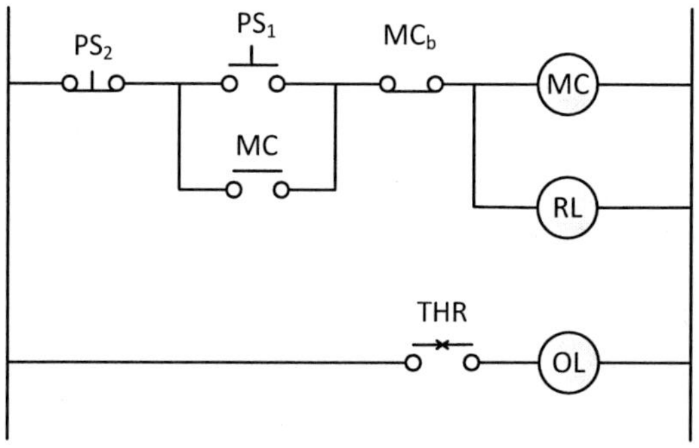

그림 3.31 가로그리기

2) 세로 그리기

① 전원 모선은 도면의 위와 아래 측에 가로선으로 그린다.

② 접속선은 전원 모선 사이에 가로선으로 그린다.

③ 접속선은 작동 순서에 따라서 좌에서 우로 그린다.

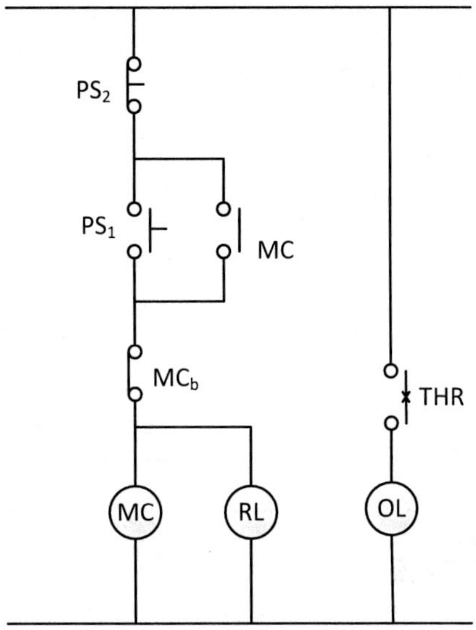

그림 3.32 세로 그리기

학습평가문제

1. 제어란 무엇을 말하는가?

2. 개루프 제어와 폐루프 제어의 차이점은 무엇인가?

3. 시퀀스 제어의 장점과 단점에 대하여 설명하시오.

4. 접점이란 무엇을 말하는가?

5. 접점의 종류에 대하여 설명하시오.

6. 타이머의 동작원리를 설명하시오.

7. 전자 릴레이의 동작 원리를 설명하시오.

8. 열동 계전기의 동작원리를 설명하시오.

9. 시퀀스 제어회로 도면 작성법을 설명하시오.

10. 시퀀스 제어회로 도면 작성법 중 가로 그리기와 세로 그리기의 차이점을 설명하시오.

제4장

실습장치

제4장에서는 각종 시퀀스 회로 실습을 위한 실습장비인 IEG사의 시퀀스 실습장치에 대하여 각 모듈별로 그 기능과 동작원리를 설명한다.

4.1 NFB(No Fuse Break)

NFB(No Fuse Break)배선용 차단기를 말하며 MCCB(Molded case circuit break)라고도 한다. NFB는 과부하 차단 보호가 목적이다. 부하 회로에 과전류가 흐르면 Plunger가 자화되어 자화된 전자력이 제동 스프링 힘보다 커짐에 따라 Plug 흡인 자화되어 아마츄어를 흡인시킴으로서 트립바를 동작시켜 개폐기구를 폐로 시킨다.

트립이 되면 핸들은 ON 상태와 OFF 상태의 중간 지점에 위치하므로 사고 전류에 의하여 자동 차단된 경우 반드시 핸들을 OFF 위치로 완전히 리셋 시킨 후 ON 위치로 재투입하여야 한다. 트립 방식으로는 열동식, 열동 전자식, 완전 전자식이 있다.

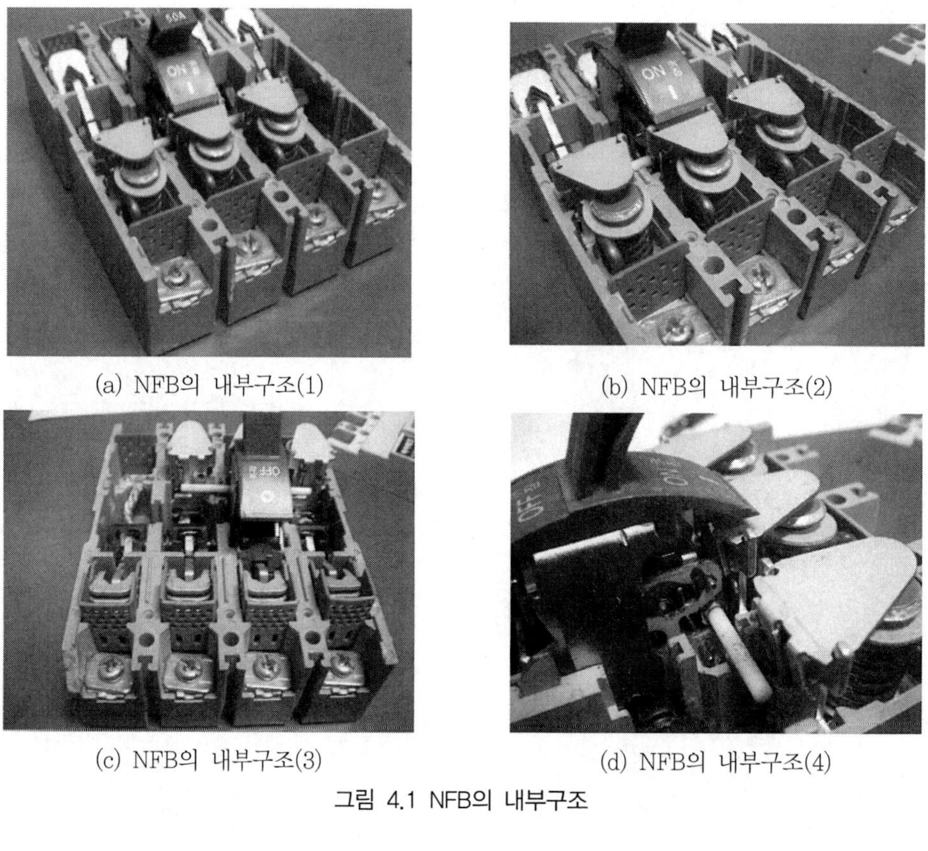

(a) NFB의 내부구조(1)

(b) NFB의 내부구조(2)

(c) NFB의 내부구조(3)

(d) NFB의 내부구조(4)

그림 4.1 NFB의 내부구조

그리고 상별 분류로는 단상 NFB와 3상 NFB가 있다.

■ 단상 NFB 모듈

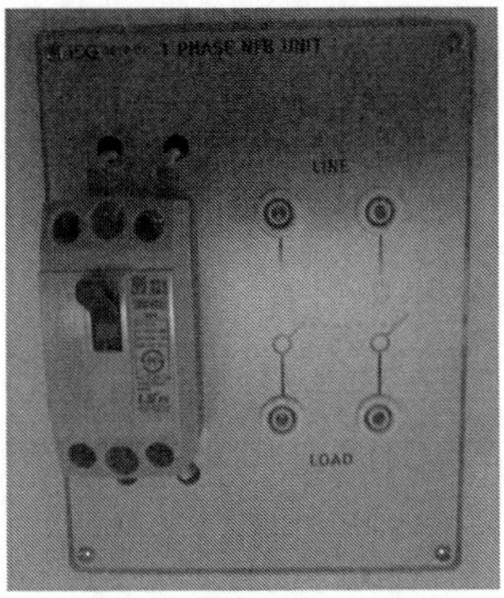

(a) 외형

모델명 : IEG3610-1

형식 :

① 4φ 단자대 배선형

② 2극 단상 30A

③ AC 110/220 겸용

④ 절연박스 내장형

⑤ 원터치 캠 방식 핸드레버 고정장치

⑥ 1EA/set

(b) 모델명과 형식

■ 3상 NFB 모듈

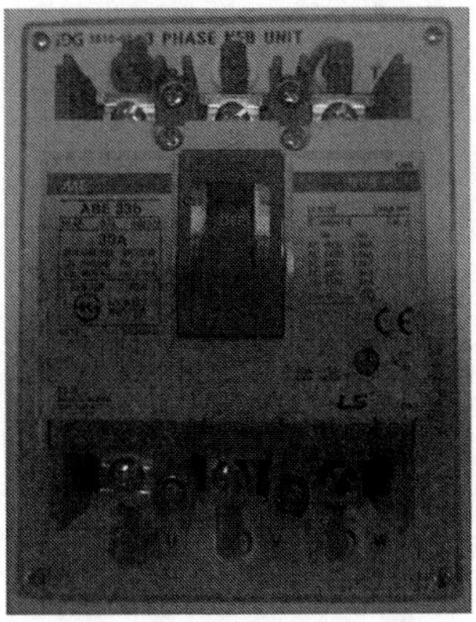

(a) 외형

모델명 : IEG3610-2

형식 :

① 4φ 단자대 배선형

② 3극 3상 30A

③ AC 110/220 겸용

④ 절연박스 내장형

⑤ 원터치 캠 방식 핸드레버 고정장치

⑥ 1EA/set

(b) 모델명과 형식

4.2 전자접촉기(Magnetic Contactor)

전자접촉기(MC)란 큰 접점 용량과 내압을 가진 전자 계전기의 일종으로 전자석에 의한 흡인력을 이용하여 주접점을 열과 닫음으로서 주회로 전류와 같은 대전류의 개폐나 전동기의 빈번한 시동, 정지, 제어 등에 사용되며 250V, 10A 이상의 부하개폐에 주로 이용한다.

1 전자접촉기의 내부구조

전자 접촉기는 주접점, 보조접점으로 이루어지는 접점부와 전자코일, 철심으로 이루어지는 조작 전자석부로 되어 있다. 주접점은 전동기의 주회로에 큰 전류가 흘러도 안전한 대전류 용량의 접점을 말하며, 보조접점은 소형의 전자 계전기 접점과 마찬가지로 작은 전류 용량의 접점을 말한다.

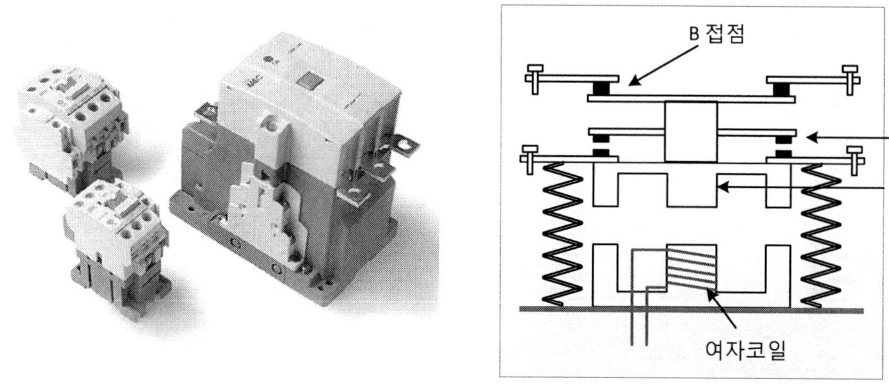

(a) 전자접촉기 외형　　(b) 전자접촉기 내부구조

그림 4.2 내부구조

2 동작원리

전자코일에 전류가 흐르면 고정 철심이 전자석이 되어 가동 철심을 흡인하고 이 흡인력에 의하여 가동 철심이 연동하여 주접점 및 보조 접점이 아래쪽으로 힘을 받아 주접점이 닫히고, 이때 보조 접점도 동시에 개폐동작을 한다.

3 전자접촉기의 종류 및 용도

1) 표준형 전자접촉기

전자접촉기의 가장 기본적인 제품으로 단독 부하 개폐시 사용된다. 일반적으로 개방형으로 불리기도 하는데 이는 상입형을 제외하고는 모두 개방형으로 분류할 수 있다.

(2) 가역형 전자접촉기

전자접촉기는 주로 모터 부터의 개폐를 위하여 설치하게 되는데 모터의 정역회전을 제어하기 위해서는 3상 전원을 제어 해 주어야 한다. 이를 제어하기 위하여 사용되는 접촉기가 가역형 전자접촉기이다. 그림과 같이 표준형 2대를 조합하여 구성되어 있어며 두 접촉기 사이에는 기계적 인터록 장치가 되어 있다.

그림 4.3 가역형 전자접촉기

(3) 지연석방형, 래치형 전자접촉기

전압 변동이 크거나, 순간정전이 많은 지역의 경우에는 전자접촉기의 조작코일에 인가되는 전원의 불평형으로 인하여 접촉기가 정상 상태에서도 Chattering 현상이 나타날 수 있으며, 이는 안정적인 전력공급에 문제를 발생시킬 수도 있다.

전력계통상에 일정한 전원을 정전 없이 받도록 설계가 되는 것이 원칙이지만, 위에 말한 것과 같이 전원 자체가 안정적이지 못한 경우에는 지연석방형, 래치형 전자접촉기를 사용하는 것이 좋다.

1) 지연석방형 전자접촉기

지연석방형 전자 접촉기는 순간정전이 많은 지역의 경우에 주로 적용되며 일반형 전자접촉기(직류조작코일 제품)에 지연석방 유닛을 조작코일과 연결하여 사용한다. 지연석방 유닛은 내부에 설치되어 있는 콘덴서가 일정 전원을 충전하고 있어서 순간 정전시 몇 초간은 전원이 Off되더라도 접촉기 조작 코일단에 전원을 공급해준다. 따라서 순간정전 또는 전압강하가 되더라도 접촉기 코일단에는 일정 전원이 공급 되므로 접촉기가 Off 되거나 Chattering 현상은 나타나지 않는다.

2) 래치형 전자접촉기

래치형 접촉기는 지연석방형과는 좀 더 다른 용도로 사용된다. 지연석방 유닛이 전기적으로 구성되는 반면에 래치형은 접촉기를 기계적으로 On을 유지하게 해준다.

따라서 래치유닛에 조작전원을 인가 후에는 접촉기 조작 코일단에 전원을 Off 하여도 접촉기는 On 상태를 유지하게 된다. 래치형 접촉기를 사용하는 주된 이유는 조작전원이 Off 되더라도 주전원은 계속적으로 유지되어야 하는 회로에 주로 적용된다. 또한, 기계적으로 접촉기를 On시켜 주므로 유지시 접촉기의 소음이 전혀 없다. 무소음이 요구되어지는 회로에 매우 적합하다고 할 수 있다.

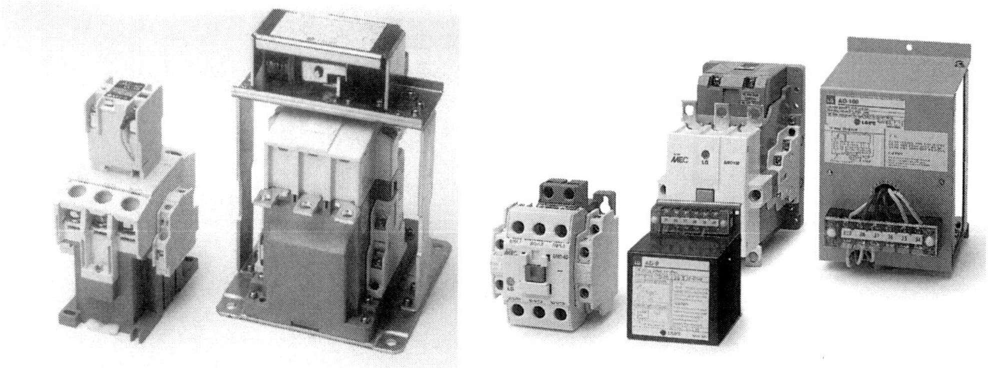

(a) 지연석방형 전자접촉기 (b) 래치형 전자 접촉기

그림 4.4 지연석방형과 래치형 전자접촉기

4) 4극형 전자접촉기

4극형 전자접촉기는 구조가 4극형으로 3극형과 같은 용도이지만 3상 4선식 회로에서 중성점 N상까지 제어가 가능한다. 또한 단상 부하 제어시 1대로 2회로 동시제어가 가능하므로 3극형 적용시 2대를 사용하던 것을 4극형은 1대로 가능하다.

이외에도 직류전용, 고감도형, 단상 전용 등의 제품이 있다.

4 전자 접촉기 선정방법

1) 전동기 용량에 따른 전부하 전류

전자접촉기는 전동기 부하에 주로 많이 적용되는데 KS 규격에서는 표 4.1과 같이 적용하도록 하고 있으며 구조적으로 기기에 조립된 개폐기 또는 특정의 기기 전용 개폐기의 전류치는 그 기기에 사용되고 있는 전동기의 전부하 전류치를 기준으로 한다. 저항 부하의 경우는 "저항부하로서의 정격 사용전압에서 최대 적용 저항 부하의 용량(KW)에 따른다"라고 명시되어 있다.

2) 급별 구분

표 4.1 전동기 용량에 따른 전부하 전류(KSC4504)

전동기 종류 및 정격전압	전동기 전부하 전류치[A]	
	단상 유도전동기	3상 유도전동기 4극
정격용량[KW]	110V	220V
0.1	4.6	-
0.2	6.5	1.6
0.4	10.4	2.5
0.75	15	3.8
1.5	-	6.6
2.2	-	9.1
3.7	-	14.6
5.5	-	21.8
7.5	-	29.1
11	-	40.9
15	-	55.5
22	-	78.2
30	-	105.5
37	-	129.5

** 1. 정격전압이 표 3.1의 전압과 다른 경우의 전부하 전류치(I')는 다음 식에 의해 산출한 값을 취하는 것으로 한다.

I' = I × E/E' 여기에서 I, E : 표 4.1의 전부하 전류 및 정격전압

E' : 표 4.1과 다른 정격 전압

2. 3상 유도전동기에서 정격사용전압 220V로 37kW를 초과하는 것의 전부하 전류치는 1kW에 대해 4A로 하여 산출한 값을 취하는 것으로 한다.

전자접촉기(개폐기) 정격 구분시 AC3, AC1과 같은 급별 표기를 하는데, 이에 대한 정의는 KS 규격에는 "농형 유도전동기의 시동", "운전 중 농형 유도전동기의 개방"에 적용시는 AC3급으로 구분하고 있다. 따라서 사용하고자 하는 부하가 농형 유도전동기의 경

우에는 AC3급 정격에 맞게 적용해야 한다. 이에 따라 각 제조업체에서는 제품 명판 또는 카탈로그에 각 급별에 따른 정격을 표기하고 있다.

표 4.2에는 KS 규격에 따른 각 급별 적용 예시를 나타내고 있다.

일반적으로 모터 부하(농형모터 기준) 적용시에는 AC3급을 기준하여 접촉기 용량을 선정하게 되는데, 부하 개폐빈도가 매우 빈번한 부하의 경우에는 AC4급 용량으로 선정해야 한다. 제조업체에 따라 차이는 있으나, AC3급 용량 대비 AC4급 용량이 다소 낮게 되어 있다. 이는 개폐빈도가 빈번한 경우 개폐 서지에 의한 접점 소모가 발생되기 때문이다.

표 4.2 차단 전류 및 폐로 전류에 의한 급별(KSC 4504)

급별	대표적 적용 보기
AC 1	非유도성 또는 小유도성 저항부하의 개폐
AC 2 B	(1) 권선형 유도전동기의 시동 (2) 운전 중인 권선형 유도전동기의 개방
AC 2	(1) 권선형 유도전동기의 시동 (2) 권선형 유도전동기의 역상제동, 역전 (3) 권선형 유도전동기의 인칭
AC 3	(1) 농형 유도전동기의 시동 (2) 운전 중인 농형 유도전동기의 개방
AC 4	(1) 농형 유도전동기의 시동 (2) 농형 유도전동기의 역상제동, 역전 (3) 농형 유도전동기의 인칭

5 부하의 종류에 따른 선정

1) 전등 부하

전등 부하에는 특수한 경우를 제외하고는 개폐 빈도가 낮다. 제품 선정 Point는

① 부하의 입력전류 합계가 전자접촉기 정격통전전류(AC1급)을 초과하지 않고,

② 점등에 의한 돌입전류가 접촉기 개로전류용량을 초과하지 않는 범위에서 선정하면 된다.

(1) 백열전구

백열전구의 필라멘트는 상온에서 저항이 적기 때문에 전압인가의 순간에는 이론적으로 정격전류의 3~16배의 전류가 흐르는 것으로 되지만, 실용상태에서는 회로의 임피던스나 자기가 열등에 의하여 과도전류는 7~10배 정도로 억제된다.

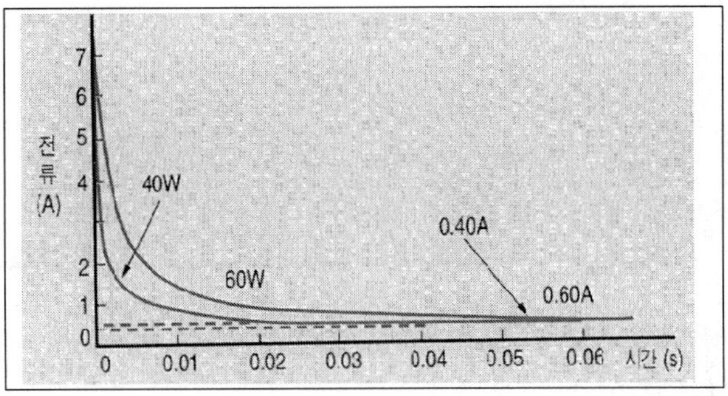

그림 4.5 과도전류특성

전압 인가의 순간부터 안정전류로 될 때까지 특성 예는 그림 3.3과 같다. 백열전구에 적용하는 전자접촉기 이 과도전류를 고려하여 정격전류가 AC3급 이내가 되도록 선정한다.

(2) 형광등

형광등은 형광램프와 안정기의 조합으로 사용되며, 안정기의 시동방식에 따라 스타터와 래피드스타터로 나누어진다. 스타터 방식은 수동스위치 또는 자동적으로 동작하는 스타터(예:Grow Lamp)를 사용하여 점등시키는 안정기로서 주택용등에 널리 사용되고 있다. 한편 래피드 스타터식은 스타터 방식과는 달리 스위치를 넣으면 바로 점등되며 기계적 접점부분이 없는 방식으로 빌딩, 공장, 병원, 학교 등에 널리 사용되는 방식이다. 형광등의 시동전류는 안정기의 회로, 역률조정용 콘덴서 유무에 따라 다르지만, 전자접촉기 선정은 AC3급의 정격사용전류 이하로 선정하는 것이 좋다.

2) 직류부하

주전원이 직류인 경우에는 일반 교류 전자접촉기를 적용시에는 몇 가지 고려할 사항이 있다. 원칙적으로 일반 전자접촉기는 주전원이 교류형으로 직류부하에 적용은 불가하다. 직류의 경우, 전류 '영점'이 없기 때문에 동급의 교류 용량에 비하여 개폐기 Surge 발생이 크다. 이에 따라 제조업체별로 다소 차이는 있으나, 카탈로그 등의 자료에는 교류정격에 비하여 낮은 정격치를 제시하고 있다. 이와 같은 이유로 주전원이 직류인 경우에는 직류전용 전자접촉기를 사용하는 것이 보다 안정적인 회로 구성이 가능하다.

■ 전자 접촉기-A 모듈

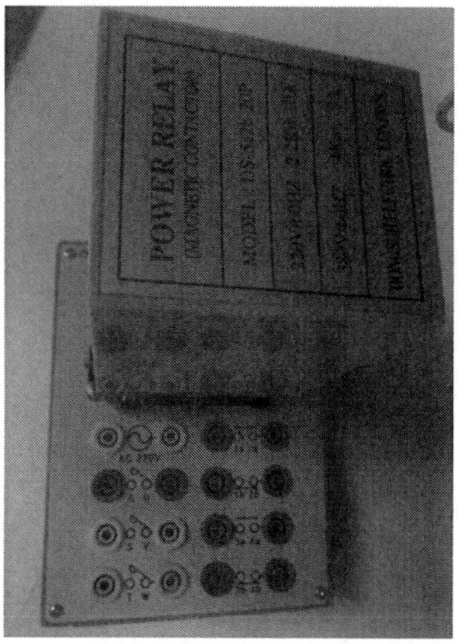

(a) 외형

모델명 : IEG3610-3
형식 :
① 20 핀 베이스
② 4φ 단자대 배선형
③ 전자접촉기 베이스와 동일 배치로 단자대 설치
④ 절연재질 2중 B-jack 제작
⑤ 원터치 캠 방식 핸드레버 고정장치
⑥ 3EA/set

(b) 모델명과 형식

■ 전자 접촉기-B 모듈

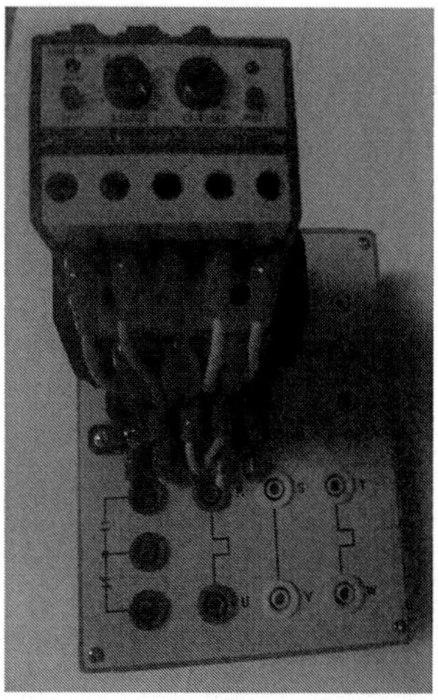

(a) 외형

모델명 : IEG3610-4
형식 :
① 14 핀 베이스
② 전자접촉기 베이스와 동일 배치로 단자대 설치
③ 절연재질 2중 B-jack 제작
④ 원터치 캠 방식 핸드레버 고정장치
⑤ 2EA/set

(b) 모델명과 형식

■ 전자 접촉기-C 모듈

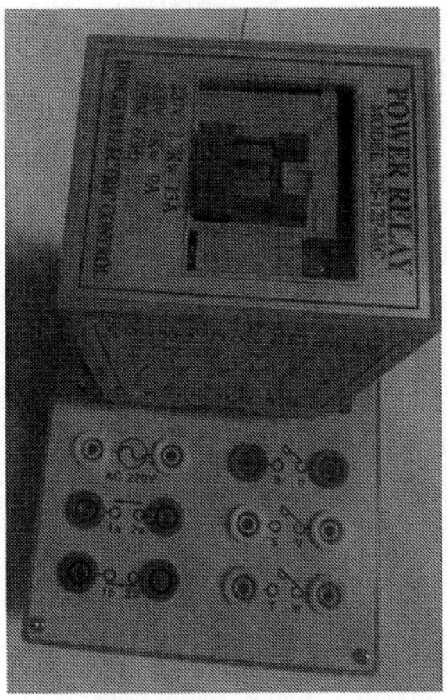

(a) 외형

모델명 : IEG3610-5

형식 :

① 12 핀 베이스

② 전자접촉기 베이스와 동일 배치로 단자대 설치

③ 절연재질 2중 B-jack 제작

④ 원터치 캠 방식 핸드레버 고정장치

⑤ 3EA/set

(b) 모델명과 형식

4.3 릴레이

1 릴레이의 내부구조

릴레이는 전자 계전기라고도 하며 전자석에 의한 철편의 흡입력을 이용해서 접점을 개폐하는 기능을 가진 기기를 말한다. 그림 4.6은 전자계전기의 외관 및 내부 구조를 보여준다.

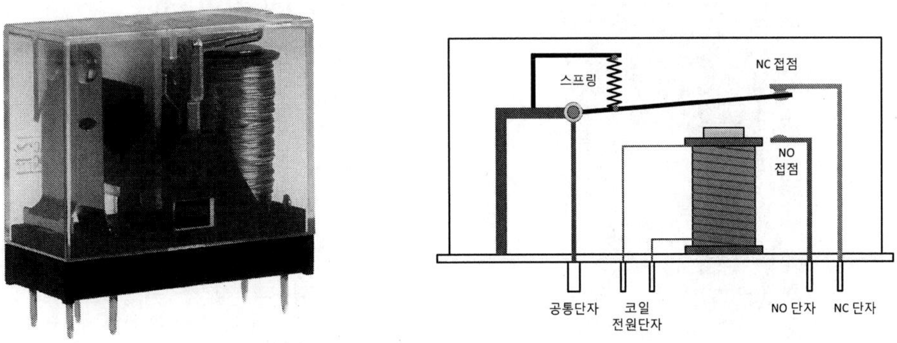

그림 4.6 릴레이의 외관 및 내부구조

릴레이 시퀀스 제어에서 제어기기 가운데 주역이 되는 것으로서 소형으로 접점의 수가 많은 제어용 전자 계전기에서부터 큰 전류의 개폐도 할 수 있는 전력용 전 자계전기 등 여러 가지 종류가 있다. 그림 4.7은 전자계전기의 그림 기호를 나타낸다. 전자 계전기는 일반적으로 A 접점과 B 접점을 모두 가지고 있다.

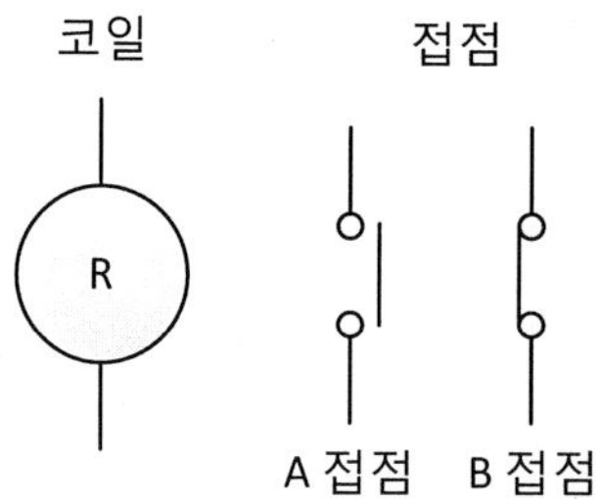

그림 4.7 전자 계전기의 그림 기호

2 동작원리

릴레이는 크게 전자석과 가동접점과 고정접점 그리고 복귀 스프링으로 구분할 수 있다. 먼저 외부의 전원으로부터 여자전류가 릴레이에 인가되면 여자전류에 의하여 전자석이 만들어진다. 이 전자석은 가동접점을 끌어당겨 고정접점에 접촉하도록 하거나 또는 접촉되어 있는 접점을 떨어지게 만든다. 만약 외부로부터 인가되었던 여자전류가 흐르지 않게 되면 여자코일에 더 이상 전류가 흐르지 않게 되므로 전자석의 기능이 상실된다. 따라서 가동접점은 복귀 코일에 의하여 원래의 상태로 되돌아 간다.

■ 릴레이-A 모듈

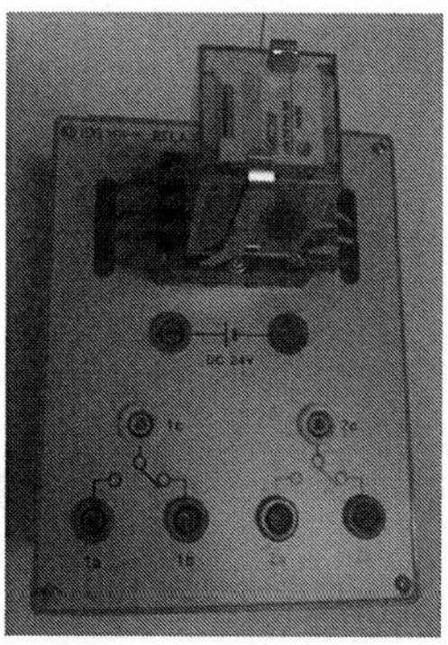

(a) 외형

모델명 : IEG3610-6

형식 :

① 8 핀 베이스
② 릴레이 베이스와 동일 배치로 단자대 설치
③ 절연재질 2중 B-jack 제작
④ 원터치 캠 방식 핸드레버 고정장치
⑤ 4EA/set

(b) 모델명과 형식

■ 릴레이-B 모듈

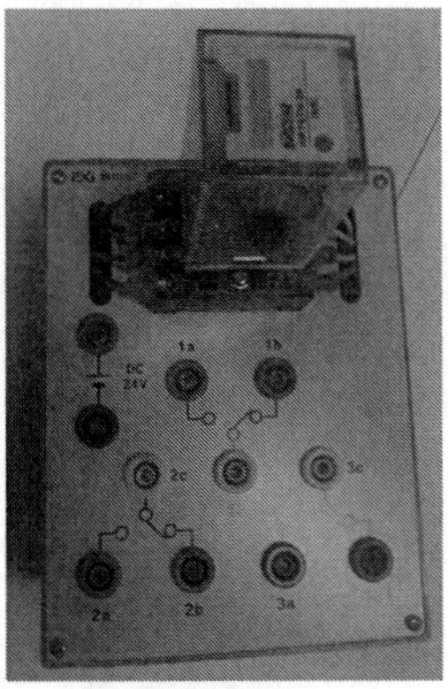

(a) 외형

모델명 : IEG3610-7

형식 :

① 11 핀 베이스

② 릴레이 베이스와 동일 배치로 단자대 설치

③ 절연재질 2중 B-jack 제작

④ 원터치 캠 방식 핸드레버 고정장치

⑤ 2EA/set

(b) 모델명과 형식

■ 릴레이-C 모듈

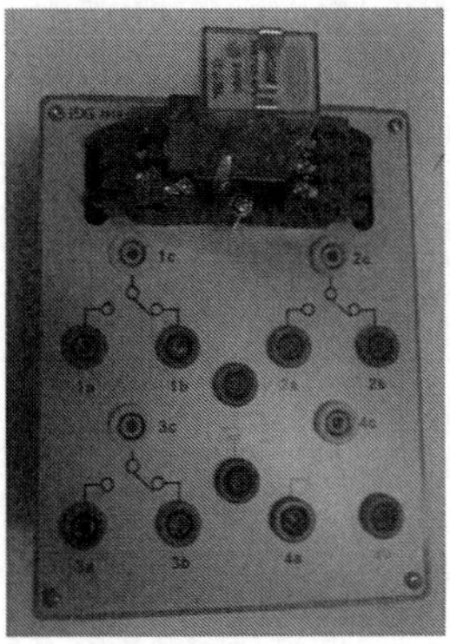

(a) 외형

모델명 : IEG3610-8

형식 :

① 14 핀 베이스

② 릴레이 베이스와 동일 배치로 단자대 설치

③ 절연재질 2중 B-jack 제작

④ 원터치 캠 방식 핸드레버 고정장치

⑤ 2EA/set

(b) 모델명과 형식

4.4 타이머

1 타이머의 기능

일반적으로 전자 계전기는 전자 코일에 전류를 흐르게 하면 그 접점은 순간적으로 폐로 또는 개로가 된다. 그러나 한시 계전기는 전기적 또는 기계적 입력을 부 여하면 전자

계전기와는 달리 설정된 시한이 경과된 후에 그 접점이 폐로 또는 개로 하는 것으로서 인위적으로 시간 지연을 만들어내는 계전기를 말한다. 타이머의 시간차를 만들어내는 방법에 따라서 모터식 타이머, 전자식 타이머, 제동식 타이머 등이 있다. 그림 4.8은 타이머의 외관을 보여준다. 그림 4.8(a)는 기계식 타이머이고 그림 4.8(b)는 전자식 타이머이다.

(a) 기계식 타이머

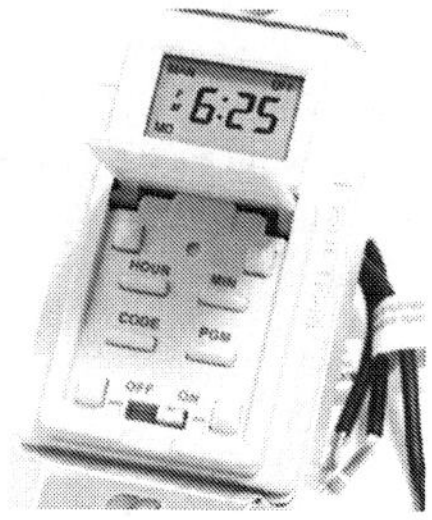

(b) 전자식 타이머

그림 4.8 타이머 외관

2 타이머와 접점의 종류

타이머는 크게 한시동작 순시복귀 타이머, 순시동작 한시복귀 타이머로 나눌 수 있다. 한시동작 순시복귀 타이머의 경우, 타이머 접점은 코일이 여자된 후 설정된 시간이 지나면 동작한다. 그리고 복귀시에는 타이머 코일의 여자가 소거된 후 즉시 복귀하는 동작을 수행한다.

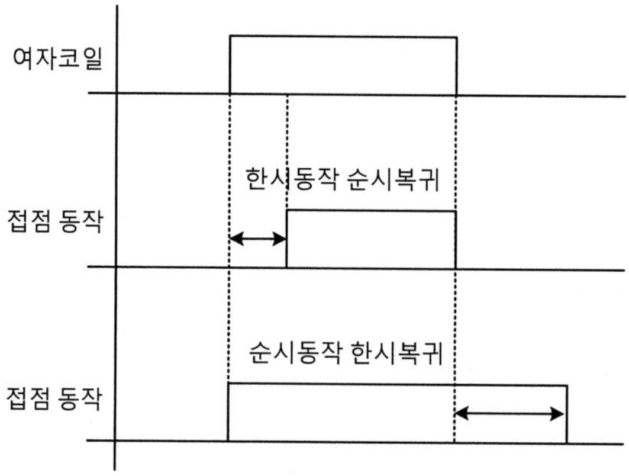

그림 4.9 타이머 동작

한편, 순시동작 한시 복귀 타이머의 경우는 그 동작이 조금 다르다. 순시동작 한시복귀 타이머는 여자코일이 여자되면 즉시 접점이 동작되지만 원상태로 복귀하기 위하여 여자 코일의 여자를 소거하면 설정된 시간이 지난 후 복귀하는 동작을 수행한다. 이러한 두 가지 종류의 타이머 접점은 필요에 따라 적절하게 사용하면 된다. 그림 4.3은 타임의 접점 종류에 따른 동작을 요약하여 보여준다.

표 4.3 타이머 접점과 동작

한시 접점	접점의 종류	심벌	시간적인 동작내용
전자 코일 또는 타이머 구동모터	코일	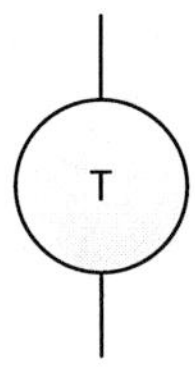	전류가 흐르면 여자 된다.
한시 동작 접점	a 접점	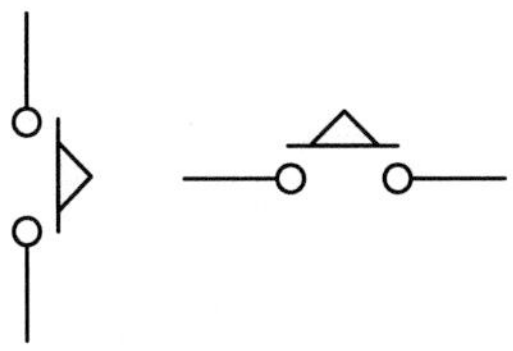	코일이 여자되면 한시 동작 접점은 설정된 시간 이 흐른 후 동작한다. 즉 a 접점은 신호가 입력되어 코일이 여자되면 설정된 시간이 경과 된 후 접점이 동작(온) 된다. 그리고 신호가 소멸되면 즉시 복귀(오프)된다.
	b 접점	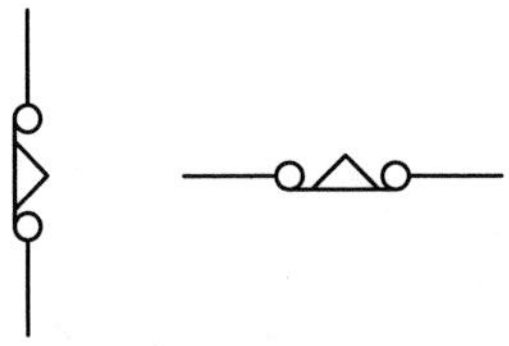	b 접점은 신호가 입력되어 코일이 여자되면 설정된 시간이 경과 된 후 동작(오프) 된다. 그리고 신호가 소멸되면 즉시 복귀(온) 된다.
한시 복귀 접점	a 접점	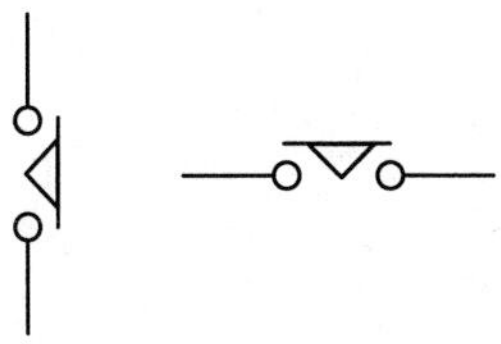	한시 복귀 접점은 신호 입력 후 즉시 동작하고 신호 소멸 후 설정된 시간이 지나면 복귀한다. 즉 a 접점의 경우 신호 입력 후 즉시 온 되지만 신호가 소멸되면 설정된 시간이 지난 후 복귀(오프) 된다.
	b 접점	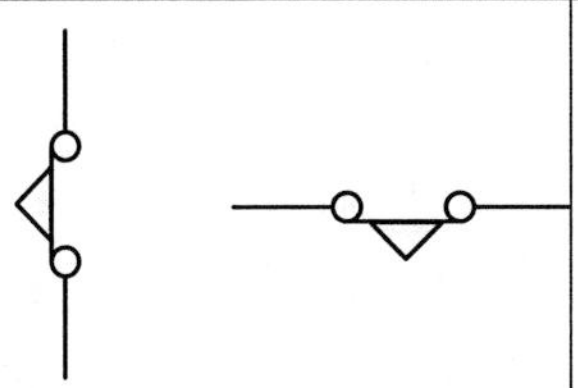	b 접점의 경우 신호 입력 후 즉시 오프 되지만 신호가 소멸되면 설정된 시간이 지난 후 복귀(온) 된다.

■ 타이머 릴레이 모듈

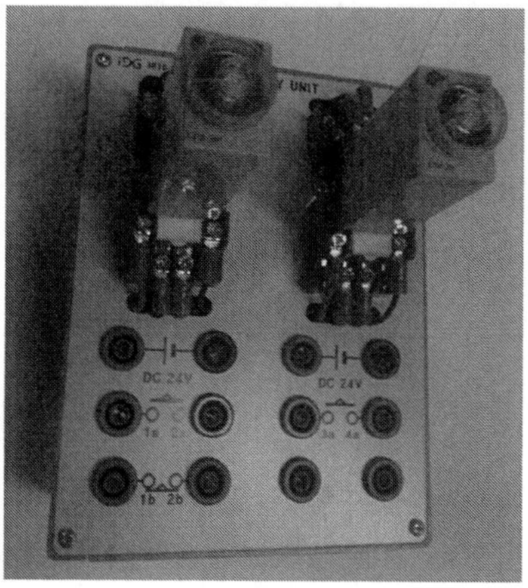

(a) 외형

모델명 : IEG3610-9

형식 :

① 2개의 타이머로 구성
② 동작방식 : Time On Delay
③ 접점 구성 : 2a, 2b/1EA
④ 입력전압 : DC24V
⑤ 지연시간 : 0.5sec~10sec
⑥ 절연재질 2중 B-Jack
⑦ 원터치 캠 방식 핸드레버 고정장치
⑧ 2EA/set

(b) 모델명과 형식

4.5 카운터 릴레이

카운터는 발생한 사건의 횟수를 계량하는 장치로서 회로 동작에서 어떤 횟수에 의한 제어가 필요한 경우 사용된다.

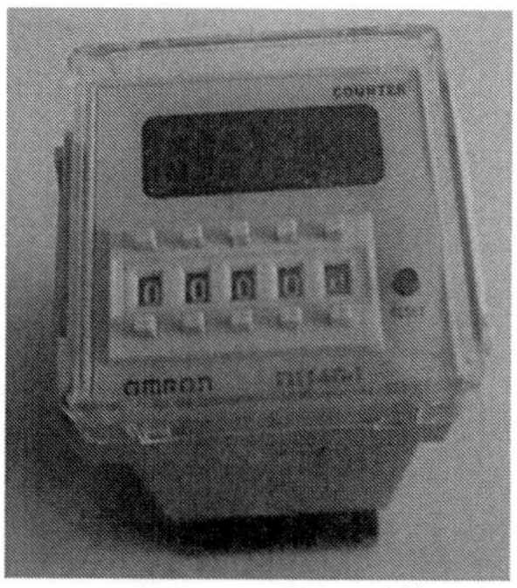

그림 4.10 카운터

- 토탈 카운터 : 계수 입력만 표시하는 카운터로서 제어 출력은 없다.
- 프리셋 카운터 : 설정된 수치까지 계수 하였을 때 제어 출력이 동작하는 카운터
- 업-카운터 : 0에서 계수를 시작하여 설정값에서 스위치가 동작하는 카운터
- 다운 카운터 : 설정값에서 계수를 시작하여 0에서 스위치가 동작하는 카운터

1 카운터 FX4S의 주요 특징

① 표시 자리수 : 4자리
② 전원전압 : 100~240VAC, 50/60Hz 또는 12~24VAC, 12~24VDC
③ 최소 신호폭 : 20ms
④ 입력방식 : 전압입력방식과 무전압 입력방식 선택
전압 입력방식 사용시, 입력임피던스는 5.4$K\Omega$ 이하,
'H' 레벨 전압은 5~30VDC,'L'레벨전압은 0~2VDC이다.
무전압입력방식 사용시, 단락시 임피던스 1$K\Omega$ 이하, 단락시
잔류 전압 2VDC 이하, 개방시 임피던스 100$K\Omega$ 이상
⑤ 원샷 출력시간 : 0.05초~5초
⑥ 외부 공급 전원 : 12VDC
⑦ 제어 출력 : SPDT(1C), 250VDC/3A 저항부하, NPN 오픈 콜렉터 1점,
30VDC/100mA 이하
⑧ 기계적 릴레이 수명 : 1000만회 이상
⑨ 전기적 릴레이 수명 : 10만회 이상(250VAC/3A 저항 부하시)

2 접속도

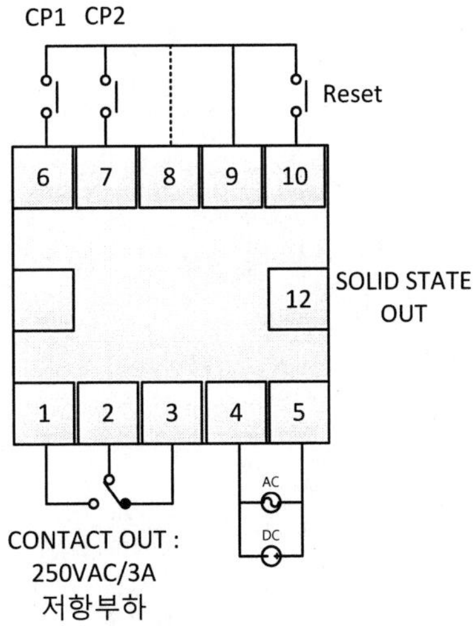

그림 4.11 카운터 접속도

1) 입력의 접속

(1) 무전압(NPN) 입력일 경우

a) 무접점 입력

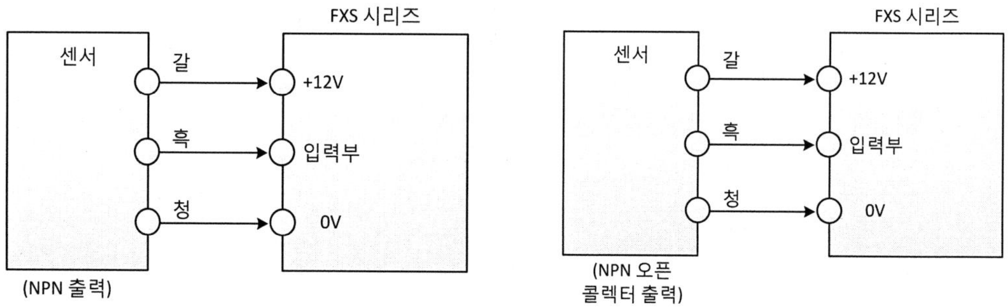

그림 4.12 무접점 입력 접속도

b) 유접점 입력

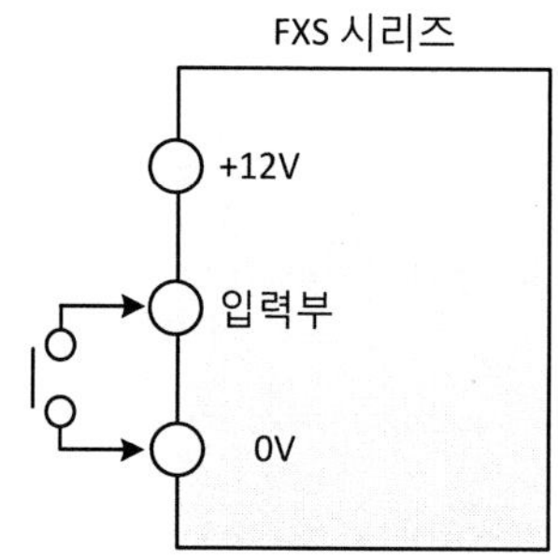

그림 4.13 유접점 입력 접속도

2) 전압(PNP)입력일 경우

a) 무접점 입력

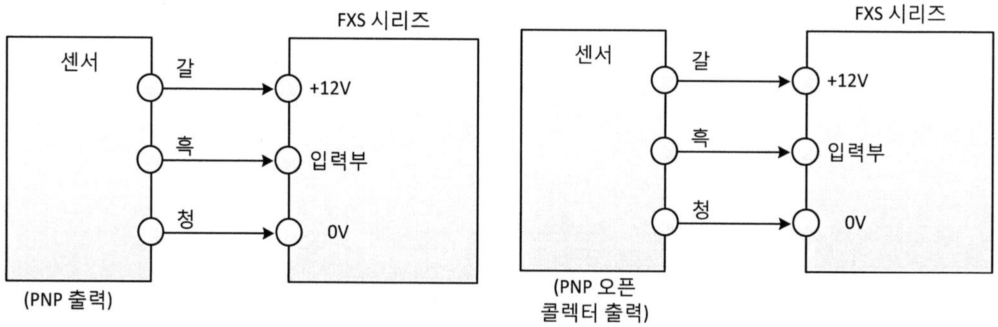

그림 4.14 무접점 입력 접속도

b) 유접점 입력

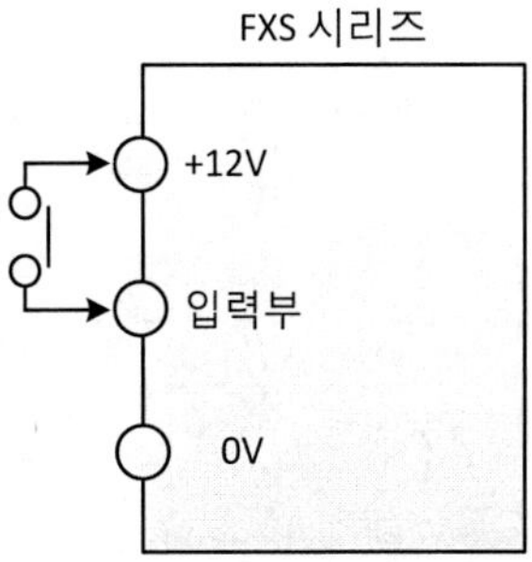

그림 4.15 유접점 입력 접속도

2) 입출력 접속 예

(1) 센서공급 전원으로 부하 구동시

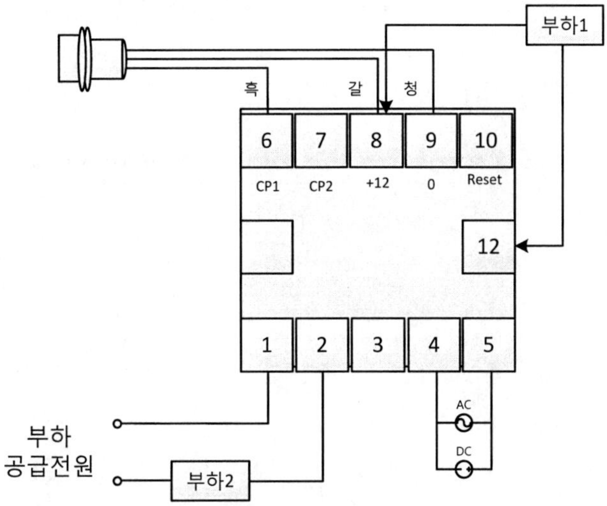

그림 4.16 입출력 접속(센서공급 전원으로 부하 구동시)

(2) 외부 전원으로 부하구동시

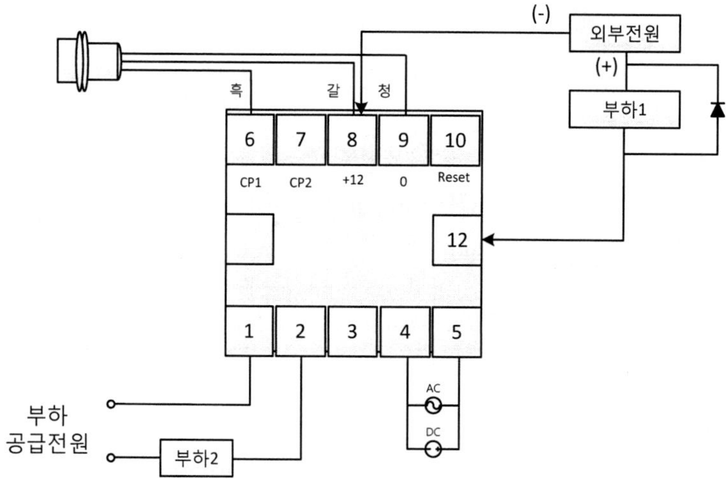

그림 4.17 입출력 접속(외부 전원으로 부하구동시)

3) 입력 동작모드(카운터)

입력모드			SW1	무전압(NPN) 입력 방식	전압(PNP) 입력 방식
가산모드	4 ON OFF	Up/Down-A 지령입력	2 3 ON OFF	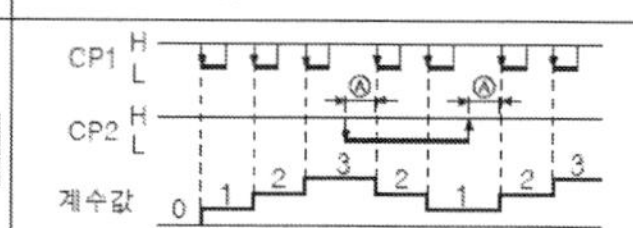	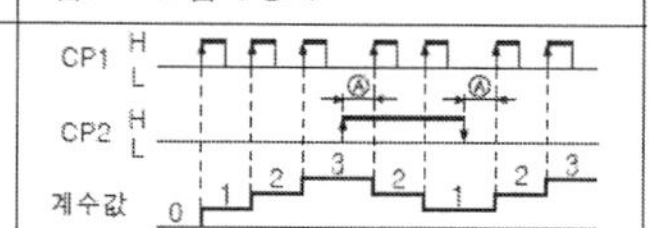
		Up/Down-B 개별입력	2 3 ON OFF	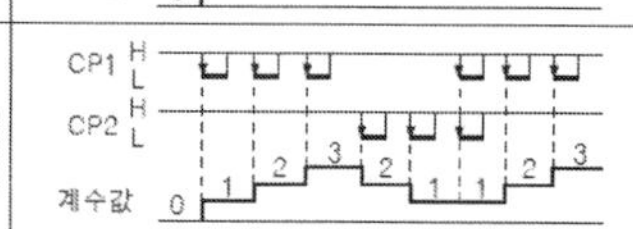	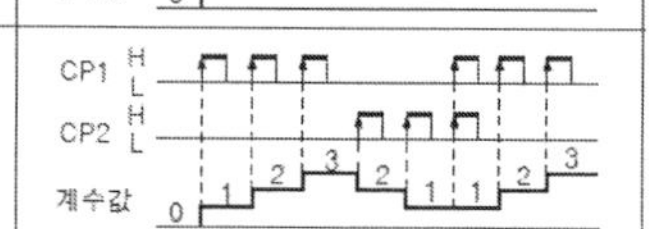
		Up/Down-C 위상차입력	2 3 ON OFF	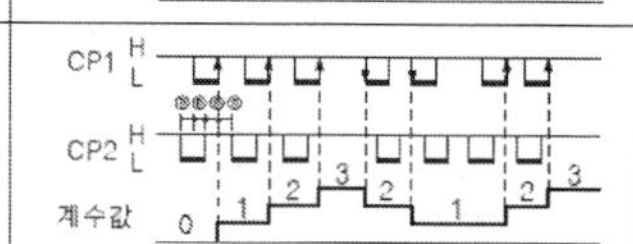	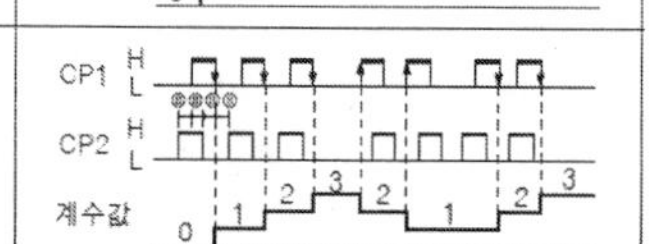
		Up 가산입력	2 3 ON OFF	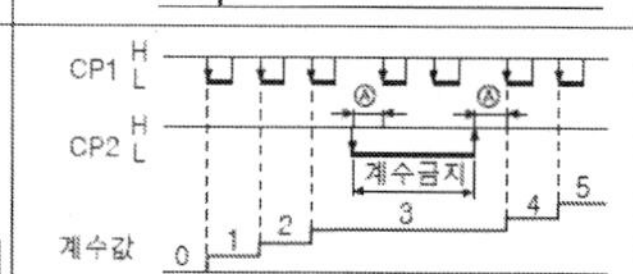 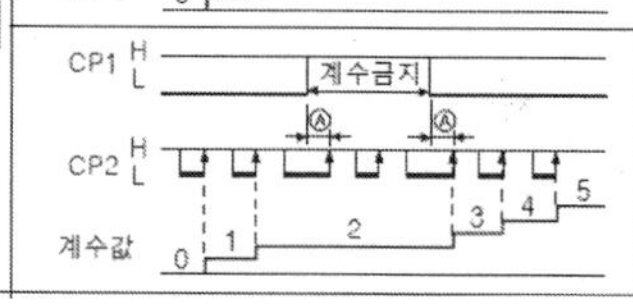	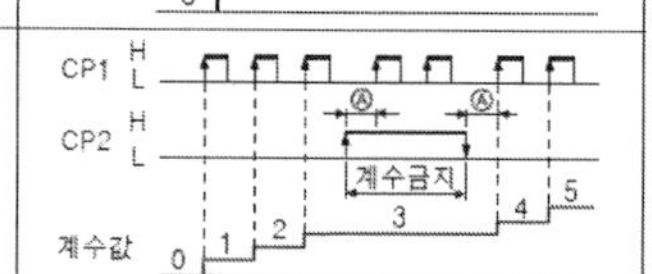 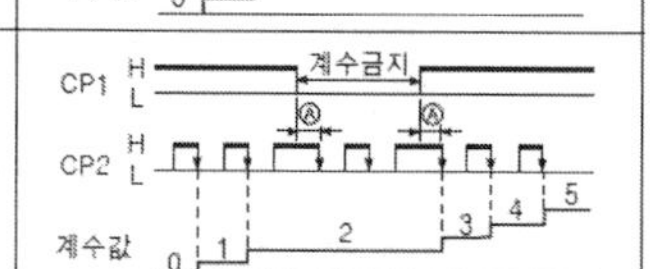

감산 모드 (4: ON)	모드	스위치 2 3	
감산 모드	Up/Down-D 지령입력	ON/OFF (2: OFF, 3: OFF)	
	Up/Down-E 개별입력	ON/OFF (2: ON, 3: OFF)	
	Up/Down-F 위상차입력	ON/OFF (2: OFF, 3: ON)	
	Down 감산입력	ON/OFF (2: ON, 3: ON)	

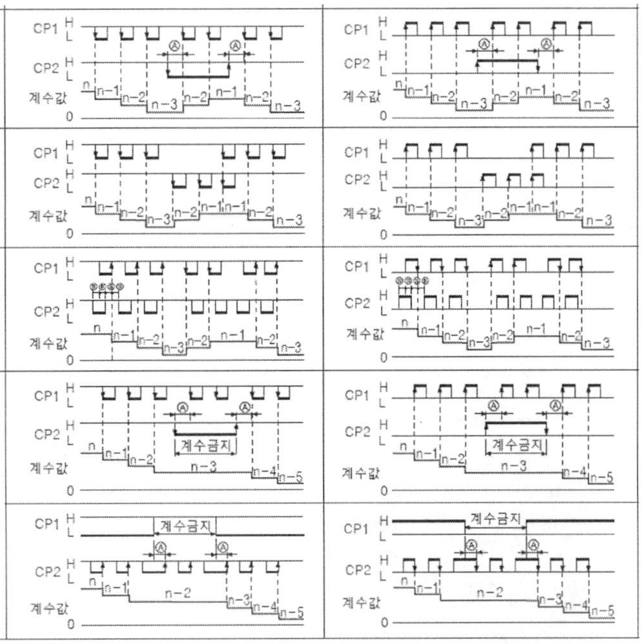

** 최고 계수 속도

최고 계수속도의 정격치는 입력 신호의 듀티비를 1:1로 입력한 경우의 초당 응답속도이다. 듀티비가 1:1 이외의 경우에도 "ON" 폭과 "OFF" 폭은 최소 신호폭 이상이 되어야 하며 듀티비가 1:1 이외의 입력신호에 대해서는 응답속도가 늦어진다. 최고 계수속도 이하의 입력신호에서도 ON 폭과 OFF 폭의 어느 한쪽이 최소 신호폭 이하인 경우 카운터가 계수하지 않을 수도 있다.

■ 카운터 릴레이 모듈

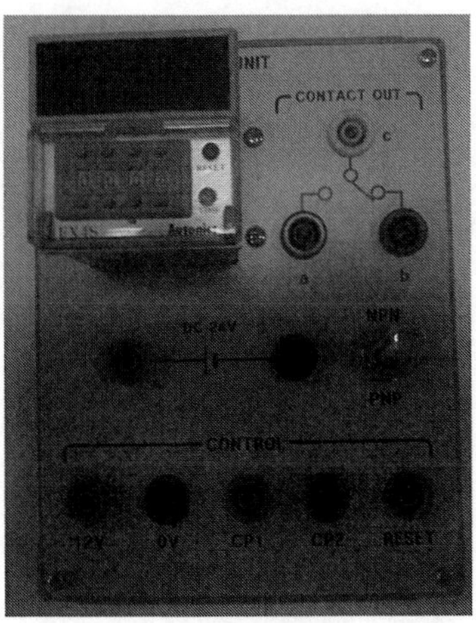

(a) 외형

모델명 : IEG3610-10

형식 :

① 디지털 4단지(타이머 겸용) DC24V

② 입출력 단자 : 12φ 10EA

③ 입력전압 : DC24V

④ 표시 : 9999(4digit)

⑤ 지연시간 : 0.5sec~10sec

⑥ 절연재질 2중 B-Jack

⑦ 원터치 캠 방식 핸드레버 고정장치

⑧ 1EA/set

(b) 모델명과 형식

4.6 신호 입력 모듈

신호 입력모듈은 2개의 푸시버튼 스위치와 1개의 셀렉터 스위치로 구성되어 있다. 각 푸시버튼 스위치와 셀렉터 스위치는 a, b 접점을 가지고 있다.

■ 신호 입력 모듈

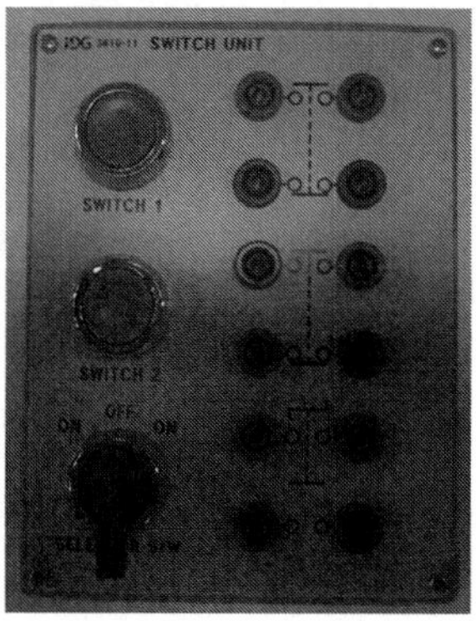

(a) 외형

모델명 : IEG3610-11
형식 :
① 푸시버튼 자동 복귀형(적색,청색) 2EA 3 position 선택 스위치1EA
② 접점 구성 : 1a,1b
③ 정격 전류 : DC 24V/1.5A
④ 절연재질 2중 B-Jack
⑤ 원터치 캠 방식 핸드레버 고정장치
⑥ 1EA/set

(b) 모델명과 형식

4.7 램프 및 부저 모듈

램프 및 부저 모듈은 DC24V 출력 전용 모듈이며 2개의 램프와 1개의 부저로 구성되어 있다. 실험시 AC220V에 결선되지 않도록 유의하여야 한다.

■ 램프 및 부저 모듈

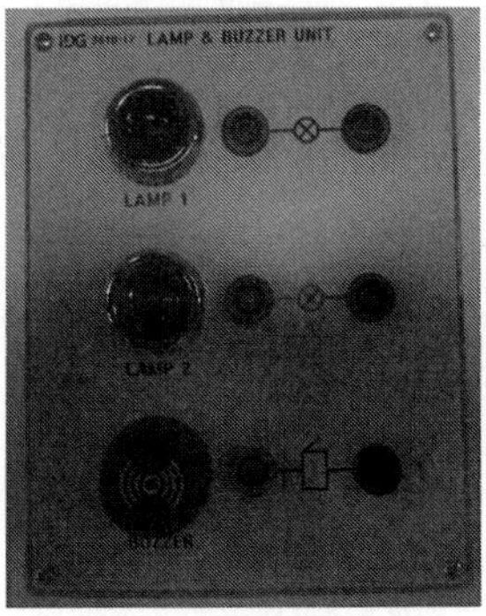

(a) 외형

모델명 : IEG3610-12
형식 :
① 부저 1EA
② 청색, 백색 램프 각 1EA
③ 절연재질 2중 B-Jack
④ 원터치 캠 방식 핸드레버 고정장치
⑤ 2EA/set

(b) 모델명과 형식

4.8 리미트 스위치 모듈

리미트 스위치 모듈은 DC24V 접점용량을 가지며, C 접점을 가지는 2개의 리미트 스위치를 가지고 있다. 실험시 AC220V에 결선되지 않도록 유의 하여야 한다.

■ 리미트 스위치 모듈

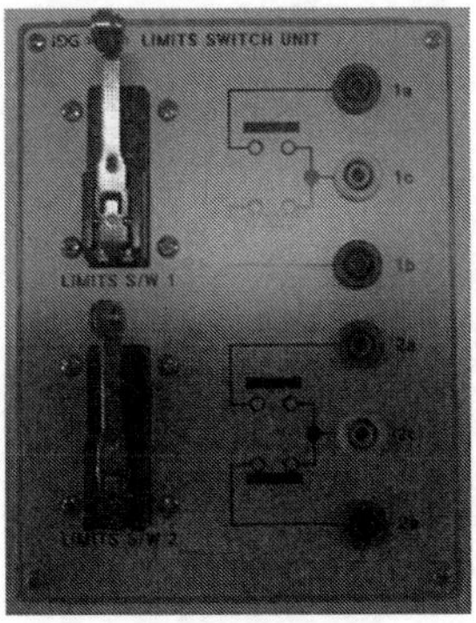

(a) 외형

모델명 : IEG3610-13
형식 :
① 접점회로 : 1c x 2EA
② 접점용량 : DC24V
③ 절연재질 2중 B-Jack
④ 원터치 캠 방식 핸드레버 고정장치
⑤ 1EA/set

(b) 모델명과 형식

4.9 단상 모터와 센서 모듈

단상 모터와 센서 모듈은 단상 유도전동기와 근접센서로 구성되어 있으며 단상 유도전동기의 기동 및 정역 운전 실험에 사용된다.

■ 단상 모터와 센서모듈

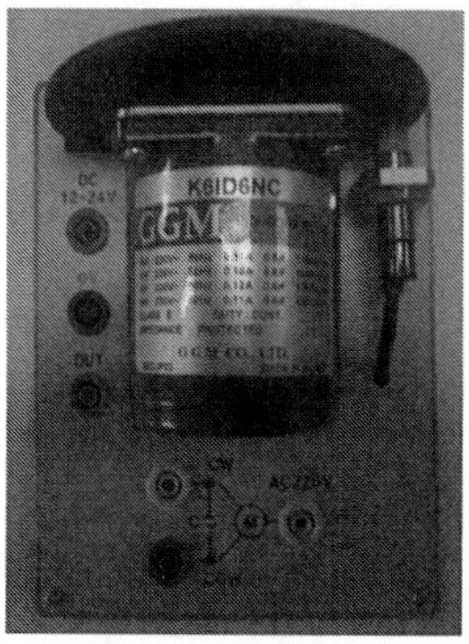

(a) 외형

모델명 : IEG3610-14
형식 :
① 단상 모터 :220V,6w,1500rpm
② 근접센서 : 1EA
③ 절연재질 2중 B-Jack
④ 원터치 캠 방식 핸드레버 고정장치
⑤ 1EA/set

(b) 모델명과 형식

4.10 3상 모터와 센서 모듈

3상 모터와 센서 모듈은 3상 유도전동기와 광센서로 구성되어 있으며 $Y-\Delta$ 결선은 불가능하고 단지 정역 제어만 가능한 전동기 모듈이다. 이 전동기 모듈은 3상 유도 전동기의 기동 및 정역 운전 실험을 위하여 사용된다.

■ 3상 모터와 센서 모듈

(a) 외형

모델명 : IEG3610-15
형식 :
① 3상 모터 : 220V,25w,1600rpm
② 광센서 : 1EA
③ 절연재질 2중 B-Jack
④ 원터치 캠 방식 핸드레버 고정장치
⑤ 1EA/set

(b) 모델명과 형식

4.11 터미널 단자 블록-A 모듈

터미널 블록은 각 모듈 사이의 회로 연결을 편리하기 위하여 사용된다.

■ 터미널 단자 블록-A 모듈

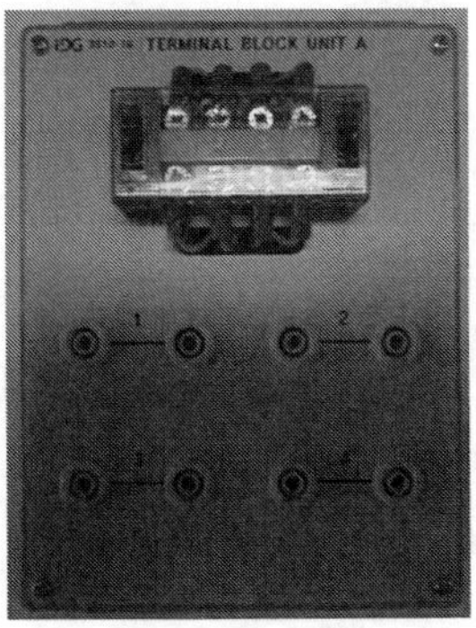

(a) 외형

모델명 : IEG3610-16

형식 :

① 4핀 단자대

② 절연재질 2중 B-Jack

③ 원터치 캠 방식 핸드레버 고정장치

④ 2EA/set

(b) 모델명과 형식

4.12 터미널 단자 블록-B 모듈

터미널 블록은 각 모듈 사이의 회로 연결을 편리하기 위하여 사용된다.

■ 터미널 단자 블록-B 모듈

(a) 외형

모델명 : IEG3610-17

형식 :

① 20핀 단자대

② 절연재질 2중 B-Jack

③ 원터치 캠 방식 핸드레버 고정장치

④ 2EA/set

(b) 모델명과 형식

4.13 SMPS 모듈

SMPS 모듈은 단상 220VAC로부터 DC24V를 생성하는 SMPS를 가지고 있으며 단상 AC220V 주전원과 DC24V 입력 전원을 가지는 릴레이나 센서의 전원으로 사용된다.

■ SMPS 모듈

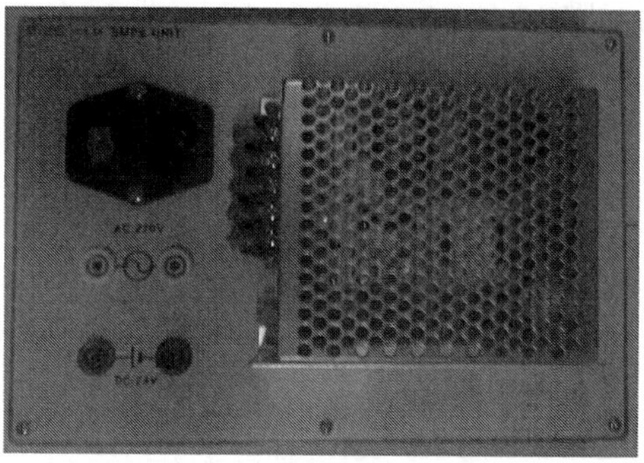

(a) 외형

모델명 : IEG3610-18

형식 :

① SMPS :
입력 AC220V, 출력 : DC24V

② 절연재질 2중 B-Jack

③ 원터치 캠 방식 핸드레버 고정장치

④ 1EA/set

(b) 모델명과 형식

제5장

시퀀스 회로 실습

시퀀스 실습장치(IEG3610)는 모두 18개의 모듈로 이루어져 있으며 이들 모듈은 다음과 같다.

ⓐ 단상 NFB 모듈(IEG3610-1)
ⓑ 3상 NFB 모듈(IEG3610-2)
ⓒ 마그네트 모듈-A(IEG3610-3)
ⓓ 마그네트 모듈-B(IEG3610-4)
ⓔ 마그네트 모듈-C(IEG3610-5)
ⓕ Relay-A 모듈(IEG3610-6)
ⓖ Relay-B 모듈(IEG3610-7)
ⓗ Relay-C 모듈(IEG3610-8)
ⓘ 타이머 릴레이 모듈(IEG3610-9)
ⓙ 카운터 릴레이 모듈(IEG3610-10)
ⓚ 신호입력 모듈(IEG3610-11)
ⓛ 램프&부저 모듈(IEG3610-12)
ⓜ 리미트 스위치 모듈(IEG3610-13)
ⓝ 1상 모터&센서 모듈(IEG3610-14)
ⓞ 3상 모터&센서모듈(IEG3610-15)
ⓟ 터미널 블록 모듈-A(IEG3610-16)
ⓠ 터미널 블록 모듈-B(IEG3610-17)
ⓡ SMPS 전원 모듈(IEG3610-18)

제5장에서는 앞에서 언급한 18개의 시퀀스 실습모듈을 이용하여 시퀀스 회로를 학습하는데 있어서 가장 기본적인 16가지의 회로를 실험 내용으로 구성하였다.

실험 1. 시퀀스 기초회로 결선

1 실험의 목적

① 모듈형 시퀀스 실습장치(IEG3610)을 이용하여 기초적인 회로 결선법을 숙지한다.
② 회로도를 보고 시퀀스 회로를 구성할 수 있는 능력을 배양한다.
③ 시퀀스 회로 구성을 위한 각종 부품의 동작을 이해한다.
④ 푸시버튼 스위치와 접점의 동작원리를 이해한다.
⑤ 접점의 종류와 동작을 이해한다.

2 관련 이론

1) 접점의 정의

제어하고자 하는 장비에 전류를 흘려 운전하거나 전류의 흐름을 막아서 운전을 정지시켜 사용 장비에 맞게 제어 하는 것이다. 동작 방식에 따라 고정 접점과 가동 접점으로 분류되며, 초기 접점의 상태에 따라 a 접점, b 접점, c 접점으로 분류된다.

접점의 종류	동작 전 상태	동작 후 상태
a 접점	OFF	ON
b 접점	ON	OFF
c 접점	a 접점과 b 접점을 모두 가짐	

(2) 접점의 분류

(1) 수동조작 자동복귀 접점

스위치 버튼을 누르고 있는 상태에서는 ON 또는 OFF 되지만 손을 떼면 스위치 내부의 스프링 장력에 의해 즉시 원래의 상태로 복귀하는 접점.

예 : 푸시버튼 스위치

(2) 수동조작 수동복귀 접점

스위치를 한번 동작 시키면 다시 조작하기 전까지 그 상태를 유지하며, 재 조작해야만 접점이 작동하는 스위치

예 : 토글 스위치

(3) 수동 조작 접점과 자동 조작접점

스위치 접점을 수동으로 조작하는 접점 스위치를 수동조작 접점이라 하며, 자동 조작 접점은 전자접촉기, 마그네틱 스위치 등과 같이 전기신호에 의하여 자동으로 조작되는 스위치를 말한다.

(4) 기계적 접점

수동접점이나 자동 접점과는 달리 기계가 움직이는 부분에 설치하여 그 움직이는 양 만큼 조작되는 스위치 접점을 말한다.

예 : 마이크로스위치, 리미트 스위치

3 사용기기 및 부품

① 신호입력 모듈(IEG3610-11)
② 램프 및 부저 모듈(IEG3610-12)
③ SMPS 전원 모듈(IEG3610-18)

4 실험순서

1) 푸시버튼 스위치(a 접점) 실험

① 신호입력 모듈(IEG3610−11)과 램프 및 부저 모듈(IEG3610−12)을 이용하여 그림 1.1과 같이 푸시버튼 스위치(a 접점회로) 회로를 구성한다. 배선시 직류전원(DC24V)의 극성에 유의한다.

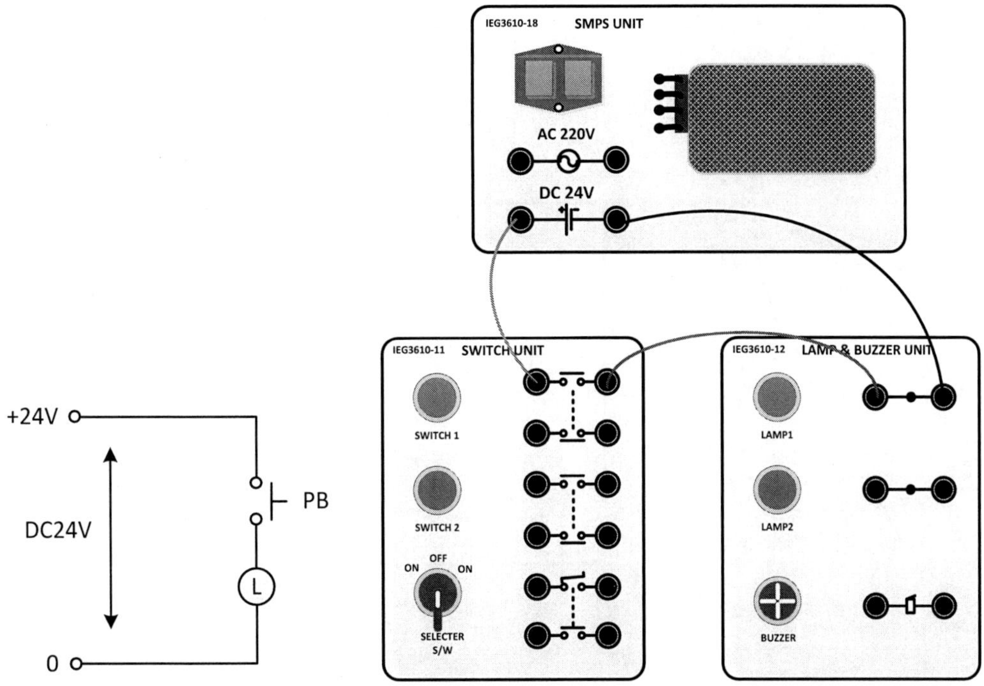

(a) 회로도　　(b) 배선도

그림 1.1　푸시버튼 스위치(a 접점) 회로

② 푸시버튼 스위치를 “ON”, “OFF” 시키면서 램프의 점등 상태를 관찰하고 그 결과를 실험결과 보고서에 기입한다.

③ 실험시 푸시버튼 스위치가 수동조작, 자동복귀 스위치라는 사실에 주의한다.

2) 푸시버튼 스위치(b 접점) 회로

① 신호입력 모듈(IEG3610-11)과 램프 및 부저 모듈(IEG3610-12)을 이용하여 그림 1.2와 같이 푸시버튼 스위치(b 접점회로)를 구성한다. 배선시 직류전원(DC24V)의 극성에 유의한다.

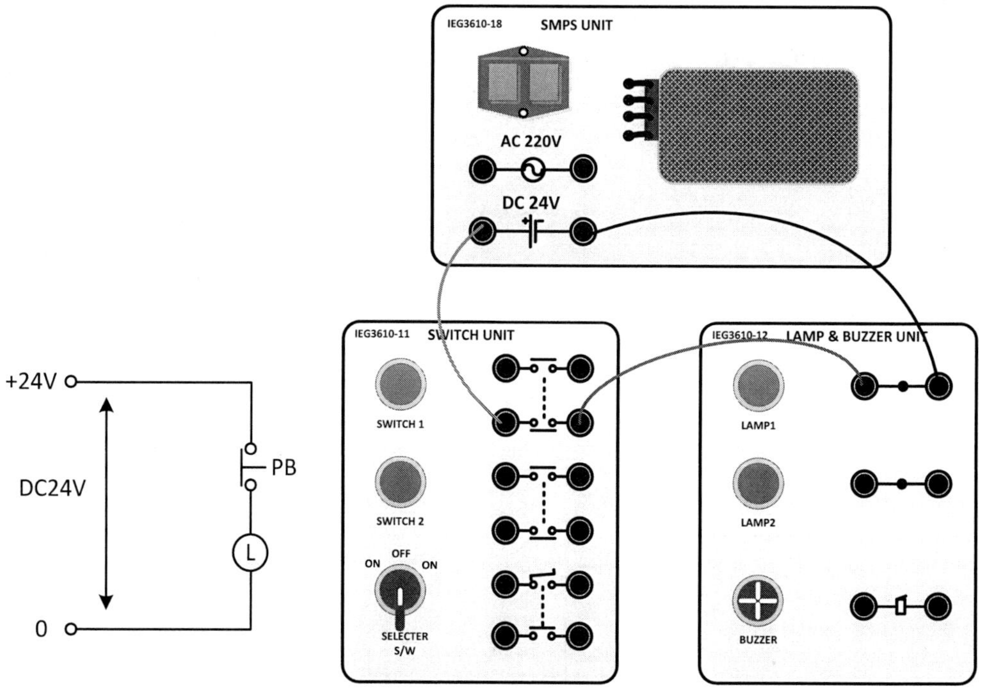

(a) 회로도 (b) 배선도

그림 1.2 푸시버튼 스위치(b 접점) 회로

② 푸시버튼 스위치를 "ON", "OFF" 시키면서 램프의 점등 상태를 관찰하고 그 결과를 실험결과 보고서에 기입한다.

③ 이때 앞에서 실험한 a 접점회로와의 차이점을 주의하여 관찰한다.

④ 실험시 푸시버튼 스위치가 수동조작, 자동복귀 스위치라는 사실에 주의한다.

3) 푸시버튼 스위치(c 접점) 회로

① 신호입력 모듈(IEG3610-11)과 램프 및 부저 모듈(IEG3610-12)을 이용하여 그림 1.3과 같이 푸시버튼 스위치(c 접점회로)를 구성한다. 배선시 직류전원(DC24V)의 극성에 유의한다.

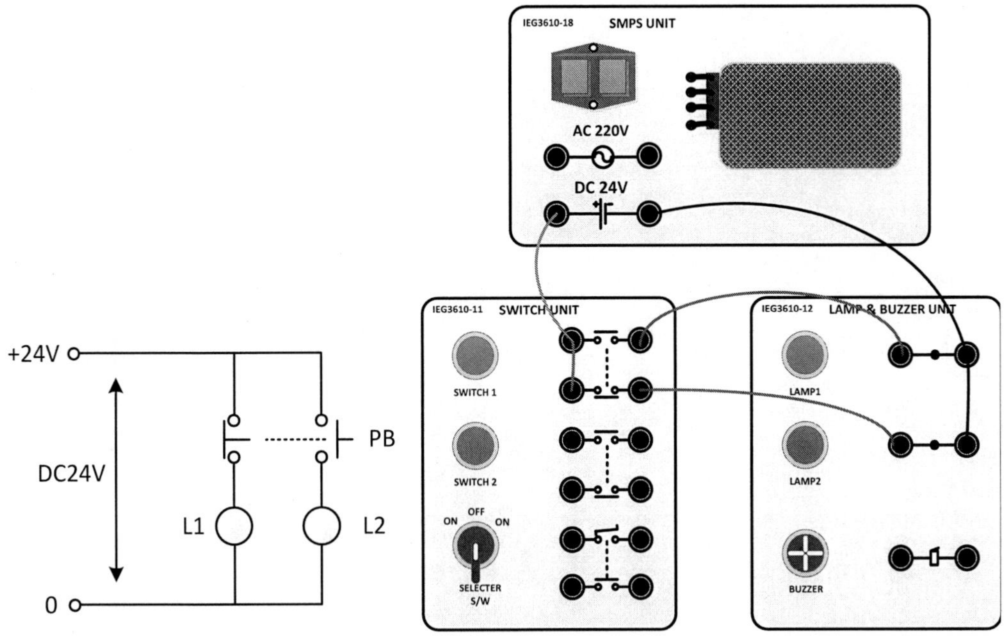

(a) 회로도　　　　(b) 배선도

그림 1.3　푸시버튼 스위치(c 접점) 회로

② 푸시버튼 스위치를 “ON”, “OFF” 시키면서 램프의 점등 상태를 관찰하고 그 결과를 실험결과 보고서에 기입한다.

③ 이때 앞에서 실험한 a, b 접점회로와의 차이점을 주의하여 관찰한다.

④ 실험시 푸시버튼 스위치가 수동조작, 자동복귀 스위치라는 사실에 주의한다.

4) 푸시버튼 스위치 직렬연결

① 신호입력 모듈(IEG3610-11)과 램프 및 부저 모듈(IEG3610-12)을 이용하여 그림 1.4와 같이 푸시버튼 스위치 직렬연결 회로를 구성한다. 배선시 직류전원(DC24V)의 극성에 유의한다.

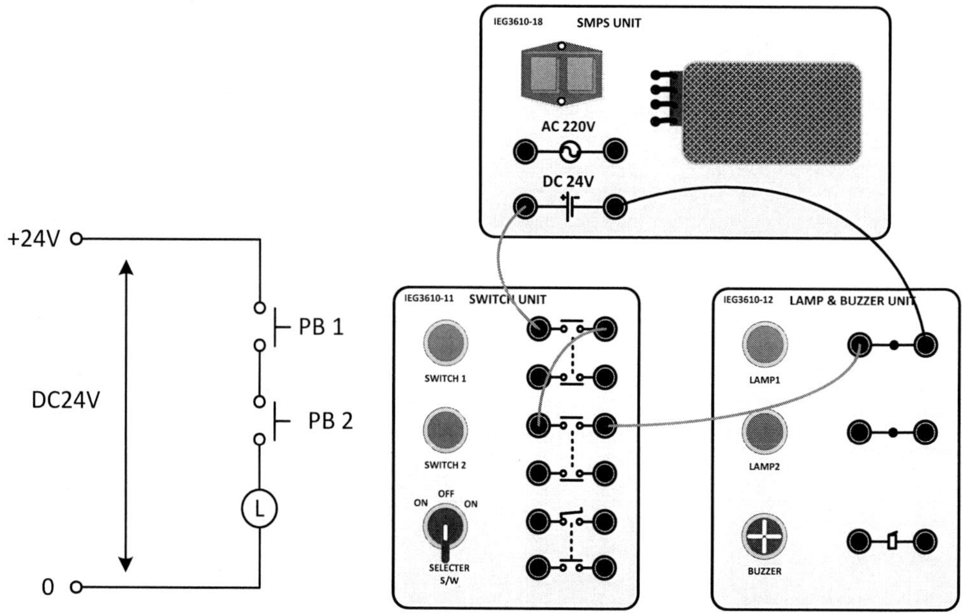

(a) 회로도 (b) 배선도

그림 1.4 푸시버튼 스위치 직렬연결 회로

② 두 개의 푸시버튼 스위치를 "ON", "OFF" 시키면서 램프의 점등 상태를 관찰하고 그 결과를 실험결과 보고서에 기입한다.

③ 실험결과와 디지털 논리회로의 "AND" 논리회로와 비교한다.

④ 실험시 푸시버튼 스위치가 수동조작, 자동복귀 스위치라는 사실에 주의한다.

5) 푸시버튼 스위치 병렬연결

① 신호입력 모듈(IEG3610-11)과 램프 및 부저 모듈(IEG3610-12)을 이용하여 그림 1.5와 같이 푸시버튼 스위치 병렬연결 회로를 구성한다. 배선시 직류전원(DC24V)의 극성에 유의한다.

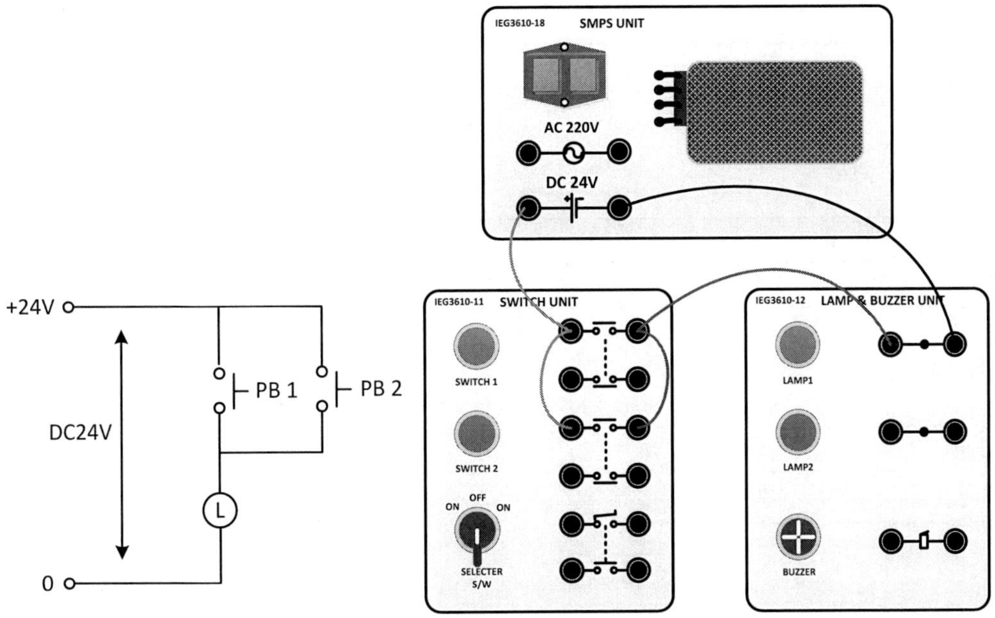

(a) 회도로 (b) 배선도

그림 1.5 푸시버튼 스위치 병렬연결 회로

② 두 개의 푸시버튼 스위치를 "ON", "OFF" 시키면서 램프의 점등 상태를 관찰하고 그 결과를 실험결과 보고서에 기입한다.

③ 실험결과와 디지털 논리회로의 "OR" 논리회로와 비교한다.

④ 실험시 푸시버튼 스위치가 수동조작, 자동복귀 스위치라는 사실에 주의한다.

5 실험 결과 및 보고서

실험 1. 시퀀스 기초회로 결선

학번 : 이름 :

■ 실험결과

1) a 접점시

스위치 상태	ON	OFF
램프 상태		

2) b 접점시

스위치 상태	ON	OFF
램프 상태		

3) c 접점시

스위치 상태	ON	OFF
램프 1의 상태		
램프 2의 상태		

4) 스위치 직렬회로

스위치 1의 상태	ON	ON	OFF	OFF
스위치 2의 상태	ON	OFF	ON	OFF
램프의 상태				

5) 스위치 병렬회로

스위치 1의 상태	ON	ON	OFF	OFF
스위치 2의 상태	ON	OFF	ON	OFF
램프의 상태				

학습평가문제

1. 접점이란 무엇인가?

2. a, b, c 접점의 차이점은 무엇인가?

3. 회로도를 이용하여 실제 배선을 할 수 있는가?

4. 각 회로의 동작을 이해하였는가?

5. 푸시버튼 스위치는 어떻게 동작하는가?

6. 푸시버튼 스위치와 토글스위치의 차이점은 무엇인가?

7. 회로에서 배선은 어떤 역할을 수행 하는가?

8. a, b, c 접점 회로의 입출력 동작을 잘 이해하였는가?

9. 스위치 직렬회로의 동작을 이해하였는가?

10. 스위치 병렬회로의 동작을 이해하였는가?

11. 토글 스위치와 Pilot 램프를 이용하여 직렬회로를 구성하시오.

12. 리미트 스위치와 Pilot 램프를 이용하여 직렬회로를 구성하시오.

13. 각 스위치의 기호 및 램프 등의 기호를 숙지하였는가?

실험 2. 릴레이 접점 기초 회로

1 실험의 목적

① 릴레이를 이용한 전원회로의 ON/OFF 제어회로를 구성하고 동작을 이해한다.
② 회로도를 보고 시퀀스 회로를 구성할 수 있는 능력을 배양한다.
③ 시퀀스 회로 구성을 위한 각종 부품의 동작을 이해한다.
④ 전자릴레이 접점의 동작원리를 이해한다.
⑤ 접점의 종류와 동작을 이해한다.

2 관련 이론

시퀀스 회로의 제어반은 대부분 DC24V로 구성되어 있으며 이 제어반은 스위치, 릴레이, 타이머 등으로 구성되어 있다. 이러한 DC24V로 제어되는 릴레이, 타이머 등을 이용하여 시퀀스 제어회로를 구성하고, 이를 통하여 주 전원에 연결되어 있는 제어대상을 제어한다. 여기서는 간단한 릴레이 접점을 이용하여 램프를 제어하는 회로를 구성하고 그 동작을 이해한다.

- 전기 릴레이의 정의 : 전자석으로 작동되는 여러 개의 접점을 가진 전기 스위치로서 전기 신호에 의하여 전자석을 여자 시키면 접점이 동작되고, 전자석을 소자 시키면 접점의 동작이 중지되는 전기 제어장치

3 사용기기 및 부품

① 신호입력 모듈(IEG3610-11)
② 램프 및 부저 모듈(IEG3610-12)
③ SMPS 전원 모듈(IEG3610-18)
④ 릴레이-A 모듈(IEG3610-6)

4 실험순서

1) 릴레이 제어회로(a 접점)

① 그림 2.1과 같이 릴레이 제어회로를 구성한다.

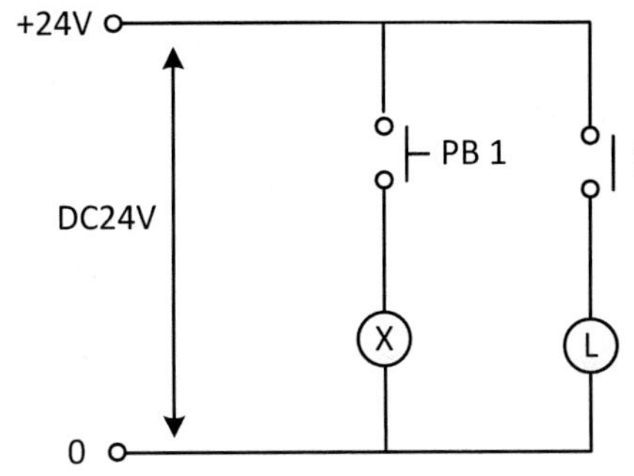

(a) 회로도

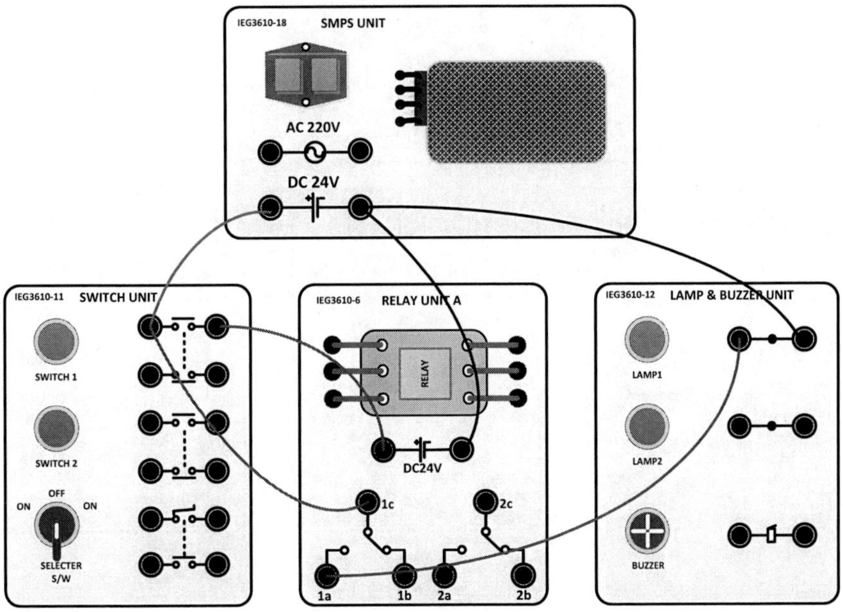

(b) 배선도

그림 2.1 릴레이 제어회로(a 접점)

② 릴레이 여자회로 구성시 전원의 극성에 주의한다.

③ 푸시버튼 스위치를 “ON”, “OFF” 시키면서 릴레이와 램프의 점등 상태를 관찰하고 그 결과를 실험결과 보고서에 기입한다.

2) 릴레이 제어회로(b 접점)

① 그림 2.2와 같이 릴레이 제어회로를 구성한다.

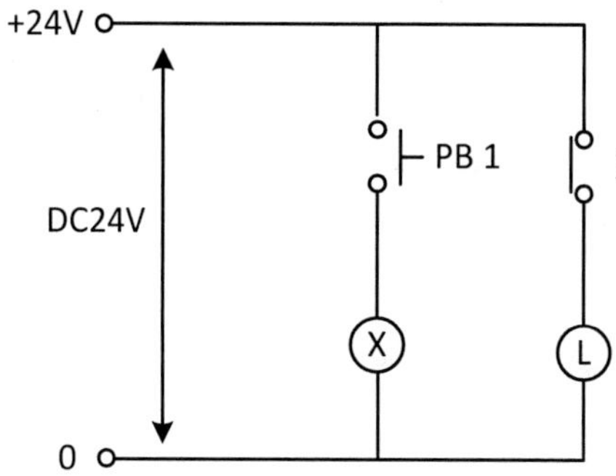

(a) 회로도

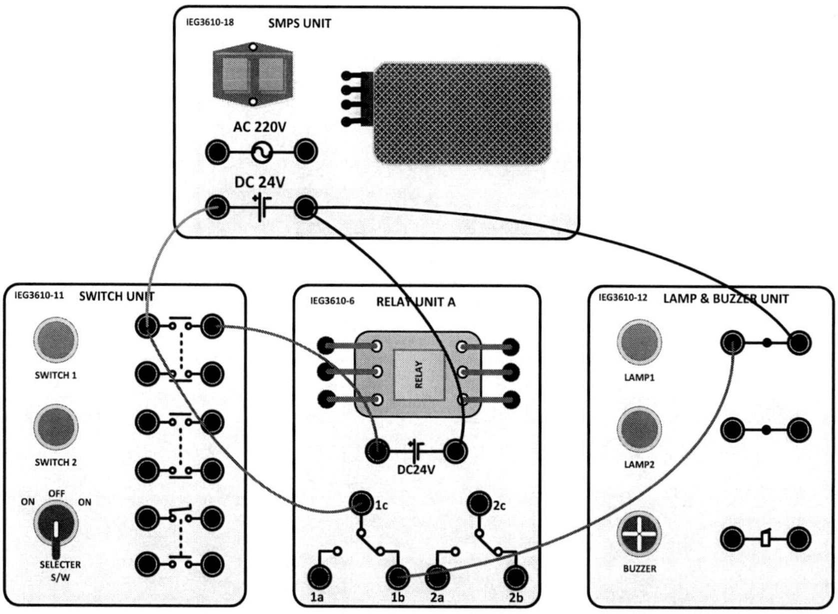

(b) 배선도

그림 2.2 릴레이 제어회로(b 접점)

② 릴레이 여자회로 구성시 전원의 극성에 주의한다.

③ 푸시버튼 스위치를 "ON", "OFF" 시키면서 릴레이와 램프의 점등 상태를 관찰하고 그 결과를 실험결과 보고서에 기입한다.

3) 릴레이 제어회로(c 접점)

① 그림 2.3과 같이 릴레이 제어회로를 구성한다.

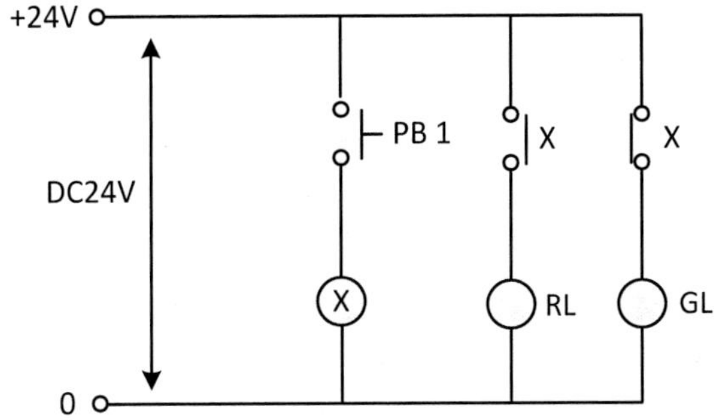

(a) 회로도

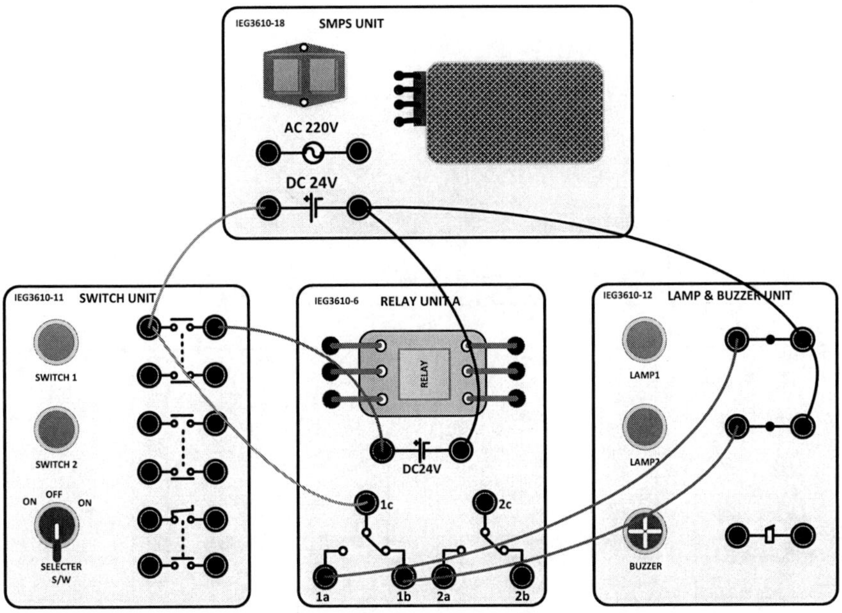

(b) 배선도

그림 2.3 릴레이 제어회로(c 접점)

② 릴레이 여자회로 구성시 전원의 극성에 주의한다.

③ 푸시버튼 스위치를 “ON”, “OFF” 시키면서 릴레이와 램프의 점등 상태를 관찰하고 그 결과를 실험결과 보고서에 기입한다.

4) 릴레이 직렬회로

① 그림 2.4와 같이 릴레이 제어회로를 구성한다.

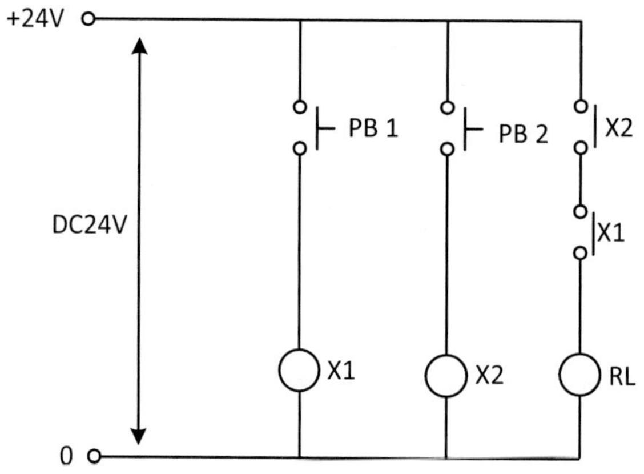

(a) 회로도

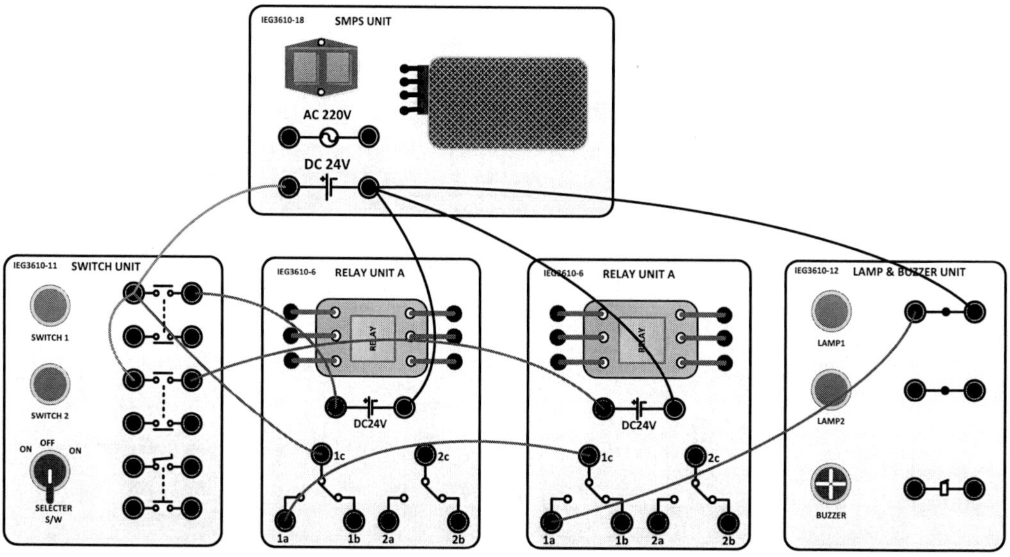

(b) 배선도

그림 2.4 릴레이 직렬회로

② 릴레이 여자회로 구성시 전원의 극성에 주의한다.

③ 2개의 푸시버튼 스위치를 "ON", "OFF" 시키면서 릴레이와 램프의 점등 상태를 관찰하고 그 결과를 실험결과 보고서에 기입한다.

5) 릴레이 병렬회로

① 그림 2.5와 같이 릴레이 제어회로를 구성한다.

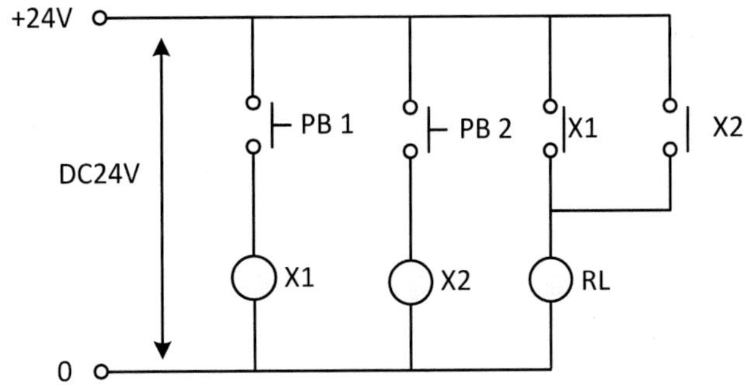

(a) 회로도

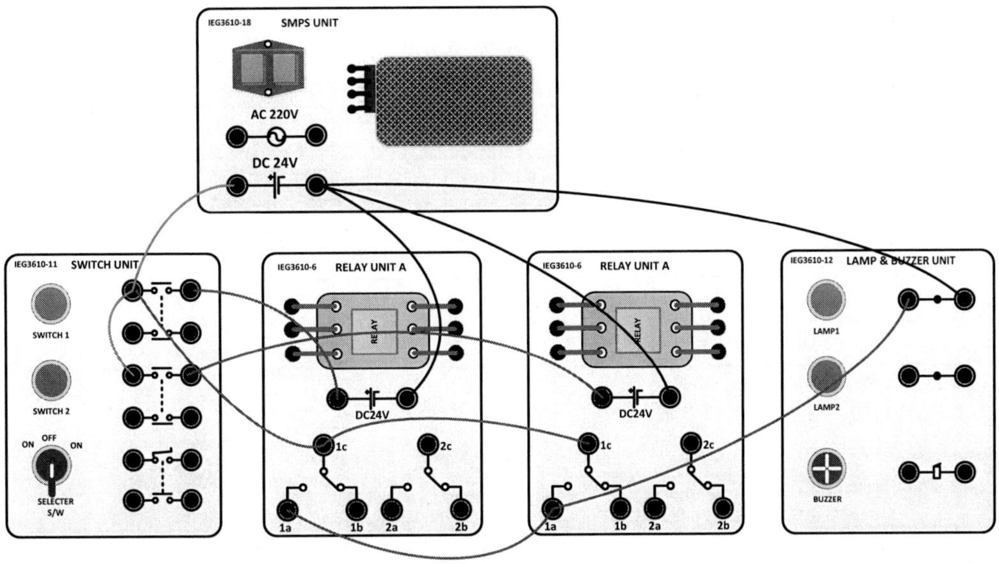

(b) 배선도

그림 2.5 릴레이 병렬회로

② 릴레이 여자회로 구성시 전원의 극성에 주의한다.

③ 2개의 푸시버튼 스위치를 “ON”, “OFF” 시키면서 릴레이와 램프의 점등 상태를 관찰하고 그 결과를 실험결과 보고서에 기입한다.

5 실험 결과 및 보고서

실험 2. 릴레이 접점회로	
학번 :	이름 :

■ 실험결과

1) a 접점시

스위치 상태	ON	OFF
램프 상태		

2) b 접점시

스위치 상태	ON	OFF
램프 상태		

3) c 접점시

스위치 상태	ON	OFF
램프 1의 상태		
램프 2의 상태		

4) 릴레이 직렬회로

스위치 1의 상태	ON	ON	OFF	OFF
스위치 2의 상태	ON	OFF	ON	OFF
램프의 상태				

5) 릴레이 병렬회로

스위치 1의 상태	ON	ON	OFF	OFF
스위치 2의 상태	ON	OFF	ON	OFF
램프의 상태				

학습평가문제

1. 전자 릴레이의 동작원리를 설명하시오.

실험 3. 기본 논리회로

1 실험의 목적

전자 릴레이와 램프를 이용하여 직병렬 회로 및 기본 논리회로를 구성하고 배선 논리회로의 동작 원리를 이해한다.

2 관련 이론

1) AND 회로

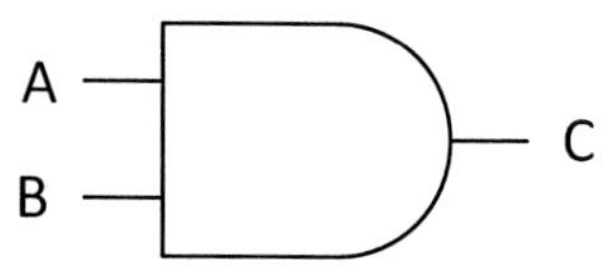

(a) 디지털 논리기호

입력		출력
A	B	C
1	1	1
1	0	0
0	1	0
0	0	0

(b) 진리표

그림 3.1 AND 논리

2) OR 회로

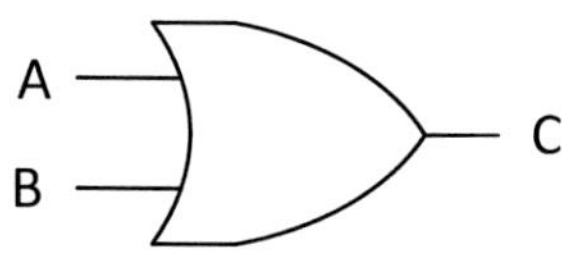

(a) 디지털 논리기호

입력		출력
A	B	C
1	1	1
1	0	1
0	1	1
0	0	0

(b) 진리표

그림 3.2 OR 논리

3) NOT 회로

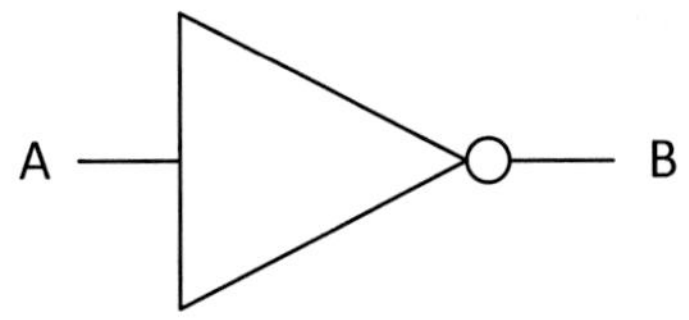

(a) 디지털 논리기호

입력	출력
A	B
1	1
0	0

(b) 진리표

그림 3.3 NOT 논리

3 사용기기 및 부품

① 신호입력 모듈(IEG3610-11)
② 램프 및 부저 모듈(IEG3610-12)
③ SMPS 전원 모듈(IEG3610-18)
④ 릴레이-A 모듈(IEG3610-6)

4 실험순서

1) AND 회로

① 그림 3.4와 같이 릴레이 제어회로를 구성한다.

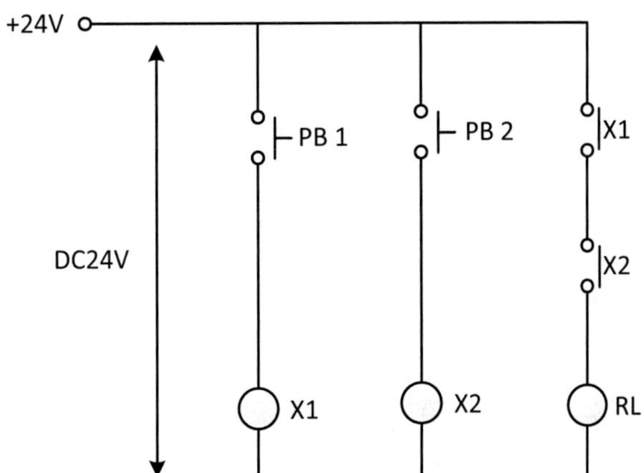

(a) 릴레이 접점 AND 회로도

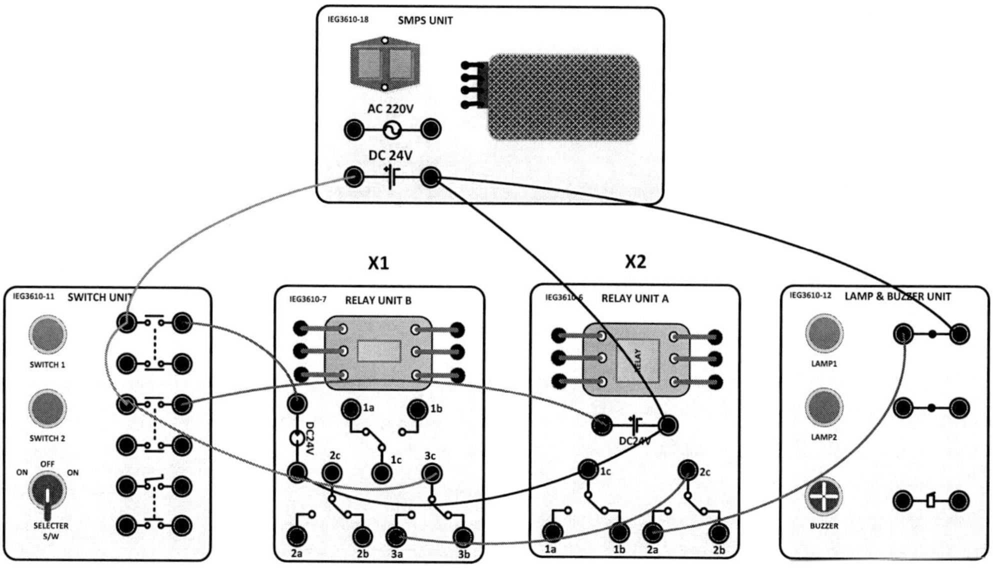

(b) 릴레이 접점 AND 회로 배선도

그림 3.4 AND 회로

② 릴레이 여자회로 구성시 전원의 극성에 주의한다.

③ 2개의 푸시버튼 스위치를 “ON”, “OFF” 시키면서 릴레이와 램프의 점등 상태를 관찰하고 그 결과를 실험결과 보고서에 기입한다.

2) OR 회로

① 그림 3.5와 같이 릴레이 제어회로를 구성한다.

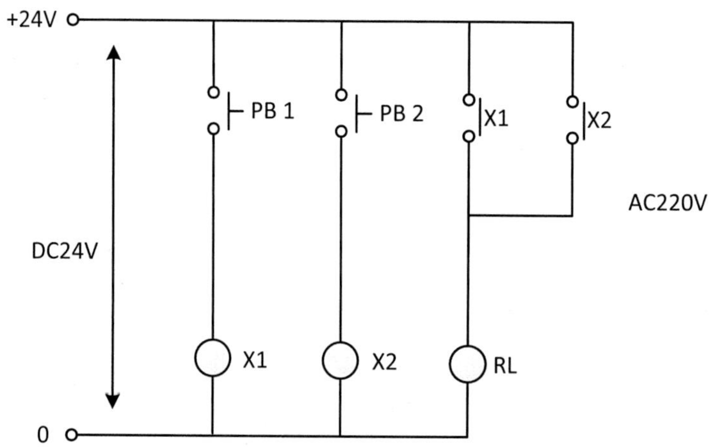

(a) OR 회로도

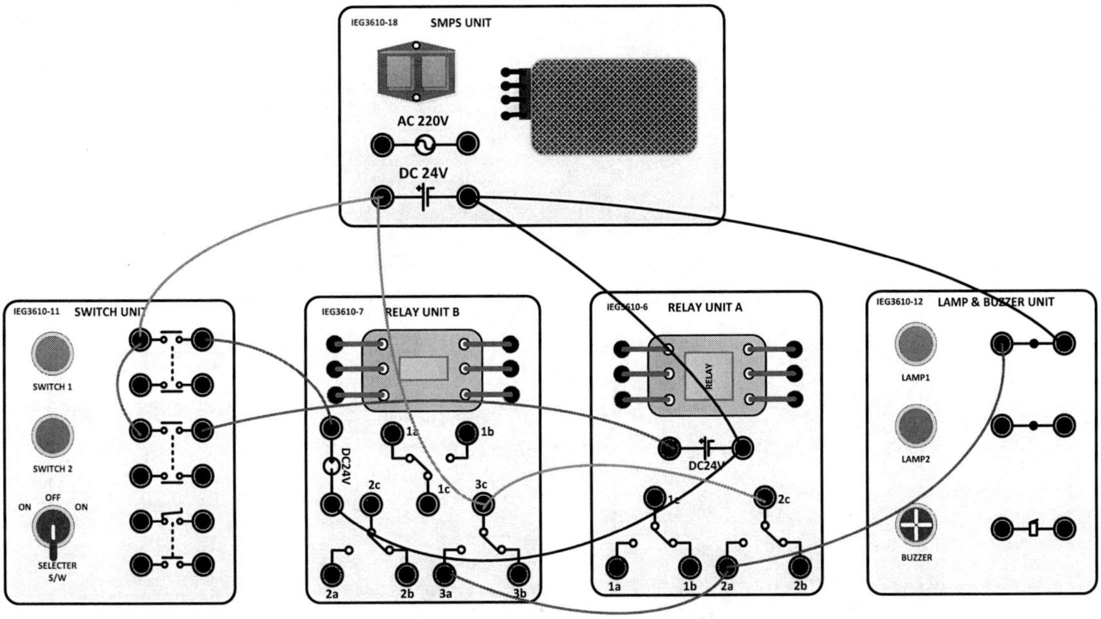

(b) OR 회로 배선도

그림 3.5 OR 회로

② 릴레이 여자회로 구성시 전원의 극성에 주의한다.

③ 2개의 푸시버튼 스위치를 “ON”, “OFF” 시키면서 릴레이와 램프의 점등 상태를 관찰하고 그 결과를 실험결과 보고서에 기입한다.

3) NOT 회로

① 그림 3.6과 같이 릴레이 제어회로를 구성한다.

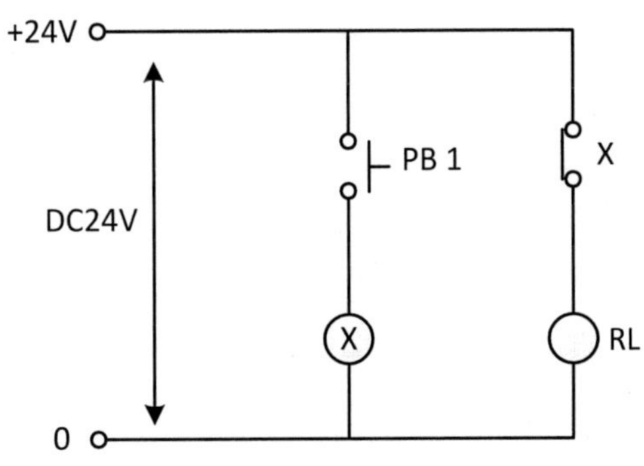

(a) NOT 회로도

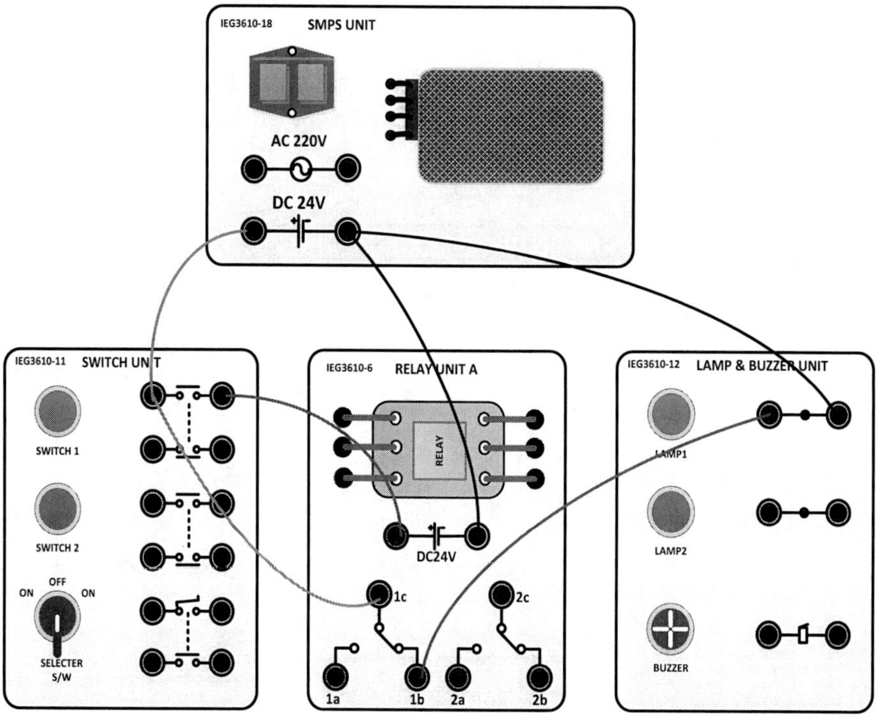

(b) NOT 회로 배선도

그림 3.6 NOT 회로

② 릴레이 여자회로 구성시 전원의 극성에 주의한다.

③ 2개의 푸시버튼 스위치를 "ON", "OFF" 시키면서 릴레이와 램프의 점등 상태를 관찰하고 그 결과를 실험결과 보고서에 기입한다.

5 실험 결과 및 보고서

실험 3. 기본 논리 회로	
학번 :	이름 :

■ 실험결과

1) AND 회로

스위치 1의 상태	ON	ON	OFF	OFF
스위치 2의 상태	ON	OFF	ON	OFF
램프의 상태				

2) OR 회로

스위치 1의 상태	ON	ON	OFF	OFF
스위치 2의 상태	ON	OFF	ON	OFF
램프의 상태				

3) NOT 회로

스위치 상태	ON	OFF
램프 상태		

학습평가문제

1. NAND 회로를 구성하고 실험을 통하여 그 논리값을 구하시오

2. NOR 회로를 구성하고 실험을 통하여 그 논리값을 구하시오.

3. XOR 회로를 구성하고 실험을 통하여 그 논리값을 구하시오.

4. 다음 논리식을 릴레이 회로를 이용하여 구성하시오.
   ① $Y=(A+B)C$
   ② $Y=AC+B$
   ③ $Y=A+BCD$

실험 4. 자기유지회로

1 실험의 목적

스위치와 릴레이를 이용하여 자기유지회로를 구성하고 그 동작원리를 이해한다.

2 관련 이론

기억회로라고도 하며 누름 버튼스위치 $PB1$ 접점을 ON 하면 릴레이 작동 후 X의 접점이 붙어 누름버튼 스위치 $PB1$을 OFF 하여도 X 접점은 계속 붙어 있어 X접점을 통하여 코일을 계속 여자 시켜 회로의 동작이 계속 되도록 동작하는 회로이며 코일이 소자되도록 하려면 자기유지 접점을 통하여 릴레이 코일에 공급되는 전원을 차단시켜야 한다. 회로의 종류에는 ON 우선회로와 OFF 우선회로 등이 있다.

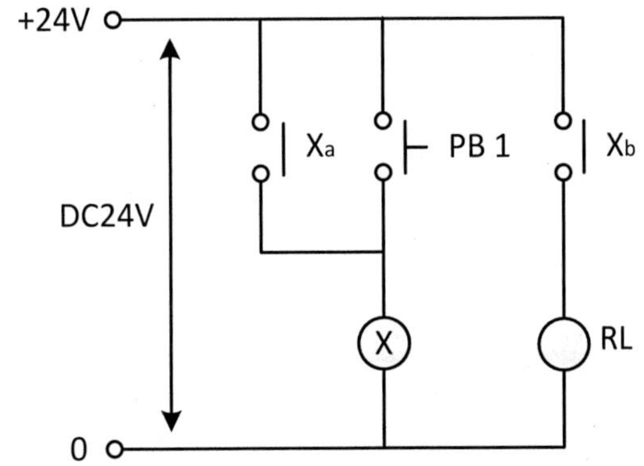

그림 4.1 자기유지회로

■ **동작 설명**

① 입력인 누름 버튼스위치 $PB1$을 눌러 전원을 인가하면 릴레이 코일 X가 여자 되고, 따라서 릴레이 코일 X의 접점인 X_a와 X_b도 닫힌다. X_b가 닫히면 램프 RL이 점등된다.

② 입력 누름 스위치 $PB1$을 OFF 하여도 자기유지 접점 X_a를 통하여 코일 X가 계속 여자 되므로 램프 RL은 소등되지 않고 점등상태를 유지한다. 즉, 자기유지된다.

③ 이 회로에서 램프 RL을 소등하기 위해서는 전원전압(DC24V)을 차단하여야 한다. 전원전압이 차단되면 여자코일 X의 여자상태가 해제되어 릴레이 X의 접점인 X_a와 X_b가 차단된다.

1) ON 우선 자기 유지회로

입력의 차단 방법을 말하는 것이며 입력인 누름 버튼스위치 $PB1$과 $PB2$를 동시에 누르면 $PB1$이 동작하여 $PB2$를 동작 시켜도 릴레이가 계속 동작하는 회로이다.

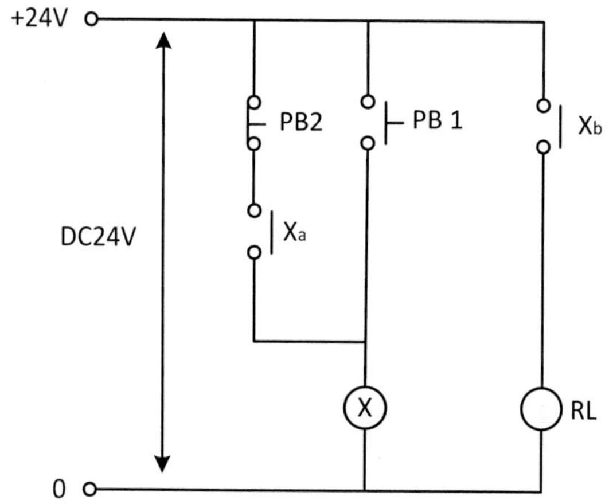

그림 4.2 ON 우선 자기 유지회로

■ 동작 설명

① 입력 누름버튼 스위치 $PB1$을 눌러 전원을 공급 하면, 여자코일 X가 여자되고 여자코일 X의 접점인 접점 X_a와 X_b가 닫히고 램프 RL이 점등된다.

② 입력 누름 버튼 스위치 $PB1$에서 손을 떼면 $PB1$이 오프 되지만 자기 유지 접점 X_a에 의하여 자기 유지되므로 여자코일 X는 여자 상태를 유지한다. 따라서 접점 X_a와 X_b는 온 상태를 유지한다.

③ 누름 버튼 스위치$PB2$를 누르면 릴레이 여자코일 X에는 전류가 흐르지 않아 여자상태가 해제되고, 따라서 릴레이 여자코일 X의 접점인 X_a와 X_b는 오프되며 램프 RL은 소등된다.

④ $PB1$과 $PB2$를 동시에 누르면 $PB1$에 의해 여자 코일에 전류가 흐르므로 여자상태가 그대로 유지되고 램프 RL은 그대로 점등 상태를 유지한다.

2) OFF 우선 자기 유지회로

OFF 우선 자기 유지회로는 그림 4.3과 같다. 그림 4.3에서 두 개의 입력 푸시버튼 스위치를 동시에 누르면 *PB2*에 의하여 여자코일에 흐르는 전류가 차단되므로 램프 *RL*도 소등된다. 시퀀스 회로를 구성할 때 특수한 경우를 제외하고는 OFF 우선 회로를 채택하는 것이 안전상 유리하다. 이회로는 안전성이 보장되므로 전동기 기동 제어회로에 많이 사용된다.

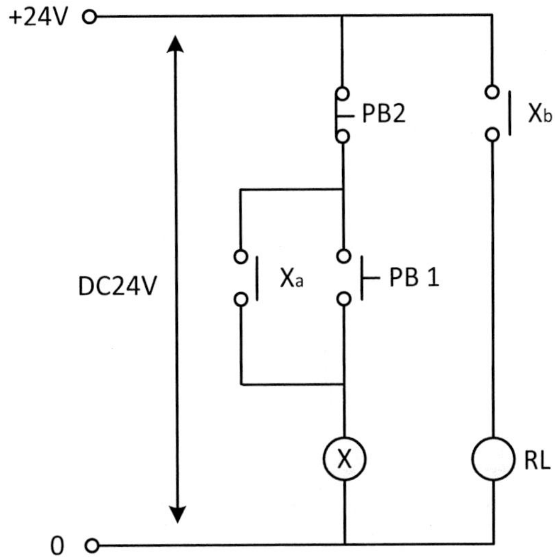

그림 4.3 OFF 우선 자기유지회로

■ **동작설명**

① 입력 푸시버튼 스위치 *PB1*을 눌러 전원을 공급하면 여자코일 *X*가 여자되고 따라서 접점 X_a와 X_2는 닫히고 램프 *RL*은 점등된다.

② 차단 스위치 *PB2*를 누르면 여자코일 *X*에 흐르는 전류는 차단되고 따라서 접점 X_a와 X_b는 오프된다.

③ 스위치 *PB1*과 *PB2*를 동시에 누르면 *PB1*은 온 되지만 *PB2*가 오프되어 여자코일 *X*에 흐르는 전류는 차단된다. 따라서 접점 X_a와 X_b는 오프되어 램프 *RL*도 소등된다.

3 사용기기 및 부품

① 신호입력 모듈(IEG3610-11)
② 램프 및 부저 모듈(IEG3610-12)
③ SMPS 전원 모듈(IEG3610-18)
④ 릴레이-A 모듈(IEG3610-6)

4 실험순서

1) ON 우선 자기유지 회로

① 그림 4.4와 같은 회로를 구성한다.

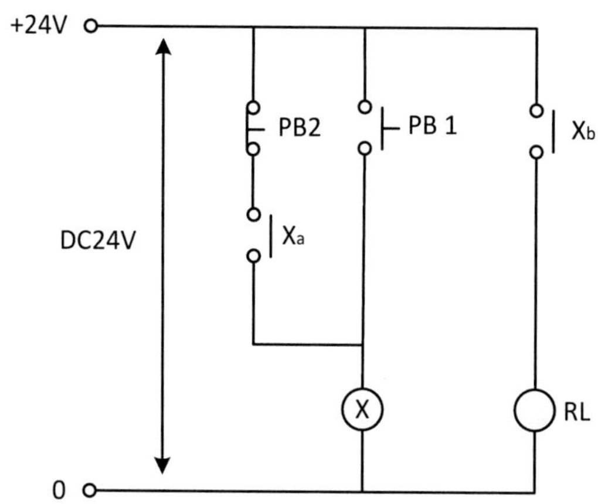

(a) 회로도

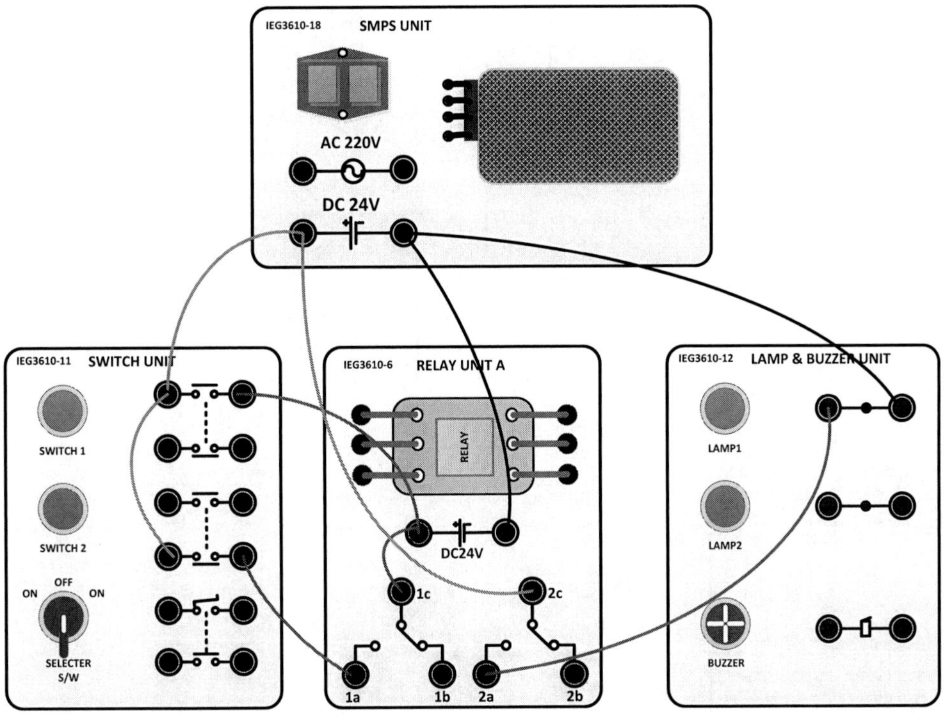

(b) 배선도

그림 4.4 ON 우선 자기유지 회로

② $PB1$ 스위치를 누르고 램프와 릴레이의 상태를 관찰하여 실험결과 보고서에 기입한다.

③ $PB2$ 스위치를 누르고 램프와 릴레이의 상태를 관찰하여 실험결과 보고서에 기입한다.

④ $PB1$과 $PB2$ 동시에 누르고 릴레이와 램프의 상태를 관찰 한 후 그 결과를 실험결과 보고서에 기입한다.

2) OFF 우선 자기유지 회로

① 그림 4.5와 같은 회로를 구성한다.

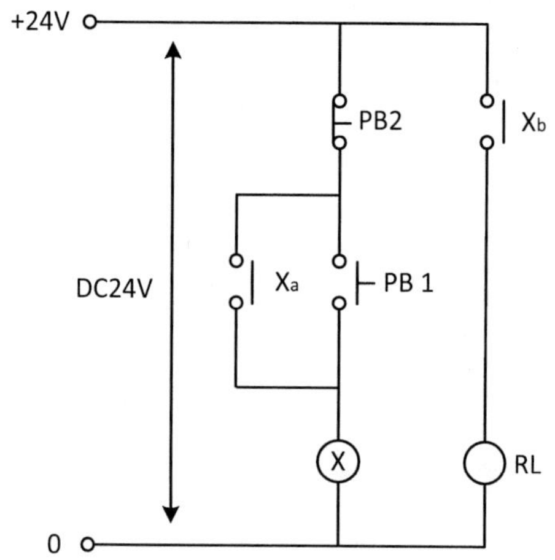

(a) 회로도

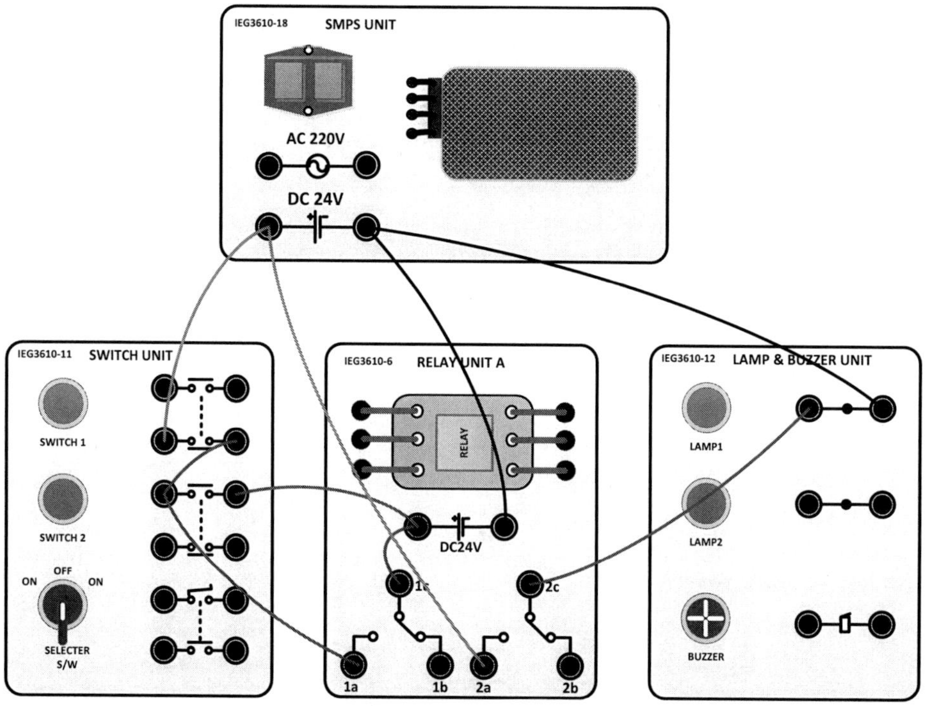

(b) 배선도

그림 4.5 OFF 우선 자기유지회로

② $PB1$ 스위치를 누르고 램프와 릴레이의 상태를 관찰하여 실험결과 보고서에 기입한다.

③ $PB2$ 스위치를 누르고 램프와 릴레이의 상태를 관찰하여 실험결과 보고서에 기입한다.

④ $PB1$과 $PB2$ 동시에 누르고 릴레이와 램프의 상태를 관찰 한 후 그 결과를 실험결과 보고서에 기입한다.

5 실험 결과 및 보고서

실험 4. 자기유지 회로	
학번 :	이름 :

■ 실험결과

1) ON 우선 자기유지 회로

스위치 상태	램프의 상태
PB1만 눌렀을 때 (잠시 눌렀다 뗀다)	
PB2만 눌렀을 때 (잠시 눌렀다 뗀다)	
PB1과 PB2를 동시에 눌렀을 때	

2) OFF 우선 자기유지 회로

스위치 상태	램프의 상태
PB1만 눌렀을 때 (잠시 눌렀다 뗀다)	
PB2만 눌렀을 때 (잠시 눌렀다 뗀다)	
PB1과 PB2를 동시에 눌렀을 때	

학습평가문제

1. 자기유지 회로가 필요한 이유는 무엇인가?

2. 시퀀스 회로의 자기유지회로와 메모리 기억장치의 같은 점과 다른 점은 무엇인가?

3. ON 우선 자기유지회로와 OFF 우선 자기유지회로의 차이점은 무엇인가?

실험 5. 인터록 회로 구성

1 실험의 목적

2개의 입력 중 먼저 작동된 회로가 우선으로 동작 되는 인터록(선행 우선 회로)의 회로를 구성하고 실험을 통하여 그 동작 원리를 확인한다.

2 관련 이론

인터록 회로는 두 개의 입력 중 먼저 입력되는 신호에 의하여 동작하며 두 입력 중 나중에 입력되는 신호는 동작하지 않는 회로이다.

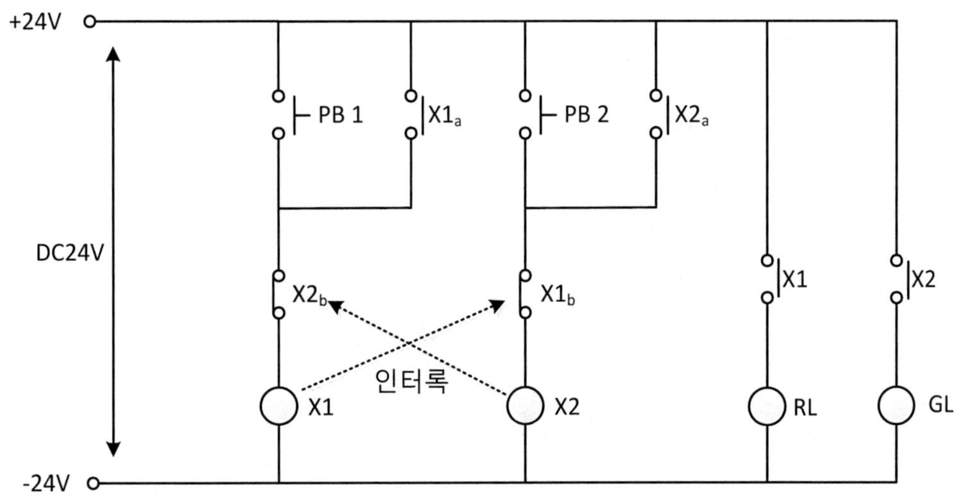

그림 5.1 인터록 회로

■ 동작 설명

① 입력인 누름 버튼스위치 $PB1$을 누르면 여자코일 $X1$은 여자되고 자기유지 접점 $X1_a$는 ON 되어 자기유지회로를 구성하고 상대편의 b 접점 $X1_b$는 OFF 된다. 따라서 여자코일 $X2$에는 전류가 흐르지 않아 여자되지 않는다.

② 누름 버튼스위치 $PB1$을 누른 후 누름버튼 스위치 $PB2$를 입력하면 접점 $X1_b$가 OFF 되어 있으므로 여자코일 $X2$ 회로는 절대 동작되지 않는다.

③ 두 개의 스위치를 동시에 누르는 경우 먼저 입력된 신호의 회로만 동작하며 나머지 인터록 되어 있는 회로는 동작하지 않는다.

3 사용기기 및 부품

① 신호입력 모듈(IEG3610-11)

② 램프 및 부저 모듈(IEG3610-12)

③ SMPS 전원 모듈(IEG3610-18)

④릴레이-A 모듈(IEG3610-6)

4 실험순서

① 그림 5.1과 같은 인터록 회로를 그림 5.2와 같이 배선한다.

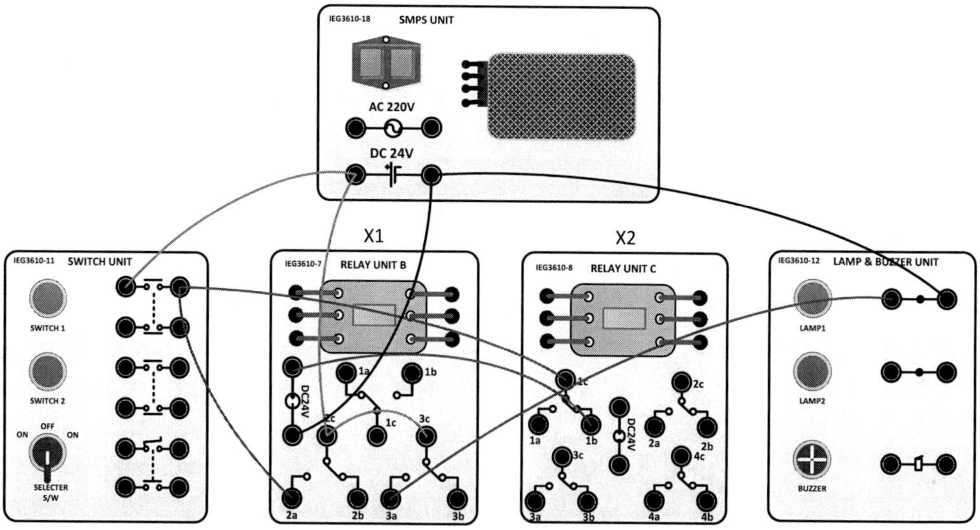

(a) X1 릴레이 회로 배선도

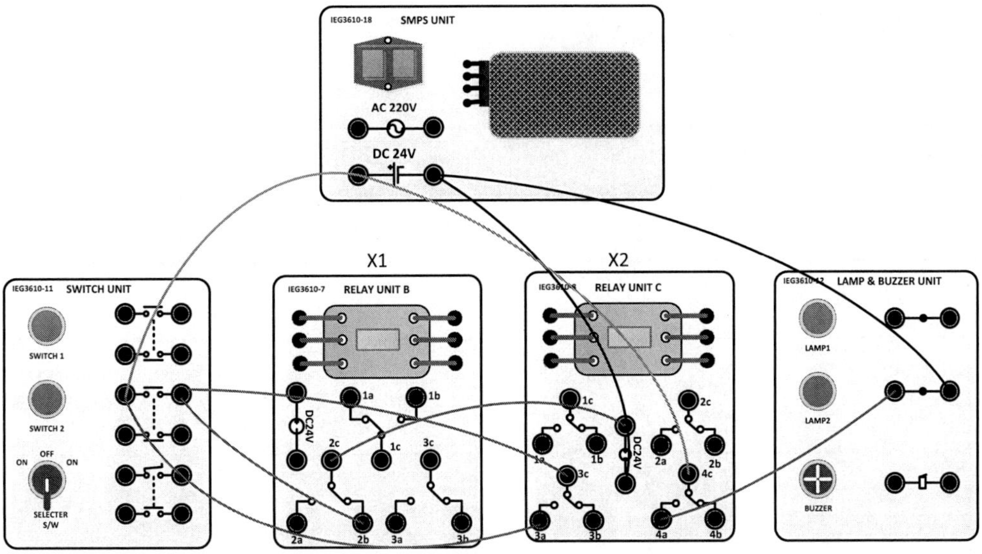

(b) X2 릴레이 회로 배선도

그림 5.2 인터록 회로 배선도

② $PB1$ 스위치를 누르고 램프와 릴레이의 상태를 관찰하여 실험결과 보고서에 기입한다.

③ $PB2$ 스위치를 누르고 램프와 릴레이의 상태를 관찰하여 실험결과 보고서에 기입한다.

④ $PB1$과 $PB2$ 동시에 누르고 릴레이와 램프의 상태를 관찰 한 후 그 결과를 실험 결과 보고서에 기입한다.

5 실험 결과 및 보고서

실험 5. 인터록 회로

학번 :	이름 :

■ 실험결과

스위치 상태	램프의 상태	
	램프1(적색)	램프2(녹색)
PB1만 눌렀을 때 (잠시 눌렀다 뗀다)		
PB2만 눌렀을 내 (잠시 눌렀다 뗀다)		
PB1과 PB2를 동시에 눌렀을 때		

학습평가문제

1. 인터록 회로가 주로 사용되는 곳은 어디인가?

2. 인터록 회로의 인터록 상태를 해제하는 회로를 추가하기 위하여 회로를 변경한다면 어떻게 해야 하는가?

3. 인터록 회로를 이용하여 1명의 사회자와 3명의 선수가 퀴즈 게임을 할 수 있는 회로를 구성하시오.

실험 6. 타이머 회로 구성

1 실험의 목적

타이머를 이용한 시간 지연회로를 구성하고 그 동작을 이해한다.

2 관련 이론

시간 지연 동작회로는 입력이 주어진 후 설정시간이 되어야 출력이 나오는 회로이다. (타이머는 한시동작 순시 복귀 접점이 작동되는 회로이다.)

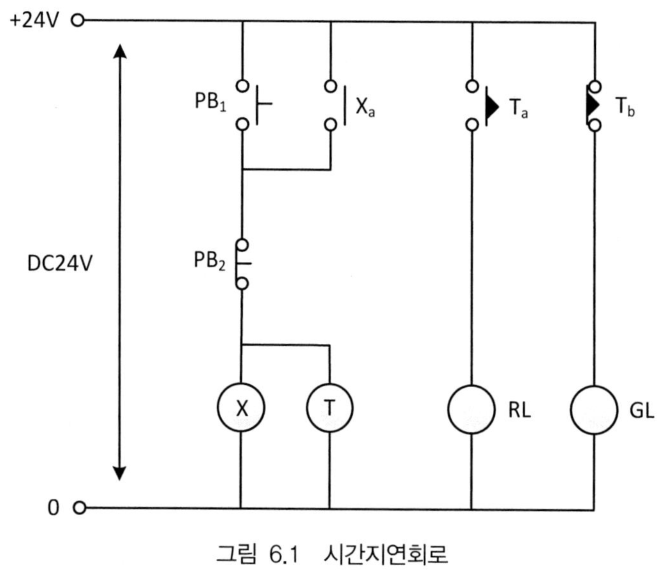

그림 6.1 시간지연회로

3 사용기기 및 부품

① 신호입력 모듈(IEG3610-11)
② 램프 및 부저 모듈(IEG3610-12)
③ SMPS 전원 모듈(IEG3610-18)
④ 타이머 모듈(IEG3610-9)
⑤ 릴레이-A 모듈(IEG3610-6)

4 실험순서

① 그림 6.1과 같은 시간지연 회로를 그림 6.2와 같이 배선한다.

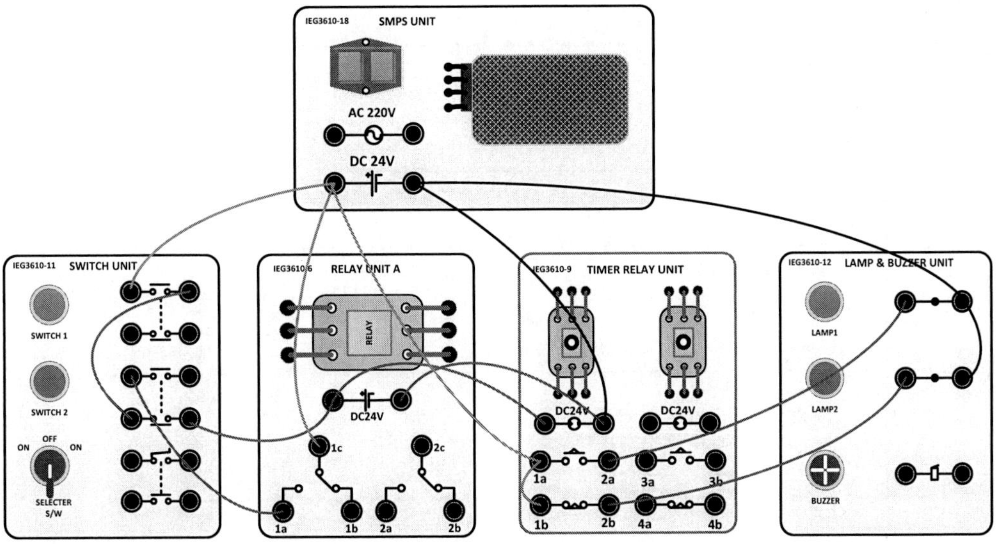

그림 6.2 타이머 회로

② 타이머의 시간을 3초로 설정한다.

③ PB_1 누르고 램프 RL과 GL의 점등 상태를 관찰 한 후 램프의 점등 시간 지연 결과를 실험결과 보고서에 그림으로 나타낸다.

④ PB_2를 누르고 각 램프의 동작 상태를 관찰 한 후 그 결과를 실험 결과 보고서에 그림으로 나타낸다.

5 실험 결과 및 보고서

실험 6. 시간 지연 회로(타이머 회로)	
학번 :	이름 :

■ 실험결과

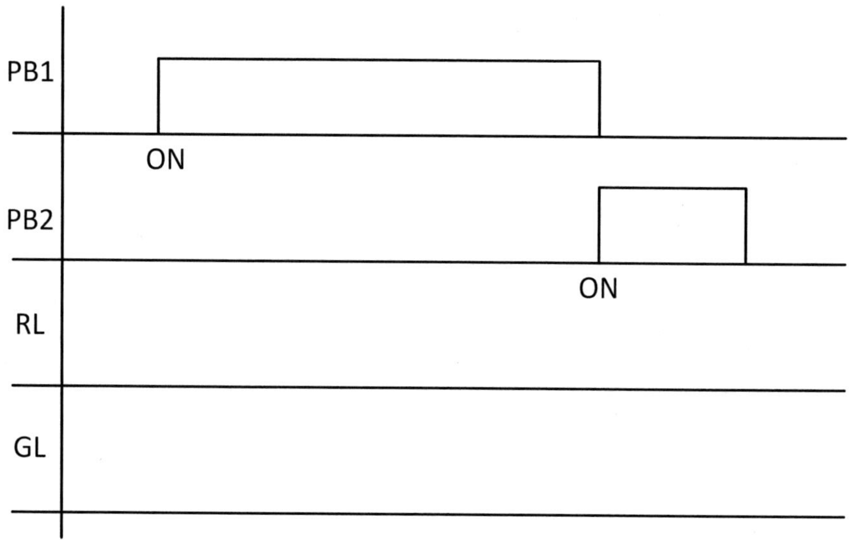

학습평가문제

1. 실험 6에서 타이머의 역할은 무엇인가?

2. 타이머의 종류에는 어떤 것이 있는가?

3. 타이머의 지연시간 설정방법을 설명하시오.

4. 타이머를 이용하여 하나의 램프가 주기적으로 ON/OFF를 반복할 수 있는 회로를 구성하시오.

실험 7. 카운터 회로 구성

1 실험의 목적

카운터의 사용법을 실험을 통하여 이해한다.

2 관련 이론

카운터는 발생한 사건의 횟수를 측정하는 장치로서 시퀀스 회로에서 어떤 사건의 발생 횟수에 의한 제어가 필요한 경우 사용된다. 카운터는 크게 증가형 카운터, 감소형 카운터, 증/감소형 카운터로 구분될 수 있으며 모든 카운터는 설정된 값과 동일한 회수의 사건이 발생하면 동작하게 된다. 여기서 사용된 카운터는 오토닉스의 FX4S 시리즈로서 다음과 같은 특성을 가진다.

① 표시 자리수 : 4자리
② 전원전압 : 100~240VAC, 50/60Hz 또는 12~24VAC, 12~24VDC
③ 최소 신호폭 : 20ms
④ 입력방식 : 전압입력방식과 무전압 입력방식 선택
전압 입력방식 사용시, 입력임피턴스는 5.4$K\Omega$ 이하,
'H' 레벨 전압은 5~30VDC, 'L' 레벨전압은 0~2VDC이다.
무전압입력방식 사용시, 단락시 임피던스 1$K\Omega$ 이하, 단락시 잔류 전압 2VDC 이하, 개방시 임피던스 100$K\Omega$ 이상
⑤ 원샷 출력시간 : 0.05초~5초
⑥ 외부 공급 전원 : 12VDC
⑦ 제어 출력 : SPDT(1C), 250VDC/3A 저항부하, NPN 오픈 콜렉터 1점, 30VDC/100mA 이하
⑧ 기계적 릴레이 수명 : 1000만회 이상
⑨ 전기적 릴레이 수명 : 10만회 이상(250VAC/3A 저항 부하시)

3 사용기기 및 부품

① 신호입력 모듈(IEG3610-11)
② 램프 및 부저 모듈(IEG3610-12)
③ SMPS 전원 모듈(IEG3610-18)
④ 카운터 모듈(IEG3610-10)
⑤ 릴레이-A 모듈(IEG3610-6)

4 실험순서

① 그림 7.1과 같이 카운터 회로를 구성한다.

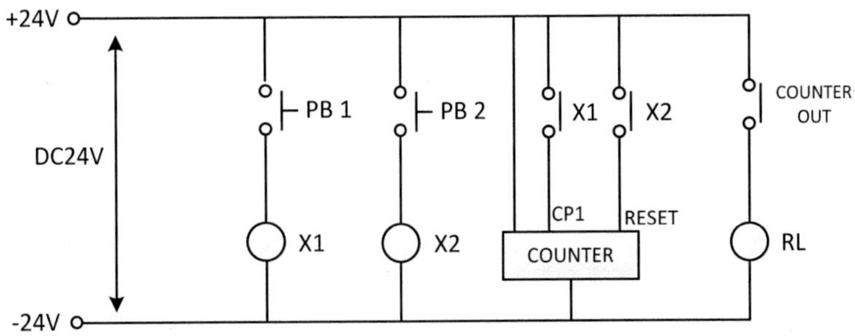

(a) 회로도

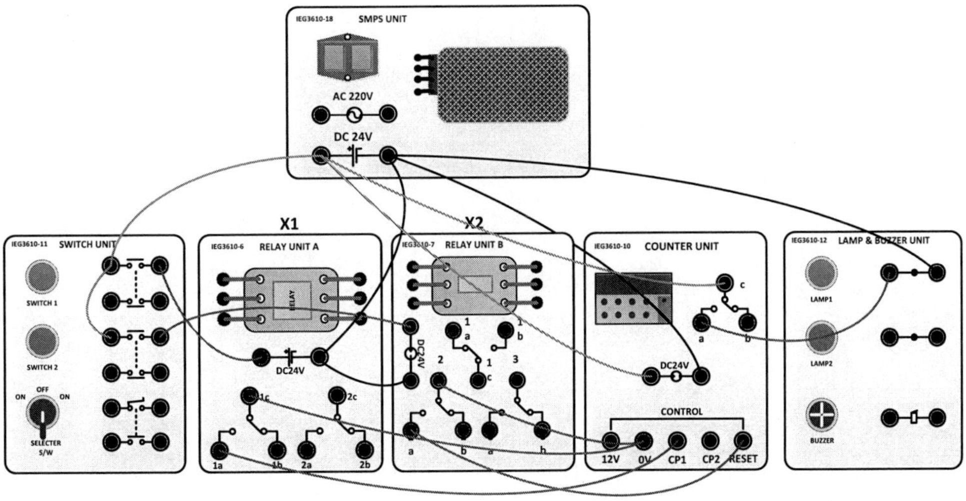

(b) 배선도

그림 7.1 카운터 회로

② 모드 선택 토글 스위치가 NPN으로 설정되어 있는지 확인한다.

③ 스위치1을 누르면서 카운터의 값이 증가하는지 확인한다.

④ 스위치1을 누른 횟수가 설정된 회수가 되면 카운터 접점이 동작되어 램프가 점등된다.

⑤ 스위치2를 누르면 카운터 값이 리셋된다.

5 실험 결과 및 보고서

실험 7. 카운터 회로	
학번 :	이름 :

■ 실험결과

• 카운터 설정값 : 5

스위치 누름 횟수	램프 상태	리셋스위치
1		OFF
2		OFF
3		OFF
4		OFF
5		OFF
6		OFF
		ON

학습평가문제

1. 카운터의 역할은 무엇인가?

2. 카운터의 동작을 설명하시오.

3. 카운터를 응용할 수 있는 공정에는 어떤 것이 있는가?

실험 8. 전자 접촉기

1 실험의 목적

전자접촉기의 사용법을 숙지한다.

2 관련 이론

전자접촉기(MC)란 큰 접점 용량과 내압을 가진 전자 계전기의 일종으로 전자석에 의한 흡인력을 이용하여 주접점을 열과 닫음으로서 주회로 전류와 같은 대전류의 개폐나 전동기의 빈번한 시동, 정지, 제어등에 사용되며 250V,10A 이상의 부하개폐에 주로 이용한다. 전자 접촉기는 주접점, 보조접점으로 이루어지는 접점부와 전자코일, 철심으로 이루어지는 조작 전자석부로 되어 있다. 주접점은 전동기의 주회로에 큰 전류가 흘러도 안전한 대전류 용량의 접점을 말하며, 보조접점은 소형의 전자 계전기 접점과 마찬가지로 작은 전류 용량의 접점을 말한다.

3 사용기기 및 부품

① 신호입력 모듈(IEG3610-11)
② 램프 및 부저 모듈(IEG3610-12)
③ SMPS 전원 모듈(IEG3610-18)
④ 단상 NFB 모듈(IEG3610-1)
⑤ 릴레이-A 모듈(IEG3610-6)
⑥ 전자접촉기-C(IEG3610-5)

4 실험순서

① 그림 8.1과 같은 회로를 구성한다.

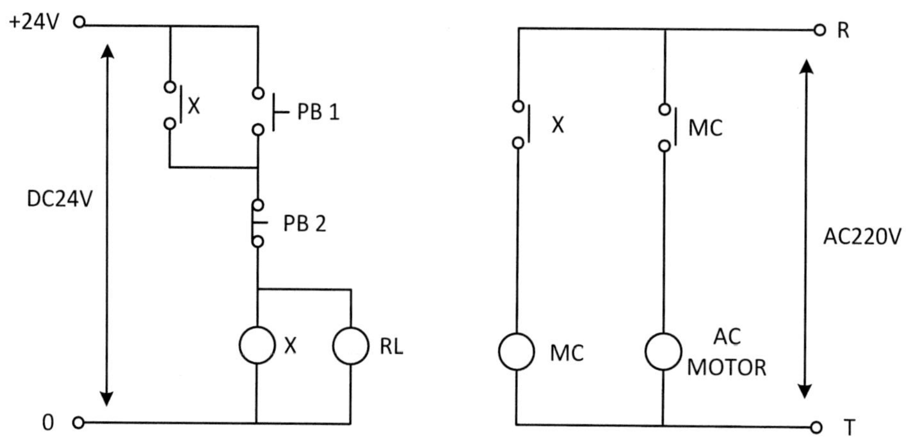

(a) 전자접촉기 회로도

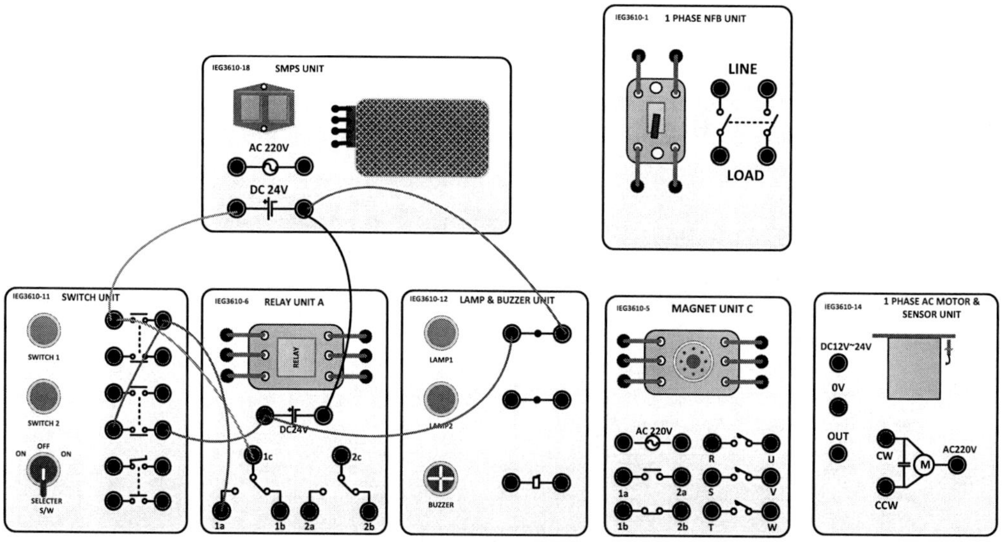

(b) 제어회로 배선도

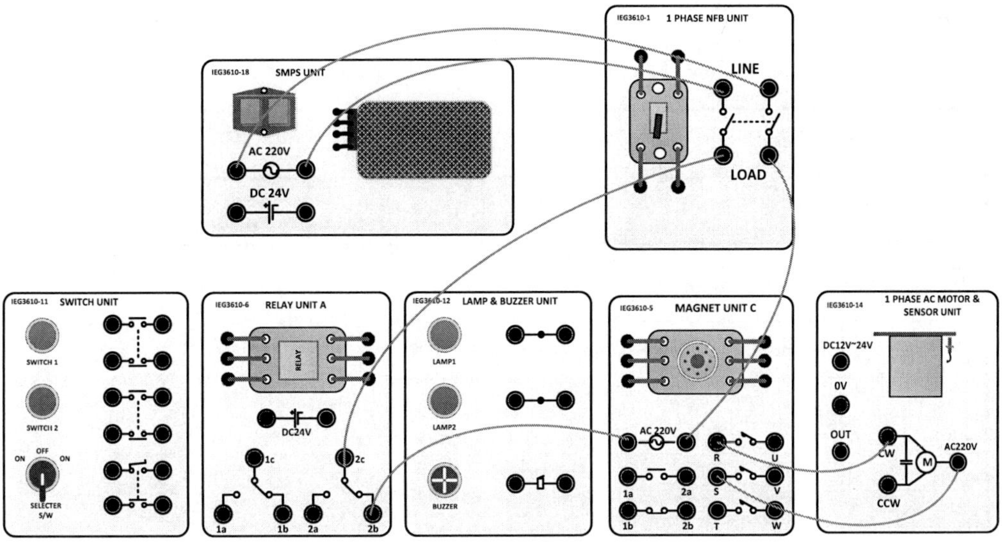

(c) 주회로 배선도

그림 8.1 전자접촉기 회로

② 스위치1을 누르고 전자릴레이 X가 자기 유지 상태, MC 접점 동작, 모터 동작 상태를 확인한다.

③ 램프 RL의 점등을 확인한다.

④ 스위치2를 눌러 전자릴레이의 자기 유지 상태를 해제하여 MC의 동작을 정지 시킨다.

⑤ 전동기의 정지와 램프 RL의 소등을 확인한다.

5 실험 결과 및 보고서

실험 8. 전자접촉기

학번 :

이름 :

■ 실험결과

스위치1	스위치2	램프 상태	릴레이 상태	MC 접점상태	전동기동작
ON					
	ON				

학습평가문제

1. 그림 8.1에서 자기 유지회로에 대하여 설명하시오.

2. MC의 동작원리를 설명하시오.

3. 그림 8.1에서 MC의 역할은 무엇인가?

실험 9. 한시 타이머를 이용한 순차기동 회로

1 실험의 목적

한시 타이머의 동작원리를 이해하고, 한시 타이머 2개를 이용하여 2개의 램프를 순차적으로 점등하는 시퀀스 회로를 구성한다.

2 관련 이론

일반적으로 전자 계전기는 전자 코일에 전류를 흐르게 하면 그 접점은 순간적으로 폐로 또는 개로가 된다. 그러나 한시 계전기는 전기적 또는 기계적 입력을 부 여하면 전자 계전기와는 달리 설정된 시한이 경과된 후에 그 접점이 폐로 또는 개로 하는 것으로서 인위적으로 시간 지연을 만들어내는 계전기를 말한다. 타이머의 시간차를 만들어내는 방법에 따라서 모터식 타이머, 전자식 타이머, 제동식 타이머 등이 있다. 또한 타이머는 크게 한시동작 순시복귀 타이머, 순시동작 한시복귀 타이머로 나눌 수 있다. 한시동작 순시복귀 타이머의 경우, 타이머 접점은 코일이 여자된 후 설정된 시간이 지나면 동작한다. 그리고 복귀시에는 타이머 코일의 여자가 소거된 후 즉시 복귀하는 동작을 수행한다.

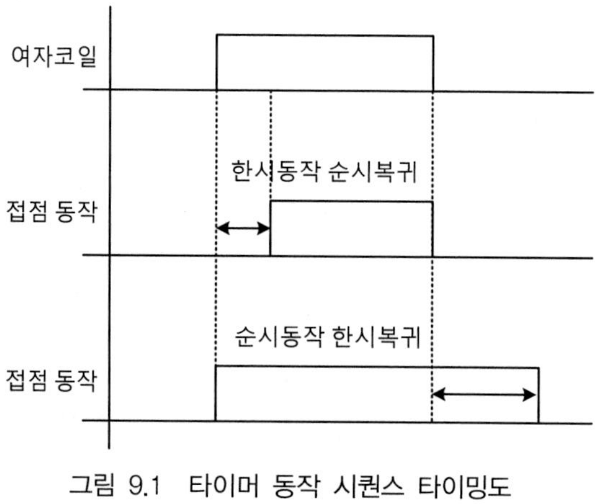

그림 9.1 타이머 동작 시퀀스 타이밍도

한편, 순시동작 한시 복귀 타이머의 경우는 그 동작이 조금 다르다. 순시동작 한시복귀 타이머는 여자코일이 여자되면 즉시 접점이 동작되지만 원상태로 복귀하기 위하여 여자코일의 여자를 소거하면 설정된 시간이 지난 후 복귀하는 동작을 수행한다. 이러한 두 가지 종류의 타이머 접점은 필요에 따라 적절하게 사용하면 된다.

(a) a 접점 (b) b 접점

그림 9.2 한시 동작 타이머의 접점 기호

3 사용기기 및 부품

① 신호입력 모듈(IEG3610-11)
② 램프 및 부저 모듈(IEG3610-12)
③ SMPS 전원 모듈(IEG3610-18)
④ 단상 NFB 모듈(IEG3610-1)
⑤ 릴레이-A 모듈(IEG3610-6)

4 실험순서

① 그림 9.3과 같이 회로를 구성한다.

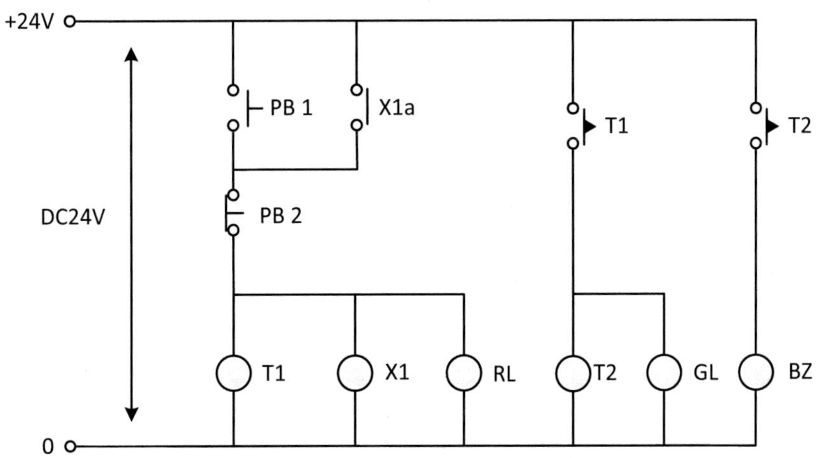

(a) 회로도

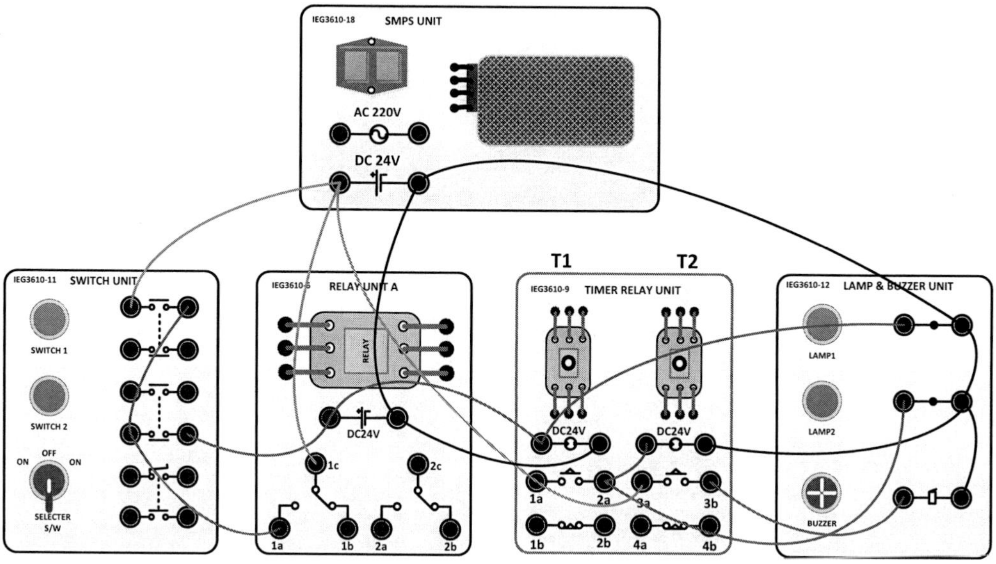

(b) 배선도

그림 9.3 순차기동 회로

② 타이머 1과 타이머 2의 시간을 각각 3초로 설정한다.

③ 스위치 1을 누르고 두 램프의 점등 순서와 점등 시간을 관찰한다.

④ 스위치 2를 누르고 램프의 소등 시간을 관찰한다.

⑤ 타이머 1을 2초 타이머 2를 4초로 설정한 후 과정 ② ~ 과정 ④를 반복한다.

5 실험 결과 및 보고서

실험 9. 한시 타이머를 이용한 순차기동 회로	
학번 :	이름 :

■ 실험결과

1) 타이머와 램프의 동작 타임 시퀀스를 그리시오.

학습평가문제

1. 타이머 3개를 이용하여 3초의 시간차이를 두고 순서대로 점등되는 시퀀스 회로를 구성하시오.

실험 10. 신입력 신호 우선동작 회로

1 실험의 목적

릴레이 접점을 이용하여 신 입력 신호 우선 동작 회로를 구성하고 그 동작 원리를 이해한다.

2 관련 이론

릴레이를 이용하여 신입력 신호 우선동작회로를 구성하고 동작을 확인한다. 신 입력 신호 우선 동작회로는 새로 입력되는 신호가 우선이고, 이전에 입력된 신호는 신 입력 인가시 오프되는 시퀀스 회로이다.

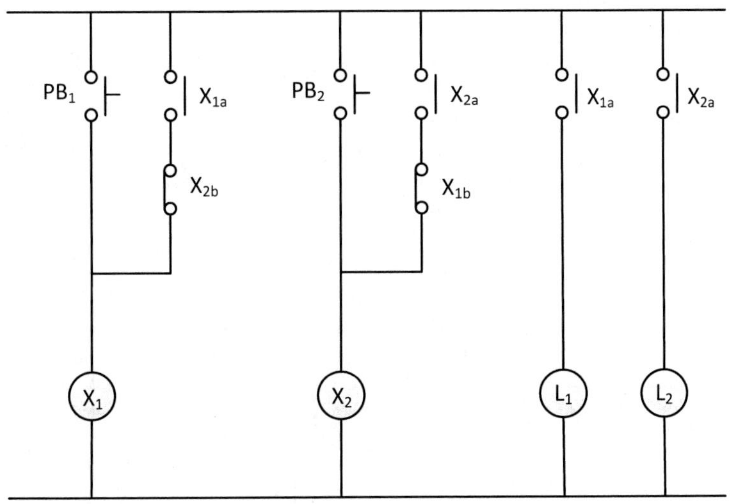

그림 10.1 신입력 신호 우선 동작회로

■ **동작설명**

① 스위치 PB_1을 누르면 릴레이 X_1이 여자 된다.

② X_1이 여자 되면 보조접점 X_{1a}가 온 되어 X_1의 자기유지 회로가 만들어진다. 그리고 보조접점 X_{1b}가 오프되어 X_2를 무여자 시킨다. 따라서 램프 L_1은 점등되고 L_2는 소등된다.

③ 스위치 PB_2를 누르면 릴레이 X_2가 여자된다.

④ X_2가 여자되면 보조접점 X_{2a}가 온 되어 X_2의 자기유지회로가 만들어 진다. 그리고 보조접점 X_{2b}가 오프되어 X_1을 무여자 시킨다. 따라서 램프 L_2는 점등되고 L_1은 소등된다.

⑤ 다시 스위치 PB_1이 눌러지면 릴레이 X_1이 여자 되고 X_2는 무여자 되어 램프 L_1이 점등되고 L_2는 소등된다.

3 사용기기 및 부품

① 신호입력 모듈(IEG3610-11)
② 램프 및 부저 모듈(IEG3610-12)
③ SMPS 전원 모듈(IEG3610-18)
④ 단상 NFB 모듈(IEG3610-1)
⑤ 릴레이-A 모듈(IEG3610-6)

4 실험순서

① 그림 10.2와 같이 회로를 구성한다.

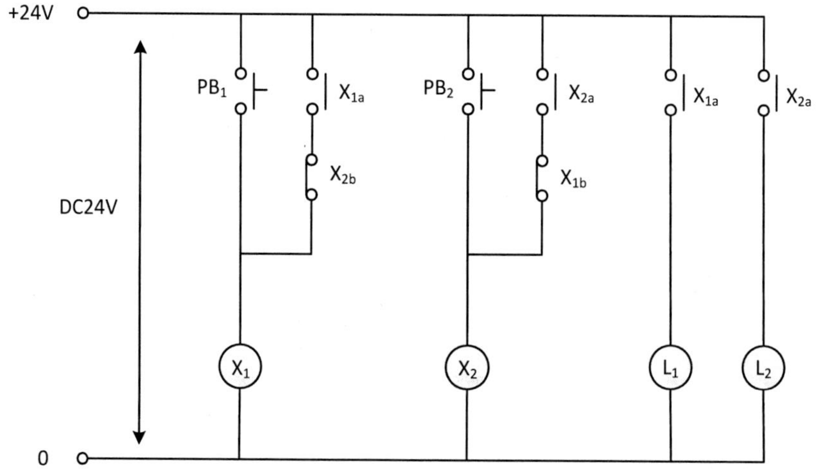

(a) 회로도

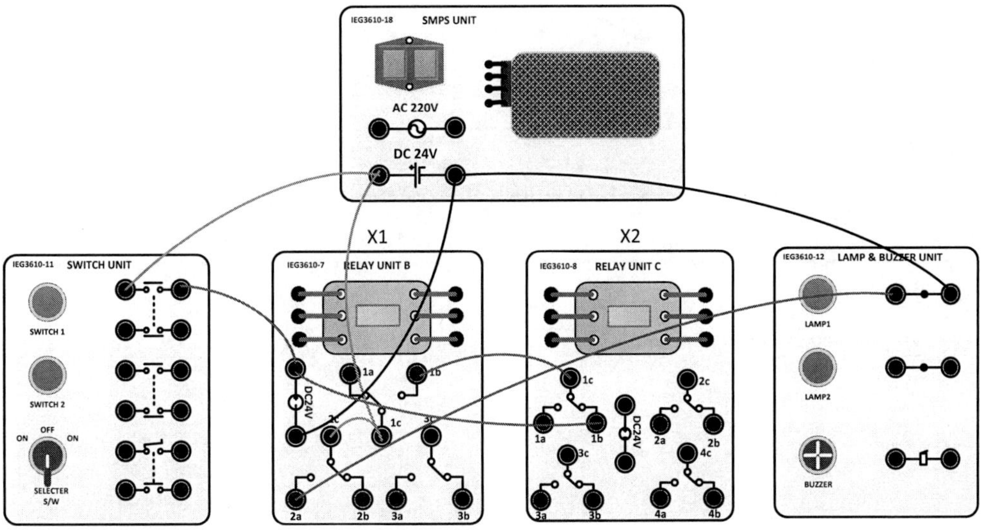

(b) X1 회로 배선도

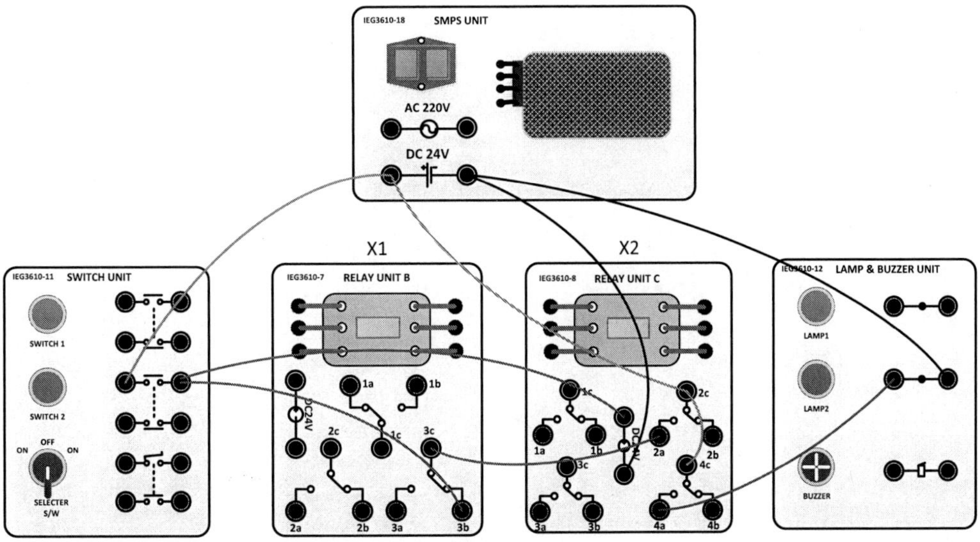

(c) X2회로 배선도

그림 10.2 신입력 우선동작 회로

② 스위치 1을 누르고 램프의 점등 상태를 확인한다.

③ 스위치 2를 누르고 램프의 점등 상태를 확인한다.

④ 다시 스위치 1을 누르고 램프의 점등 상태를 확인한다.

⑤ 새로운 입력신호가 과거의 입력신호 보다 우선이 되는 것을 실험을 통하여 확인한다.

5 실험 결과 및 보고서

실험 10. 신입력 신호 우선동작 회로	
학번 :	이름 :

■ 실험결과

1) 스위치 1,2 그리고 램프의 동작 상태에 대한 타임 시퀀스를 그리시오.

학습평가문제

1. 신입력 우선 동작회로에서는 새로운 신호가 입력될 때 어떤 동작이 수행되는가?

2. 3개의 입력이 있는 신입력 우선동작 시퀀스 회로를 구성하시오.

실험 11. 단상 유도전동기 운전회로

1 실험의 목적

시퀀스 회로를 이용하여 단상 유도전동기 운전회로를 구성하고 그 동작을 이해한다.

2 관련 이론

단상 유도전동기는 운전 및 기동을 위하여 단상 전원으로부터 2개의 상을 얻어야 한다. 단상전원으로부터 2상을 얻어내는 방법은 크기 보조코일을 이용하는 방법과 콘덴서를 이용하는 방법이 있다. 보조 코일을 이용하여 2상을 얻어 단상유도전동기를 기동하는 전동기를 분상 유도전동기라 하고 콘덴서를 이용하여 2상을 만들어 기동하는 방법을 콘덴서형 유도전동기라 한다. 콘덴서를 이용하여 2상을 얻어내는 콘덴서형 단상 유도전동기는 또한 기동시에만 콘덴서를 이용하고 운전시에는 기동 콘덴서를 회로에서 분리하는 콘덴서 기동형 유도전동기와 운전시에도 콘덴서를 그대로 회로에 연결하여 사용하는 콘덴서 운전형 유도전동기로 구분된다.

1) 분상형 단상 유도전동기

분상형 유도전동기는 기동 토크를 얻기 위하여 보조권선(기동권선)을 이용하여 단상전원으로부터 2상을 얻어내는 전동기를 말한다. 분상회로는 일반적으로 교류 전동기의 고정자 회로 내에 만들어져 있다. 이렇게 분상회로를 이용하여 2상 전원을 생성하면 2상 전원으로부터 회전자계를 얻을 수 있으며, 이 회전자계를 이용하여 단상 유도전동기의 회전자를 회전시킬 수 있다.

분상형 유도 전동기에서 기동권선은 전동기의 기동에만 사용되며 운전시에는 제거된다. 그리고 기동권선은 높은 저항과 낮은 유도 리액턴스를 가지고 있고, 주권선은 낮은 저항과 높은 리액턴스를 갖는다. 전력이 처음 인가되었을 때 두 권선은 모두 여자 된다. 그리고 서로 다른 유도성 리액턴스로 인하여 주 권선에 흐르는 전류의 위상은 보조권선에 흐르는 전류의 위상보다 지연(lag)된다. 따라서 두 권선 사이에는 위상차가 발생하게 된다. 이상적으로 이들 상의 차이는 90° 이어야 하나, 실제 전동기의 경우 이보다 훨씬 작다. 그럼에도 불구하고, 권선은 서로 다른 위상을 가진 자계를 발생하게 되고 이것은 고정자 내의 회전 자계를 만든다. 이 회전자계는 회전자에 토크를 공급해서 전동기를 기동시킨다.

전동기가 운전 속도에 이르게 되면 회전자는 기동 권선의 자계 없이도 주 권선에 의해 만들어진 교번자계를 따라 회전하게 된다. 이때 기동권선은 원심스위치라고 하는 기계적인 스위치에 의하여 제거된다. 분상 회전자계의 방향은 기동권선의 결선을 바꿈으로서 역전(reverse)될 수 있다. 즉 기동권선의 결선을 바꿈으로서 초시 phase shift의 방향이 바뀌게 되고 발생된 자계의 회전방향 또한 반대 방향이 되기 때문이다. 전동기 속도는 교류 전력선의 주파수와 고정자의극수에 따라 바뀌게 된다. 다른 모든 단상유도전동기들과 마찬가지로 분상유도 전동기는 전력선 주파수와 2배로 기계적인 진동을 한다.

2) 콘덴서 기동형 단상 유도전동기

분상 전동기의 경우는 주 권선 전류와 보조 권선 전류간의 위상차가 90도에 훨씬 못 미치며 분산전동기의 회전자에서 발생하는 토크도 또한 이상적으로 90도 위상차이가 있을 때 발생하는 최대 토크 보다 훨씬 작다. 반면 콘덴서 기동전동기의 경우는 90도의 위상차가 가능하다. 분상형 유도전동기의 변형인 콘덴서 기동형 유도전동기는 고정자의 기동권선과 직렬 연결된 낮은 리액턴스 콘데서를 사용하는데, 그 이유는 (표준 분상시스템보다 훨씬 개선된 기동토크를 발생케 하는) 기동전류에 90도의 위상차를 공급하기 위함이다.

콘덴서 기동전동기는 운전시 분상전동기와 마찬가지로 콘덴서와 기동권선은 원심스위치에 의해 제거된다. 콘덴서 기동전동기의 회전방향을 바꾸는 법은 분상전동기의 경우와 같다.

3) 콘덴서 운전형 단상 유도전동기

콘덴서 운전 전동기는 전부하시 진동이 작게끔 고안된 단상 유도전동기로서 콘덴서를 이용하여 기동권선의 전압 위상이 주 권선을 위상과 90도 위상차가 나도록 만든 전동기이다. 이 전동기의 특징은 작은 기동 콘덴서 용량을 가지고 있어 주권선과 기동권선의 위상차가 크지 않아 기동 토오크가 매우 작으며 운전시에도 콘덴서를 그대로 사용하므로 콘덴서의 임피던스 저항에 의한 열손실이 발생한다는 점이다. 따라서 콘덴서 운전형 단상 유도전동기의 콘덴서는 열 발산을 위하여 유입형 콘덴서를 사용한다.

3 사용기기 및 부품

① 신호입력 모듈(IEG3610-11)
② 램프 및 부저 모듈(IEG3610-12)
③ SMPS 전원 모듈(IEG3610-18)
④ 단상 NFB 모듈(IEG3610-1)
⑤ 릴레이-A 모듈(IEG3610-6)

4 실험순서

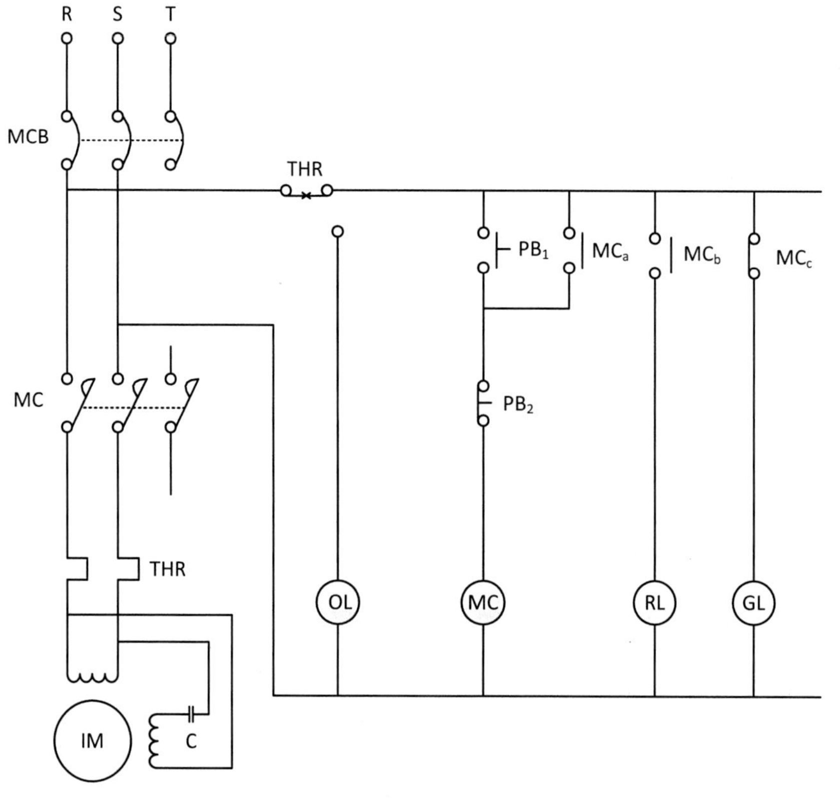

(a) 회로도

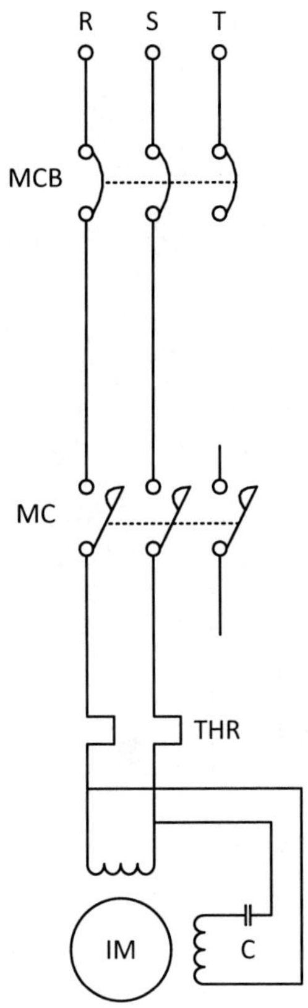

(b) 주회로

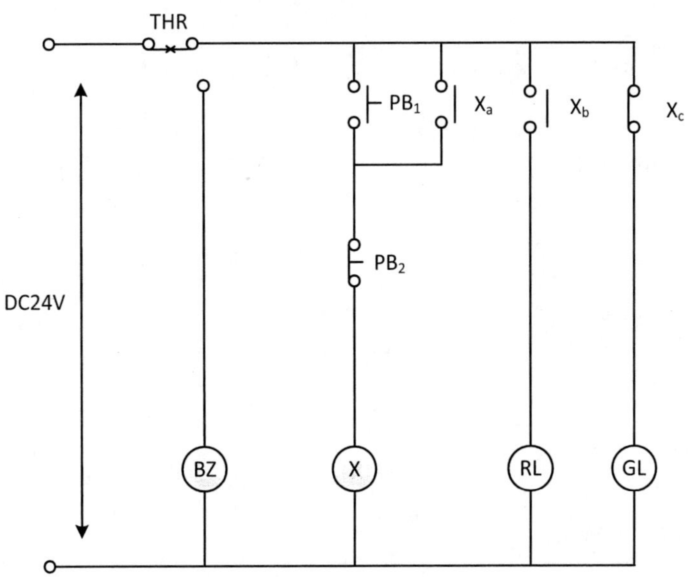

(c) 제어회로

그림 11.1 단상 유도전동기 운전회로

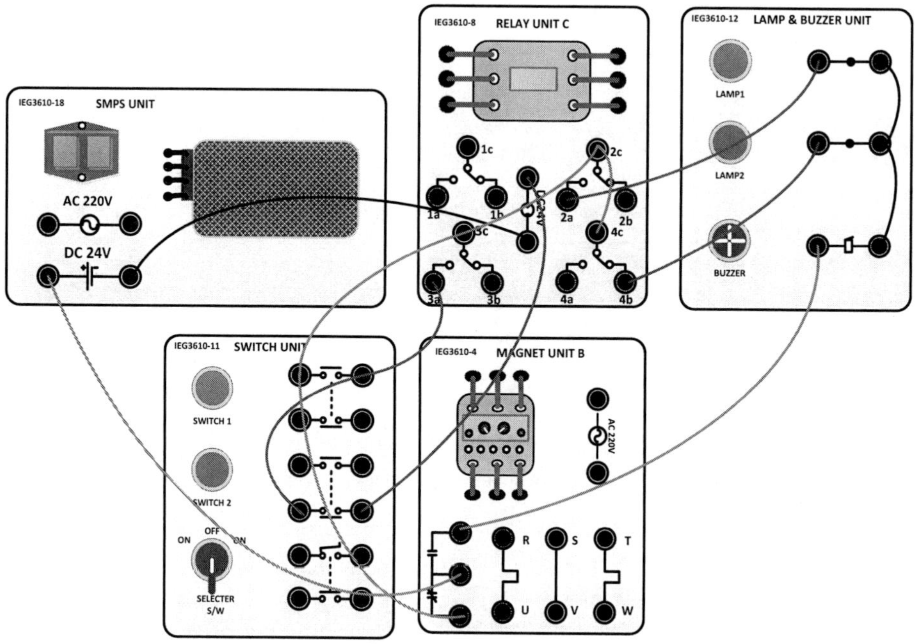

(a) 단상 유도전동기 제어회로 배선도

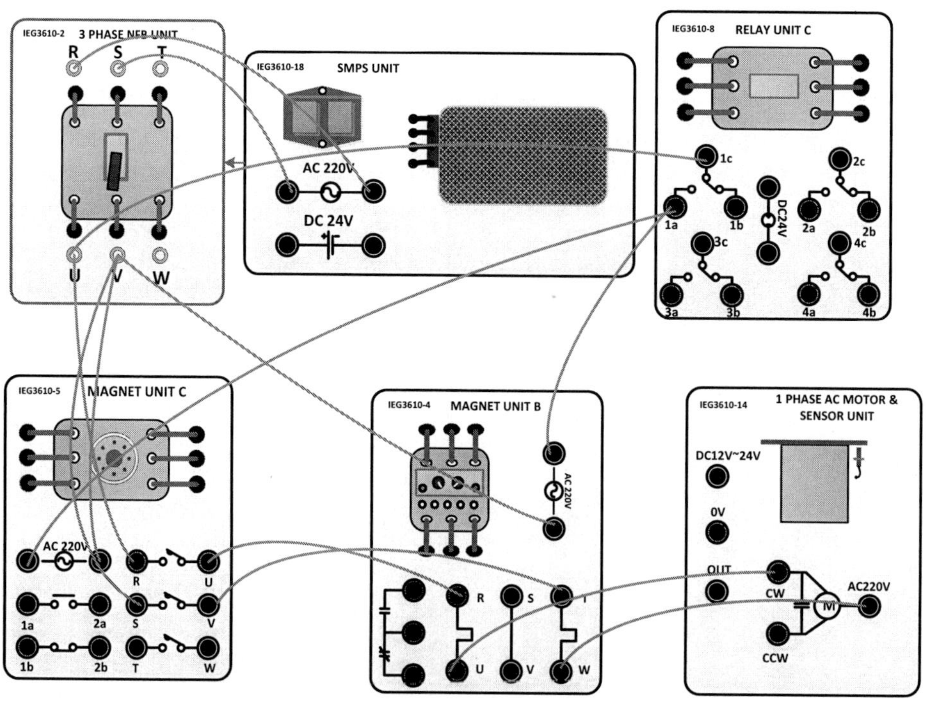

(b) 단상 유도전동기 주회로 배선도

그림 11.2 단상 유도전동기 운전회로 배선도

5 실험 결과 및 보고서

<table>
<tr><td colspan="2">실험 11. 단상 유도전동기 운전회로</td></tr>
<tr><td>학번 :</td><td>이름 :</td></tr>
<tr><td colspan="2">■ 실험결과
1) 스위치 1,2 그리고 램프의 동작 상태에 대한 타임 시퀀스를 그리시오.</td></tr>
</table>

학습평가문제

1. 단상 유도전동기의 종류와 특징을 기술하시오.

2. 콘덴서 운전형 단상 유도전동기에서 유입형 콘덴서를 사용하는 이유는 무엇인가?

3. 단상 유도전동기에서 보조회로가 필요한 이유는 무엇인가?

4. 회전자계에 대하여 상세히 설명하시오.

5. 단상 유도전동기의 회전 원리를 설명하시오.

6. 그림 11.1 회로도에서 열동 계전기의 역할은 무엇인가?

실험 12. 3상 유도 전동기 운전회로

1 실험의 목적

시퀀스 회로를 이용하여 3상 유도전동기 운전회로를 구성하고 그 동작을 이해한다.

2 관련 이론

유도전동기의 회전자로서 가장 간단하면서도 널리 쓰이는 것이 농형 회전자이다. 농형 회전자는 그 주위가 세로로 슬롯된 성층철심으로 구성되며 구리 또는 알루미늄의 고체 막대가 회전자의 슬롯에 끼워진다. 회전자 양끝의 단락환은 단단한 구조로 만들기 위해 막대에 용접된다. 단락된 막대는 철심보다 저항이 훨씬 작으므로 코어로부터 절연될 필요는 없다. 권선형 회전자 또는 직류 전동기의 전기자와 비교해 볼 때 농형 회전자는 비교적 간단하고 제작하기 쉬우며 고장이 거의 없다. 조립된 농형 유도 전동기에서 회전자의 둘레는 매우 작은 공극(air gap)에 의해 고정자로부터 분리된다. 이 공극에서는 강력한 전자기적 유도현상이 발생한다.

이미 알고 있는바와 같이 유도전동기의 고정자에 전력이 공급될 때 회전자계가 형성된다. 자계가 회점함에 따라 자속은 농형 회전자의 표면 주위에 끼워진 단락된 막대를 자르게 되어 전자유도 작용에 의해 전압을 발생시킨다. 이러한 단락막대는 매우 낮은 저항을 가진 단락회로이므로 유도된 전압은 회전자 막대 내에 높은 순환 전류가 흐르게 한다. 또, 순환 회전자 전류는 강한 자계를 형성한다. 이러한 국부 회전자 자계는 자극을 형성하며 이 자극은 회전계자에 끌리게 된다. 따라서 회전자는 주 자계와 함께 회전한다. 농형 유도전동기의 기동 토오크는 매우 작다. 왜냐하면 회전자가 저항 R에 비해 비교적 높은 유도리액턴스 X_L을 가지기 때문이다. 이러한 조건하에서 회전자 전류는 회전자 전압보다 90도 만큼 뒤진다는 것을 알 수 있다. 이 경우 우리는 회로의 역률이 낮다고 한다. 이것은 전동기가 부하로서 비효율적이며 또한 동작시 전원으로부터 유용한 에너지를 만들어내지 못함을 의미한다. 비효율적임에도 불구하고, 토크는 발생되며 전동기가 회전한다. 전동기가 회전할 때 회전자와 회전자계간의 속도 차이(슬립)는 100% ~ 50% 정도이다. 이와 같이 슬립이 감소함에 따라 회전자 내에 유도된 전압의 주파수가 감소되는데 그 이유는 회전자계가 그 감소비율로 도체를 자르기 때문이다. 이것이 결국은 회로 내에 전체 유도 리액턴스의 감소를 초래한다. 유도 리액턴스가 감소함에 따라 역율을 증가하기 시작한다. 이러한 개선은 토크증가와 속도증가로써 반영되어진다. 슬립이 2~10% 정도로 떨어질 때 전동기의 속도는 안정을 이룬다. 이러한 안정화가 이루어지는 이유는 슬립 2%이하가 되도록 전동기 속도가 증가하려는 경향이 다음 사실에 의해 자연히 상쇄되기 때문이다. 즉 회전자가 동기속도의 2%에 근접하면 감소된 유도효과는 전동기가(기동시부터 속도가 증가함에 따라) 토오크가 증가하려는 이전의 경향을 압도한다. 그래서 농형 유도전동기는 직류 분권전동기와 같은 자동 속도 조절 특성을 보여준다.

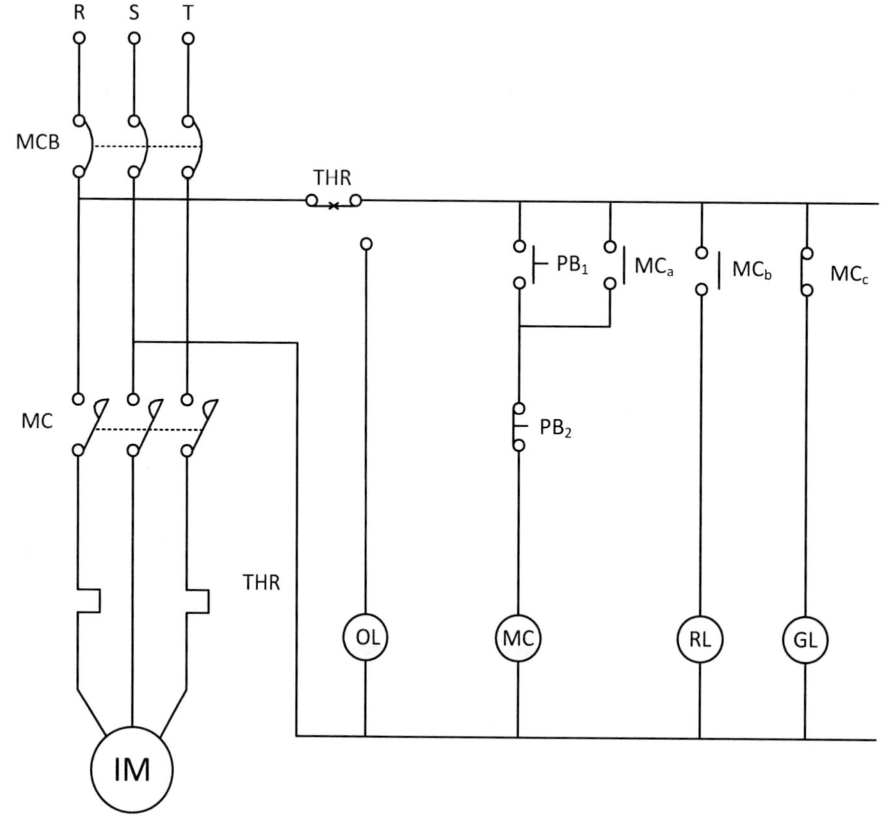

그림 12.1 3상 유도전동기 구동회로

3 사용기기 및 부품

① 신호입력 모듈(IEG3610-11)

② 램프 및 부저 모듈(IEG3610-12)

③ SMPS 전원 모듈(IEG3610-18)
④ 단상 NFB 모듈(IEG3610-1)
⑤ 릴레이-A 모듈(IEG3610-6)

4 실험순서

① 그림 11.2와 같이 회로를 구성한다.

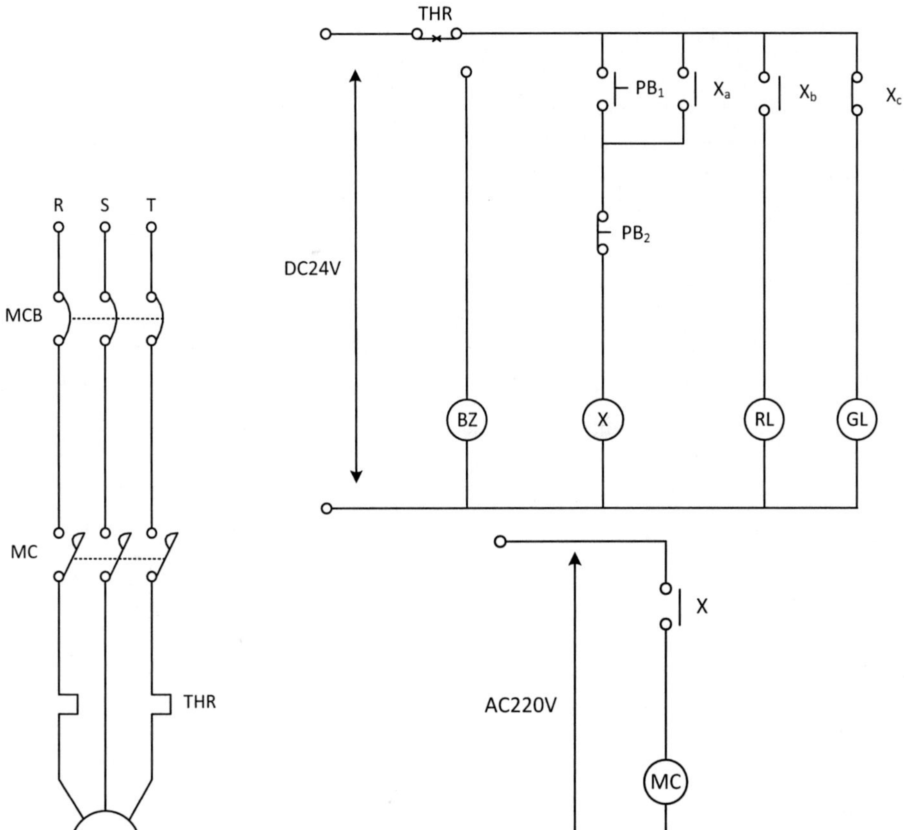

(a) 3상 유도전동기 전원회로

(b) 3상 유도전동기 제어회로

그림 12.2 3상 유도전동기 운전회로

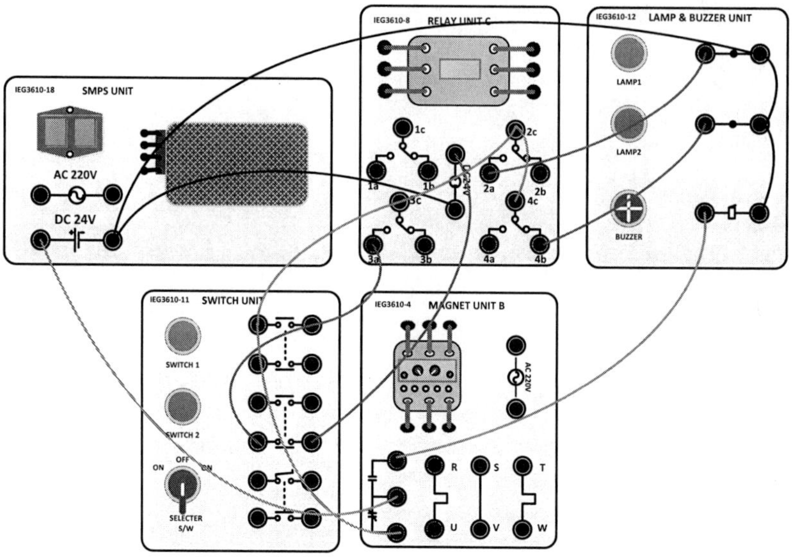

그림 12.3 3상 유도전동기 구동회로 배선도

② MCB를 ON한다.

③ 스위치 1을 눌러 전동기를 운전하고 운전램프의 점등을 확인한다.

④ 스위치 2를 눌러 전동기 운전을 정지하고 정지램프의 점등을 확인한다.

5 실험 결과 및 보고서

<table>
<tr><td colspan="2">실험 12. 3상 유도 전동기 운전회로</td></tr>
<tr><td>학번 :</td><td>이름 :</td></tr>
<tr><td colspan="2">■ 실험결과
1) 기동 스위치 1을 ON 했을 때 각 릴레이와 램프의 동작 상태를 타임도로 그리시오.

2) 열동 계전기가 동작했을 때 제어회로의 상태를 설명하시오.

3) 정지 스위치 2를 ON 했을 때 각 릴레이의 동작 상태를 설명하시오.</td></tr>
</table>

학습평가문제

1. 그림 12.2 회로에서 열동 계전기의 역할은 무엇인가?

2. 그림 12.2에서 자기유지 회로를 그리고 동작을 설명하시오.

3. 그림 12.2에서 자기유지회로가 해제되기 위하여 필요한 동작은 무엇인가?

실험 13. 3상 유도전동기 촌동 운전회로

1 실험의 목적

3상 유도전동기의 촌동회로를 구성하고 동작원리를 이해한다.

2 관련 이론

전동기의 촌동 운전이란 스위치를 누르고 있는 순간에만 전동기가 동작하고 스위치가 오프되면 전동기가 정지되는 동작을 수행하는 운전을 말한다. 전동기의 촌동회로는 일반적으로 푸시버튼 스위치로 구성되며 a접점과 b접점이 연동되어 동작한다. 그림 13.1에서 보면 푸시버튼 스위치 PB_1은 기동 스위치로 사용되고, 푸시버튼 스위치 PB_2는 정지스위치, 푸시버튼 스위치 PB_3은 전동기 촌동 운전을 위하여 사용되고 있다. 여기서 푸시버튼 스위치 PB을 누르면 자기 유지회로가 동작되어 전동기가 기동되고 운전 표시램프 RL이 점등된다. 이 상태에서 푸시버튼 스위치 PB_3를 누르면 자기 유지 회로는 해제되고 스위치 PB_3를 누르고 있는 상태에서만 전동기가 운전되는 촌동운전이 실행된다.

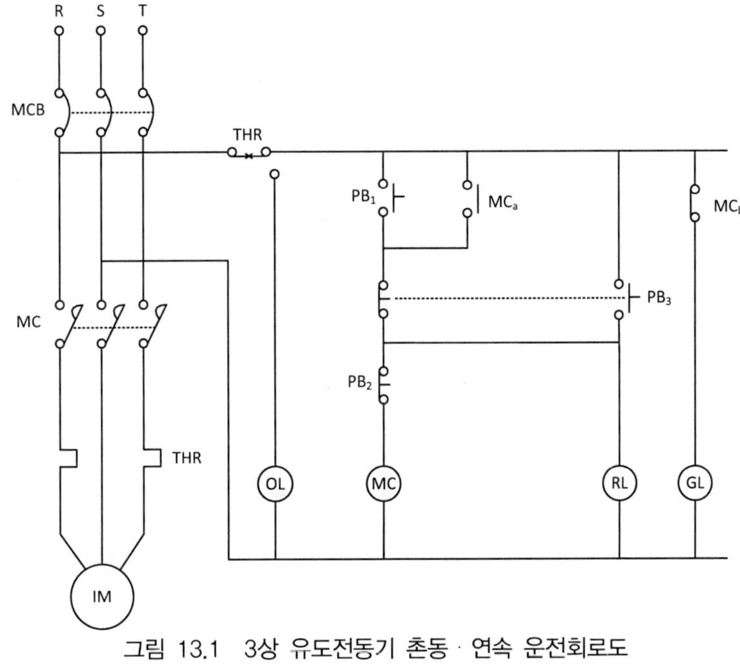

그림 13.1 3상 유도전동기 촌동 · 연속 운전회로도

3 사용기기 및 부품

① 신호입력 모듈(IEG3610-11)
② 램프 및 부저 모듈(IEG3610-12)
③ SMPS 전원 모듈(IEG3610-18)
④ 단상 NFB 모듈(IEG3610-1)
⑤ 릴레이-A 모듈(IEG3610-6)

4 실험순서

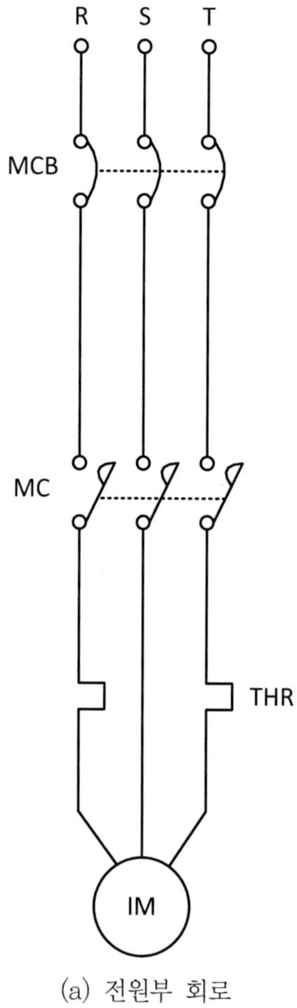

(a) 전원부 회로

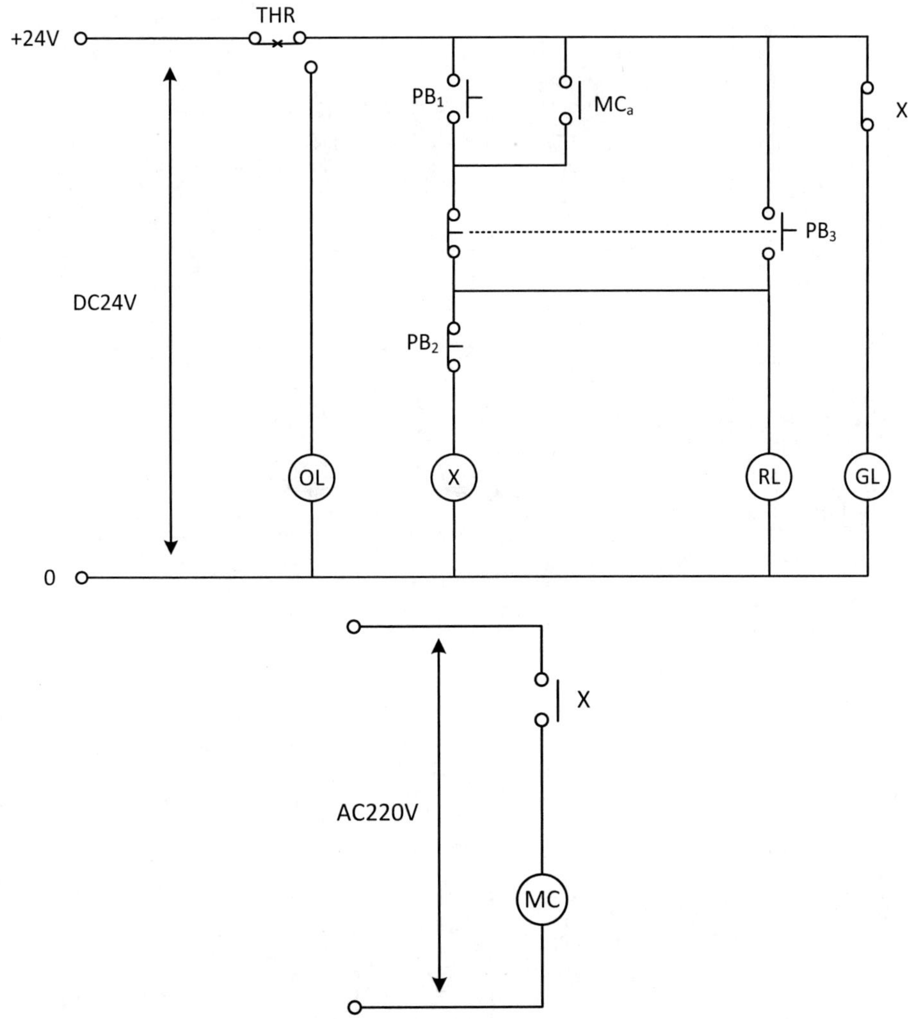

(b) 제어부 회로

그림 13.2 3상 유도전동기 촌동운전회로

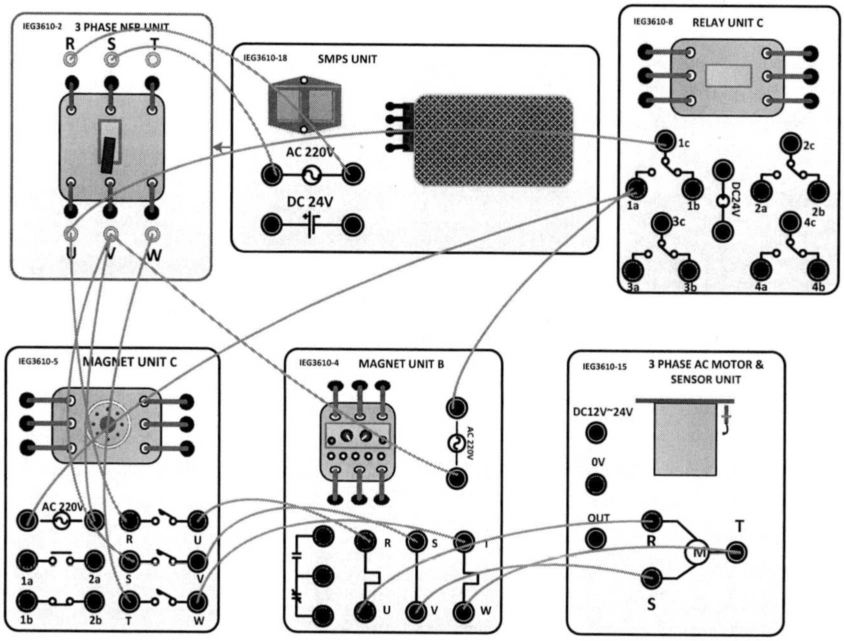

(a) 전원부 결선도

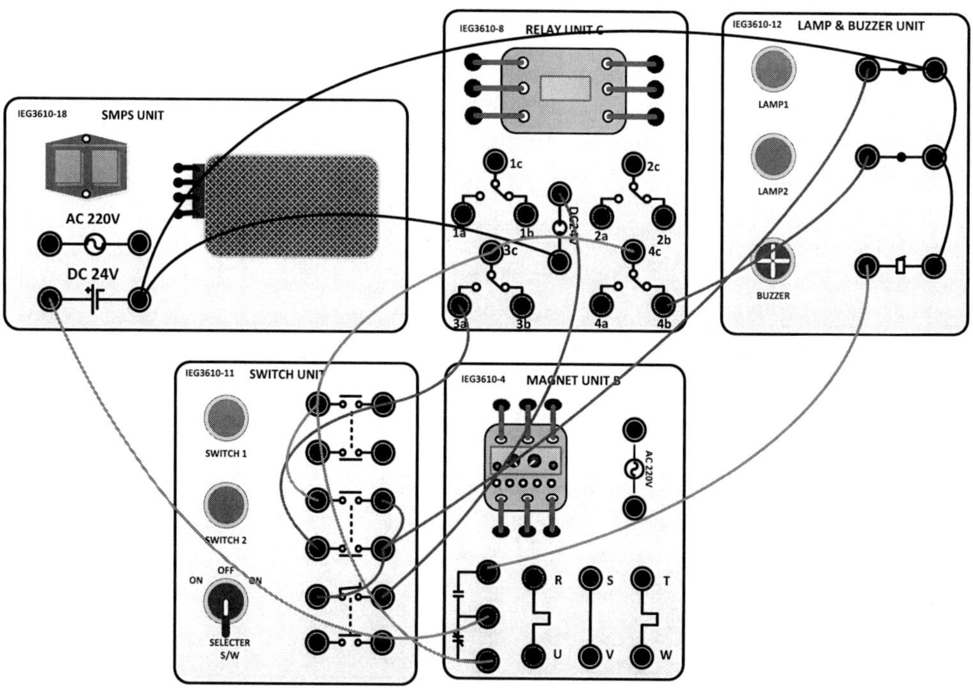

(b) 제어부 결선도

그림 13.3 3상 유도전동기 촌동운전회로 결선도

5 실험 결과 및 보고서

실험 13. 3상 유도 전동기 촌동 운전회로	
학번 :	이름 :

■ 실험결과

1) 기동 스위치 1을 ON 했을 때 각 릴레이와 램프의 동작 상태를 타임도로 그리시오.

2) 촌동 운전스위치 3을 눌렀을 때 제어회로의 동작상태를 설명하시오.

3) 정지 스위치 2를 ON 했을 때 각 릴레이의 동작 상태를 설명하시오.

4) 열동 계전기가 동작했을 때 제어회로의 상태를 설명하시오.

학습평가문제

1. 촌동 운전이란 무엇을 말하는가?

2. 촌동 운전시 자기유지회로를 해제해야 하는 이유는 무엇인가?

3. 촌동 운전시 제어회로에서 모든 릴레이 접점의 동작 상태를 설명하시오.

실험 14. 3상 유도전동기 정역 운전회로

1 실험의 목적

3상 유도전동기의 정역 운전회로를 구성하고 그 동작원리를 이해한다.

2 관련 이론

3상 유도전동기는 회전자가 고정자에서 발생하는 회전자계의 흡인력에 의하여 회전하는 전동기이다. 따라서 회전 방향을 변경시키기 위해서는 고정자에서 발생하는 회전자계의 방향을 변경하면 된다. 고정자에서 발생하는 회전자계의 바꾸는 방법은 3개의 상 중 2개의 상순을 변경하면 회전자계의 방향이 변경된다. 따라서 그림 14.1과 같이 전자접촉기와 시퀀스 제어회로를 이용하여 정역 회전시 2개의 상순을 바꾸어 주면 전동기의 회전방향이 변경된다.

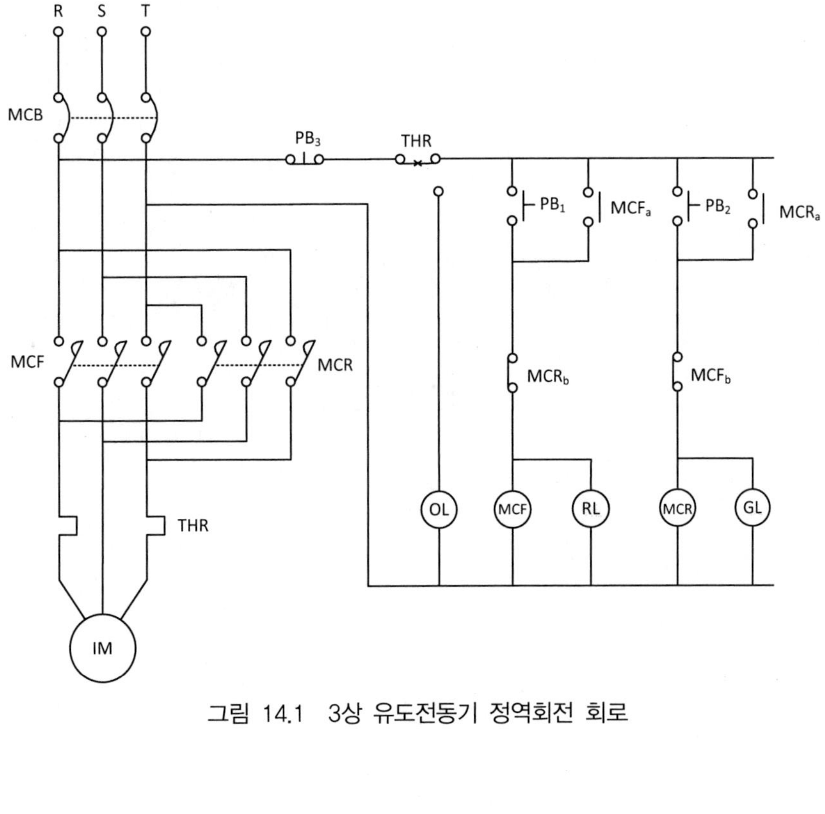

그림 14.1 3상 유도전동기 정역회전 회로

3 사용기기 및 부품

① 신호입력 모듈(IEG3610-11)
② 램프 및 부저 모듈(IEG3610-12)
③ SMPS 전원 모듈(IEG3610-18)
④ 단상 NFB 모듈(IEG3610-1)
⑤ 릴레이-A 모듈(IEG3610-6)

4 실험순서

① 그림 14.2와 같이 회로를 구성한다.

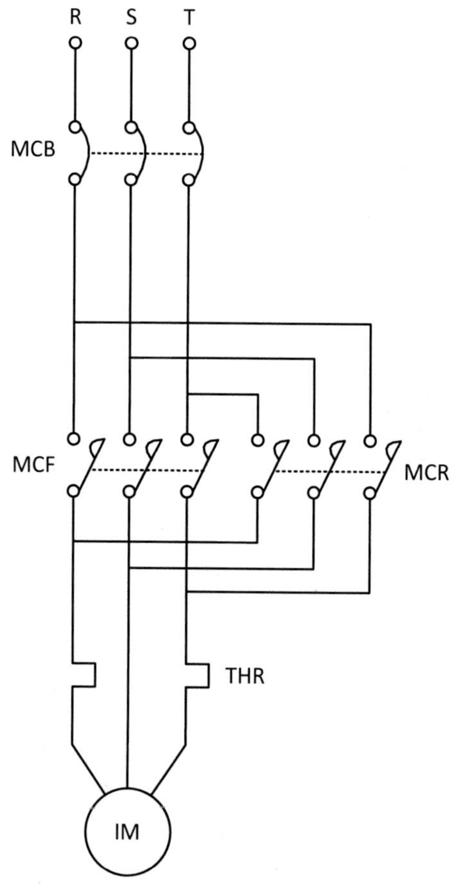

(a) 주회로

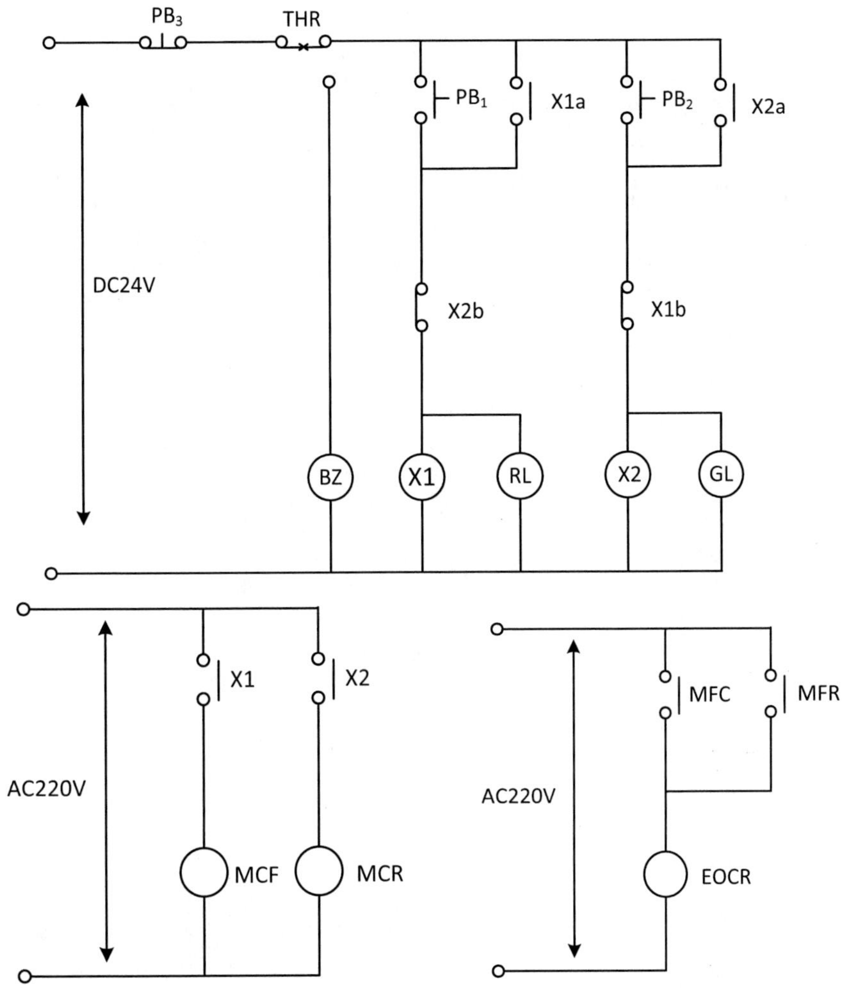

(b) 제어회로

그림 14.2 3상 유도전동기 정역운전회로

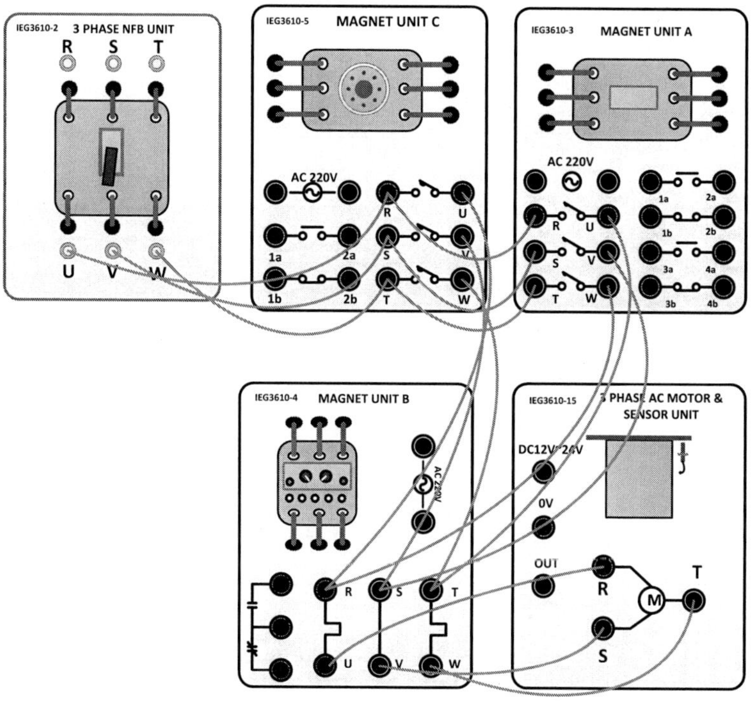

(a) 주회로 배선도

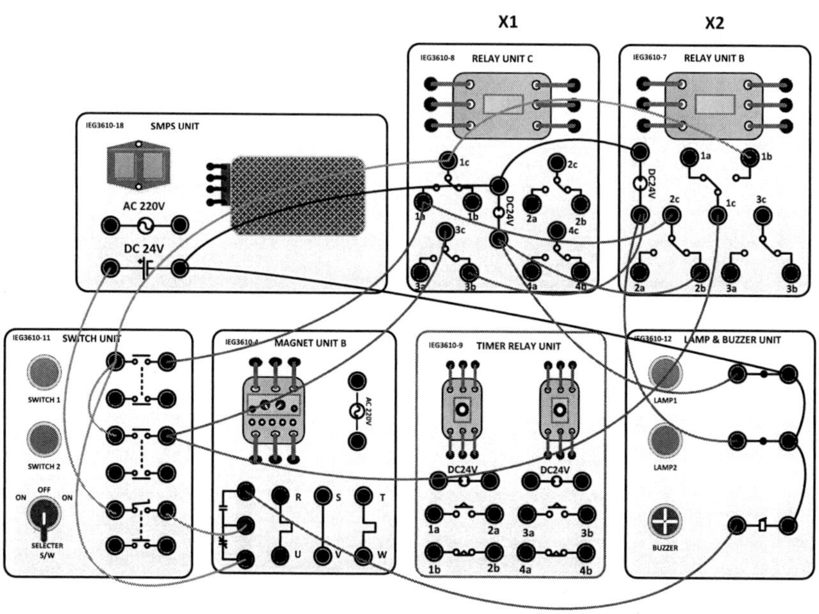

(b) 전체 제어회로 배선도

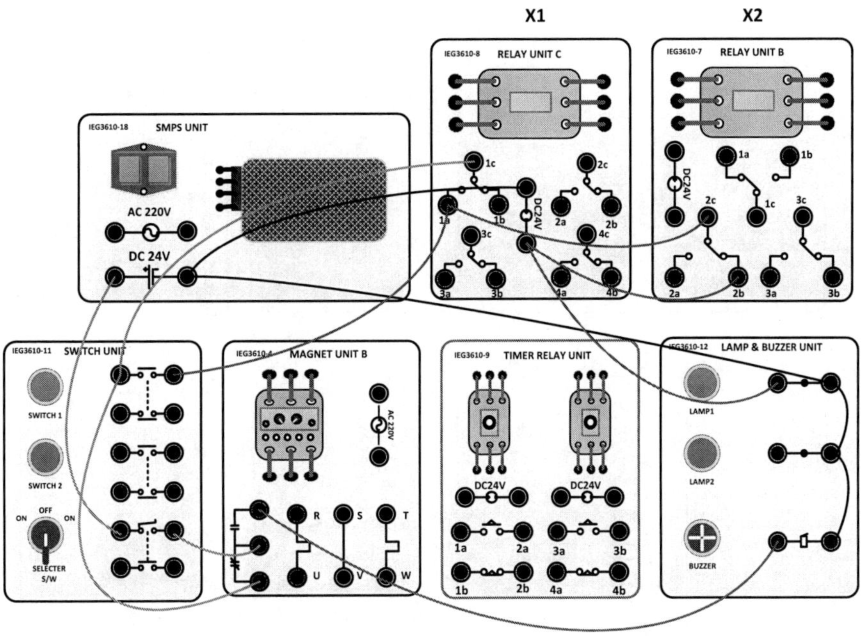

(c) X1 배선도

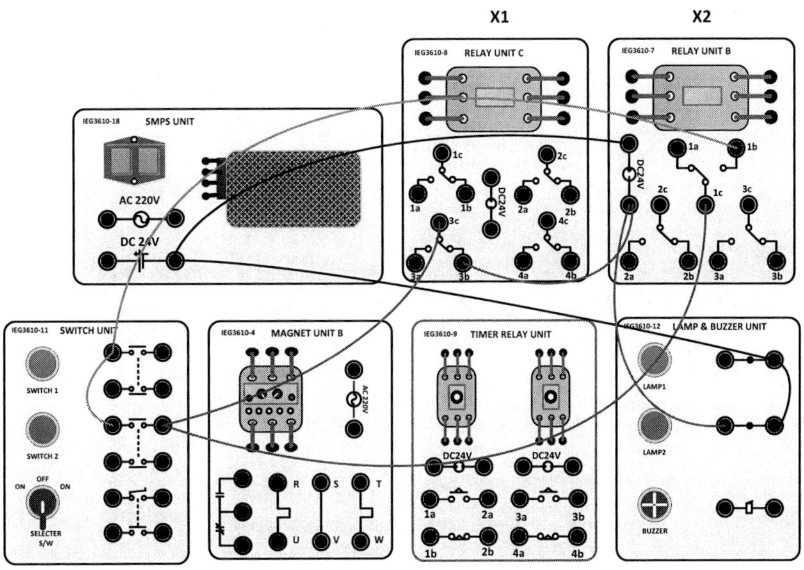

(d) X2 배선도

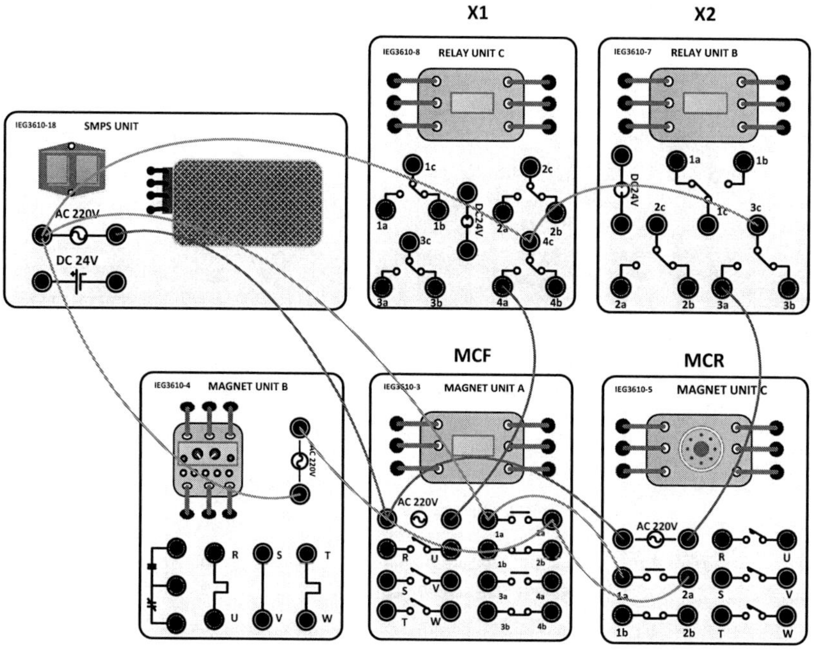

(e) AC220V 제어 배선도

그림 14.3 3상 유도전동기 제어회로 배선도

② 정회전 스위치 PB_1을 눌러 전동기가 회전하는 방향을 확인한다.

③ 정지 스위치 PB_3를 눌러 전동기를 정지시킨다.

④ 역회전 스위치 PB_2를 눌러 전동기를 회전 시키면서 방향을 확인한다.(과정②에서 와 반대방향으로 회전한다.)

⑤ 정지 스위치 PB_3를 눌러 전동기를 정지시킨다.

5 실험 결과 및 보고서

<table>
<tr><td colspan="2">실험 14. 3상 유도 전동기 정역운전</td></tr>
<tr><td>학번 :</td><td>이름 :</td></tr>
<tr><td colspan="2">■ 실험결과
1) 정회전 스위치를 ON 할 때 전동기의 회전방향은 무엇인가?

2) 역회전 스위치를 ON 할 때 전동기의 회전방향은 무엇인가?</td></tr>
</table>

학습평가문제

1. 전동기 정역 회전실험시 반드시 정지 후 방향을 변경해야 하는 이유는 무엇인가?

2. 회로에서 EOCR의 역할은 무엇인가?

3. 전동기가 정회전 하고 있다가 역회전하기 위하여 상순을 변경하는 순간 어떤 일이 발생하는지 예상하여 보아라.

실험 15. 컨베이어 벨트 정역회로

1 실험의 목적

3상 유도전동기, 리미트 스위치를 이용하여 컨베이어 벨트 정역 운전회로를 구성하고 그 동작원리를 이해한다.

2 관련 이론

컨베이어는 주로 물류 이송장치에 사용된다. 컨베이어 벨트의 구동은 주로 3상 유도 전동기가 사용되며 단 방향 또는 양방향으로 운전된다. 리미트 스위치 또는 근접 센서 등을 사용하여 컨베이어 벨트의 회전 방향을 변경하거나 또는 컨베이어 벨트를 통하여 이송되는 물건의 개수를 카운트 할 수도 있다. 또한 카메라와 같은 인식장치를 통하여 불량품을 제거하거나 일정한 개수만큼 만 포장하는 포장 기계로도 응용이 가능하다. 컨베이어 벨트의 구동을 위하여 전동기를 사용하는 경우 전동기를 기동하거나 또는 정지, 회전방향 변경시 과전류에 주의 하여야 하는데 이것은 전동기가 정시 하였다가 회전하거나 또는 회전하는 도중 역회전 하는 경우 기동 전류나 역 기전력에 의하여 전동기가 소손되는 경우가 있기 때문이다. 따라서 전동기의 운전회로에는 반드시 과전류 보호장치가 부착되어야 한다.

3 사용기기 및 부품

① 신호입력 모듈(IEG3610-11)
② 램프 및 부저 모듈(IEG3610-12)
③ SMPS 전원 모듈(IEG3610-18)
④ 단상 NFB 모듈(IEG3610-1)
⑤ 릴레이-A 모듈(IEG3610-6)

4 실험순서

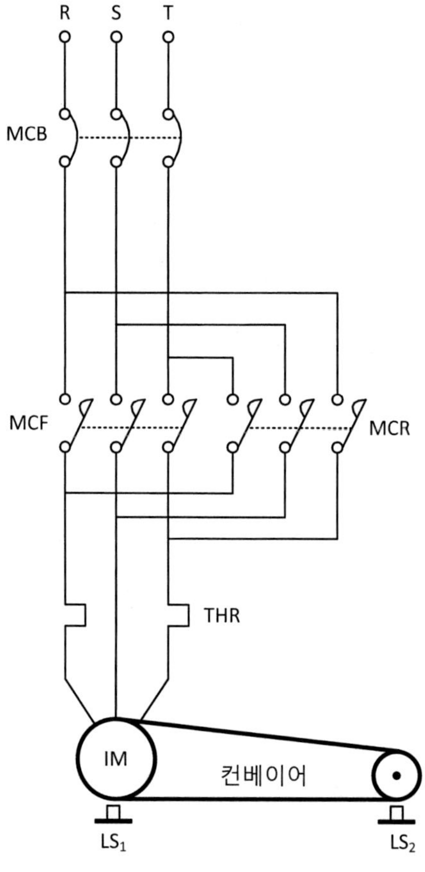

(a) 주회로

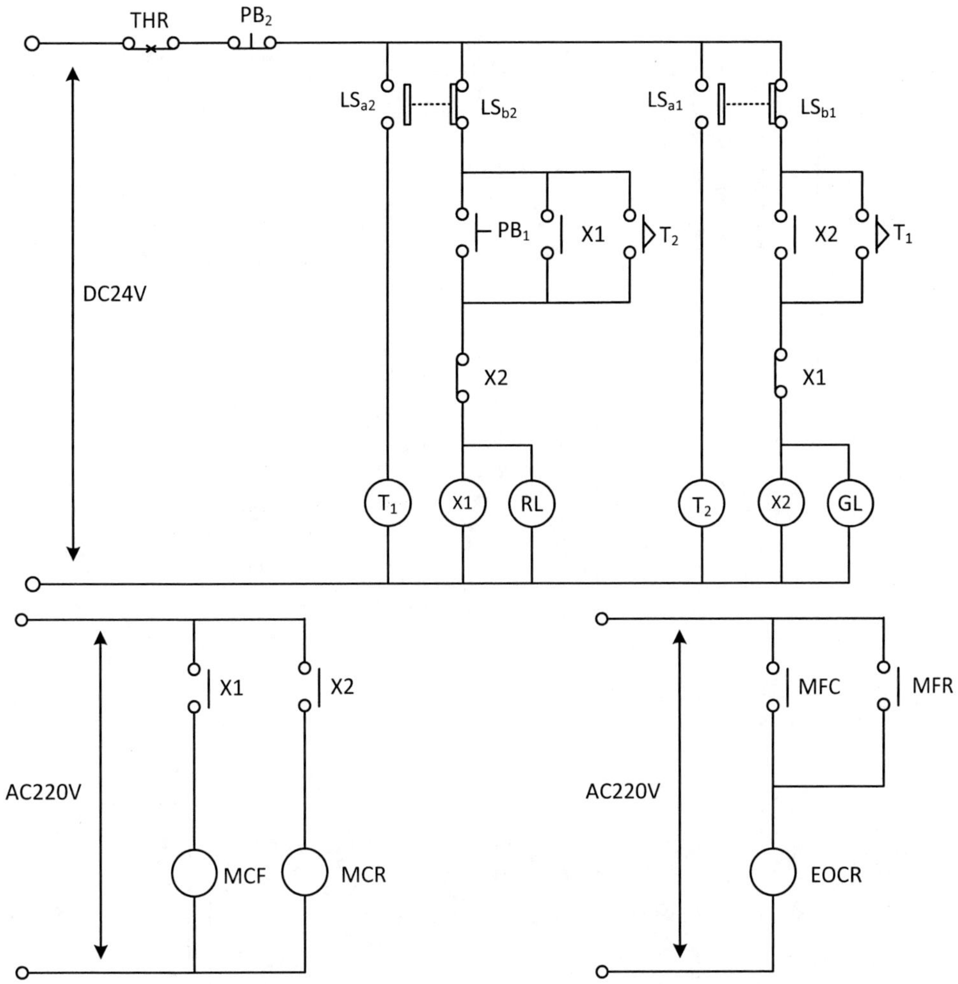

(b) 제어회로

그림 15.1 컨베이어벨트 정역회로

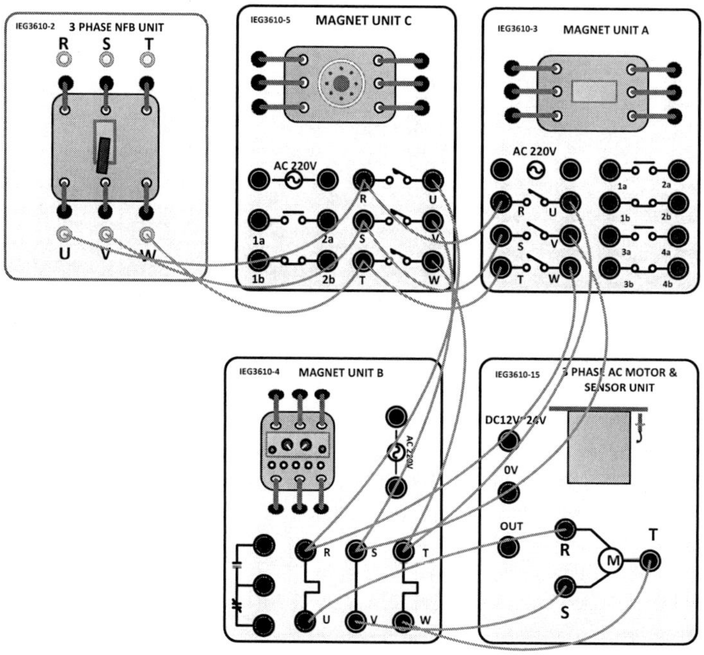

(a) 주회로

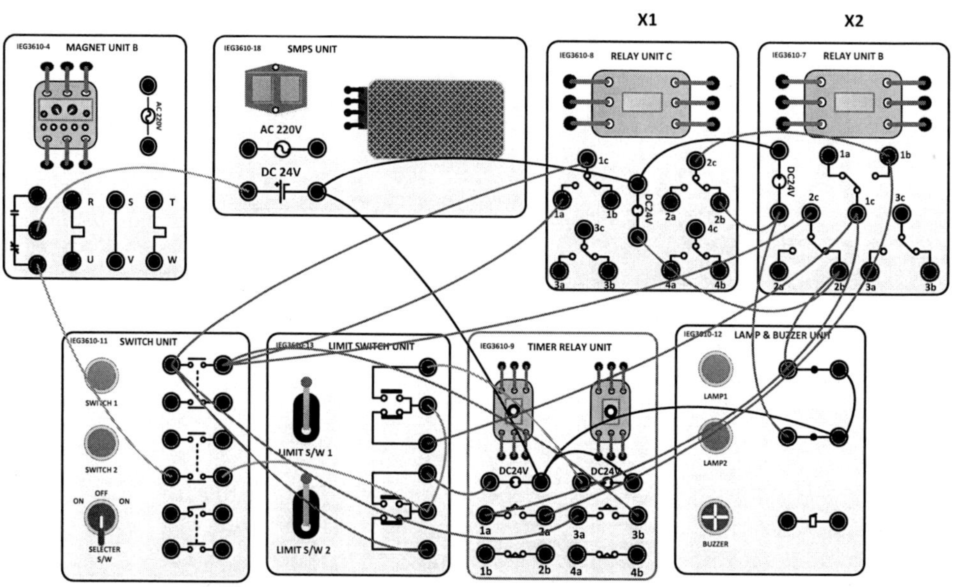

(b) 전체 회로 배선도

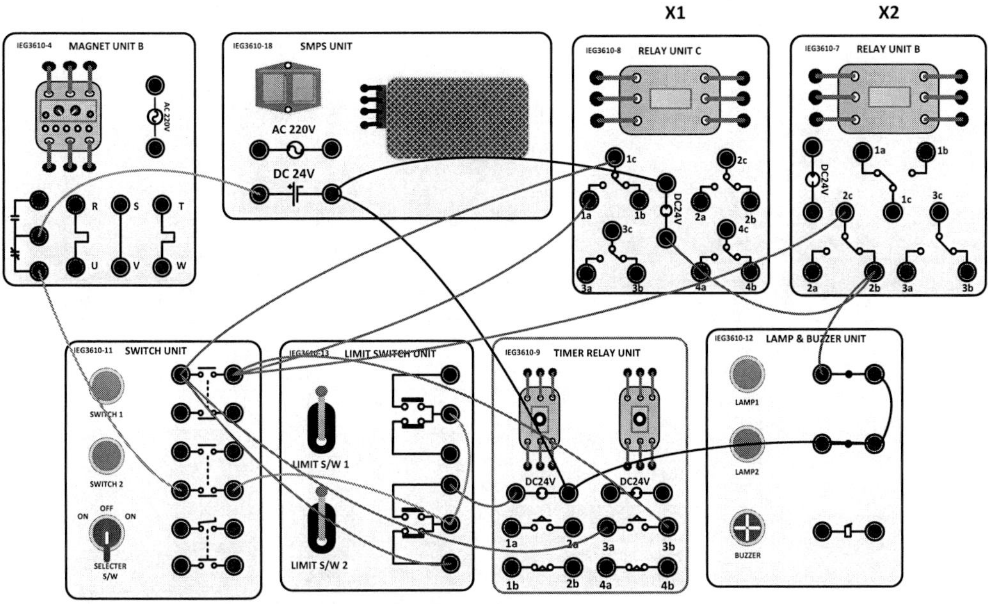

(c) T1회로 배선도

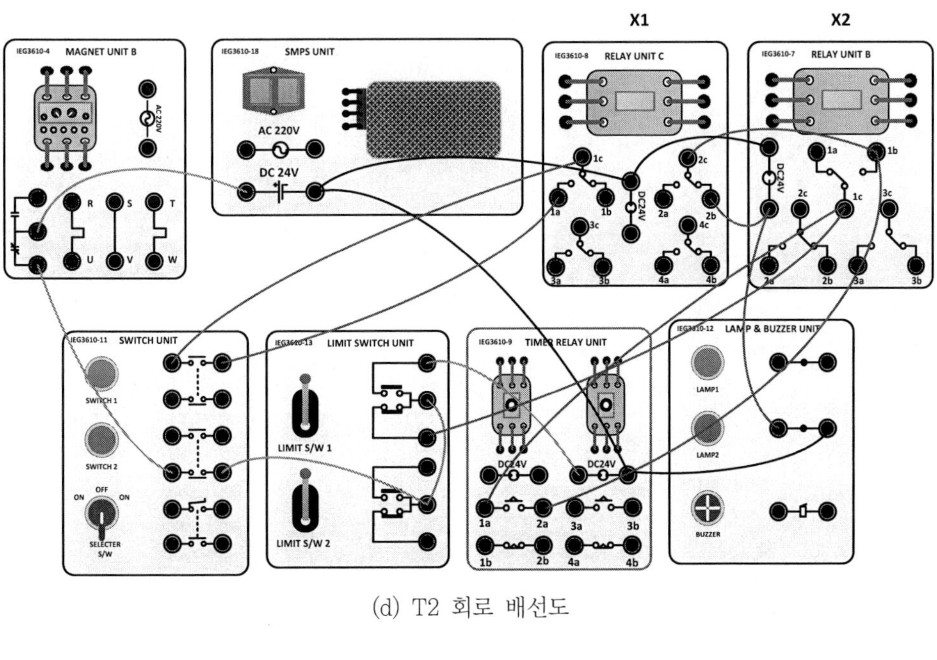

(d) T2 회로 배선도

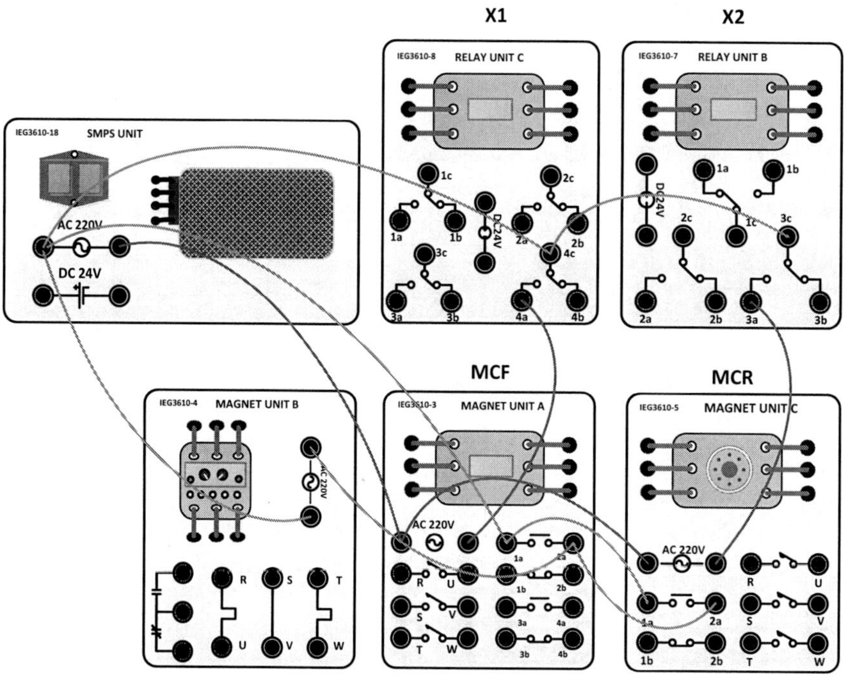

(e) AC220 회로 배선도

그림 15.2 컨베이어 벨트 정역회로 배선도

5 실험 결과 및 보고서

실험 15. 컨베이어 벨트 정역회로	
학번 :	이름 :

■ 실험결과

1) 정회전 스위치를 ON 할 때 전동기의 회전방향은 무엇인가?

2) 역회전 스위치를 ON 할 때 전동기의 회전방향은 무엇인가?

3) 리미트 센서의 역할은 무엇인가?

4) 정역 회전시 한시 타이머가 필요한 이유는 무엇인가?

학습평가문제

1. 한시 타이머가 없다는 정역 회전시 어떤 결과가 나타날 수 있는가?

2. 전동기의 정역 회전시 주의할 점은 무엇인가?

실험 16. 3상 유도전동기 2개소 기동운전

1 실험의 목적

3상 유도전동기 2개소 운전회로를 구성하고 실험을 통하여 회로의 동작원리를 이해한다.

2 관련 이론

3상 유도전동기의 2개소 운전회로는 주로 원격제어에 이용된다. 예를 들면 전동기는 현장에 설치되어 있는데 멀리 떨어져 있는 제어실에서도 제어가 가능하도록 제어 스위치를 현장과 제어실에 동시에 설치하여 운전하는 방식이다. 그림 16.1은 3상 유도 전동기의 2개소 운전 회로를 보여준다. 동작원리는 다음과 같다.

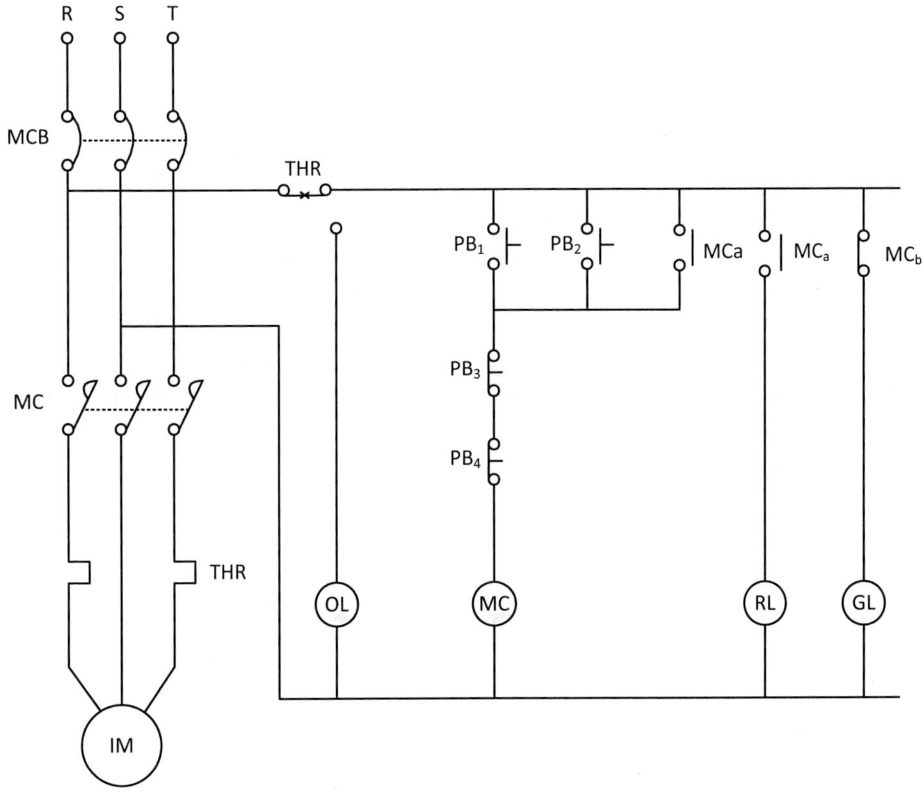

그림 16.1 3상 유도전동기 2개소 기동운전 회로

① 기동스위치 PB_1 또는 PB_2를 누르면 전자개폐기 MC가 여자 된다. 따라서 보 조접점 MC_a가 붙어 자기 유지되고 전동기가 기동된다. 동시에 기동표시 램프 RL이 점등되고 정지램프 GL은 소등된다.

② 정지 스위치 PB_3 또는 PB_4를 누르면 전자개폐기 MC가 무여자 된다. 따라서 보조접점 MC_a가 떨어져 자기 유지가 상실되며 전동기는 정지한다. 동시에 정지표시 램프 GL이 점등되고 기동표시 램프 RL은 소등된다.

③ 과전류가 발생하면 열동 계전기의 접점이 떨어져 회로전체가 개방 되므로 전동기는 정지하고 열동계전기 b 접점에 의해 과전류 표시램프 OL이 점등된다.

3 사용기기 및 부품

① 신호입력 모듈(IEG3610-11)

② 램프 및 부저 모듈(IEG3610-12)

③ SMPS 전원 모듈(IEG3610-18)

④ 단상 NFB 모듈(IEG3610-1)

⑤ 릴레이-A 모듈(IEG3610-6)

4 실험순서

① 그림 16.2와 같이 회로를 구성한다. 3상 전원회로 구성시 특히 안전사고에 유의한다.

② 제어회로는 24V 릴레이 제어회로와 220V MC 회로로 구분하여 구성한다.

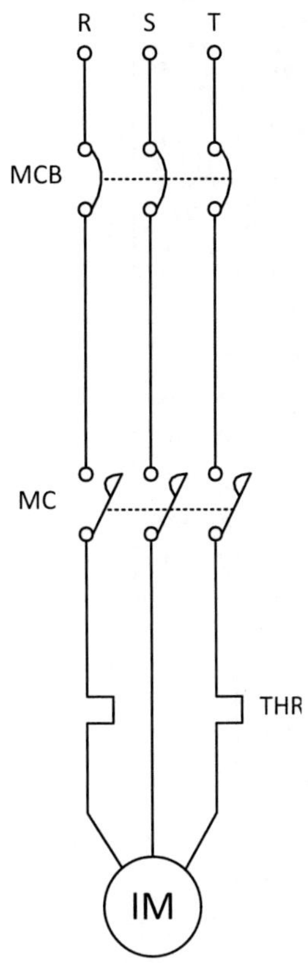

(a) 주 회로

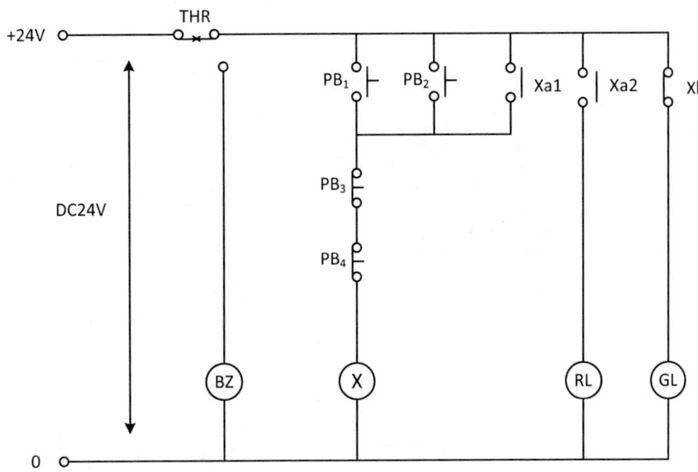

(b) 제어회로(24V)

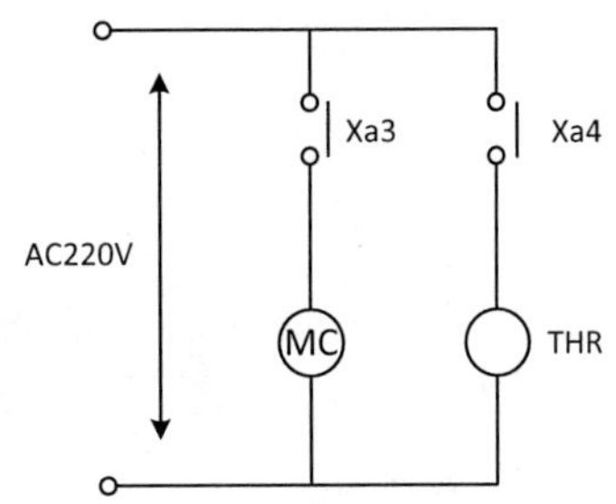

(c) 제어회로(220V)

그림 16.2 3상 유도전동기 2개소 운전회로 회로도

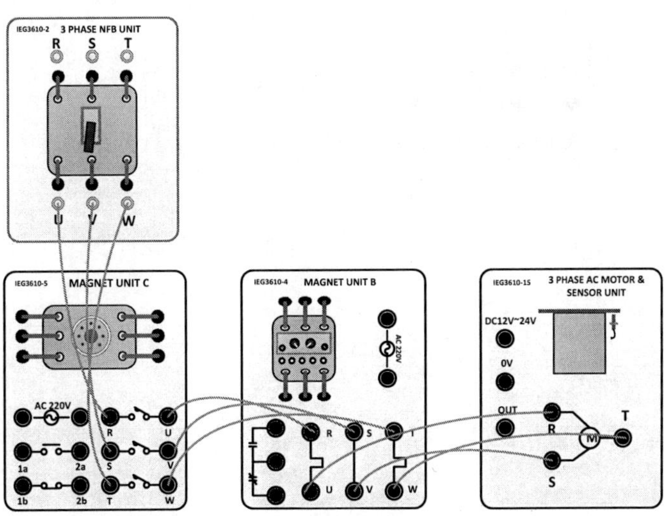

(a) 주회로 배선도

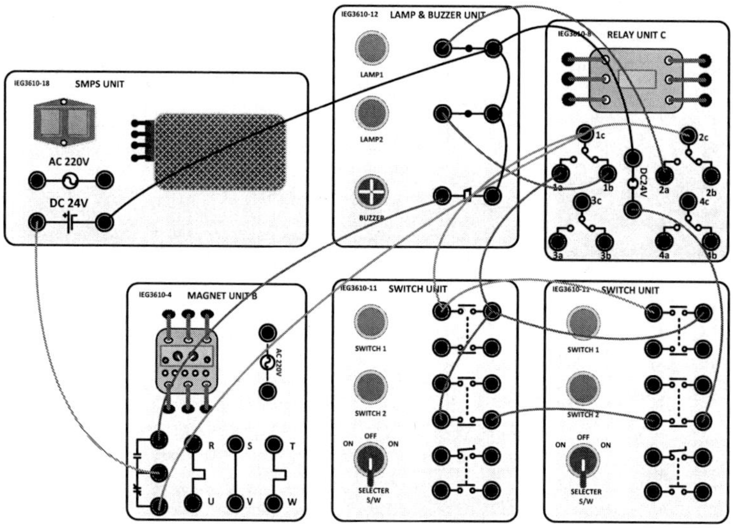

(b) 제어회로(DC24V)배선도

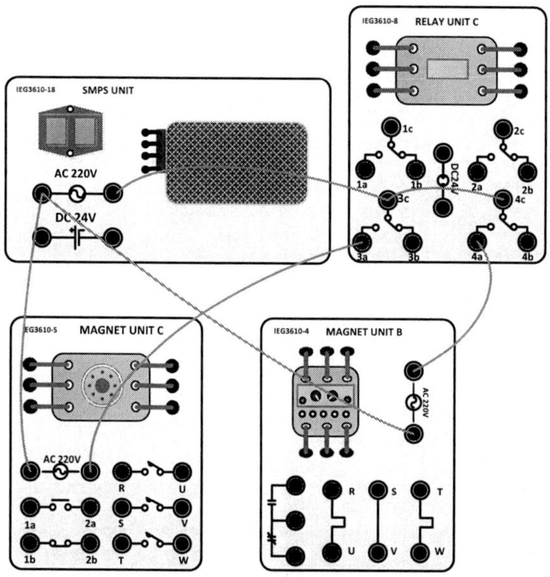

(c) 제어회로(220V) 배선도

그림 16.3 3상 유도전동기 2개소 제어회로 배선도

③ 그림 16.2의 회로에서 PB_1과 PB_2를 각각 눌러 전동기가 기동하고 기동 램프가 점등되는지 확인한다.

④ 그림 16.2의 회로에서 PB_3와 PB_4를 각각 눌러 전동기가 정지하고 정지 램프가 점등되는지 확인한다.

⑤ 열동 계전기를 강제 트립 시켜 전동기가 정지 하는지 확인한다.

5 실험 결과 및 보고서

실험 16. 3상 유도 전동기 2개소 기동운전	
학번 :	이름 :

■ 실험결과

스위치	스위치 상태	전동기 상태	램프 상태
PB_1	ON		
PB_2	ON		
PB_3	ON		
PB_4	ON		
열동계전기	트립		

학습평가문제

1. MC 접점은 언제 ON 되는가?

2. MC 접점은 언제 OFF 되는가?

3. 열동 계전기가 동작되는 조건은 무엇인가?

4. 열동 계전기가 동작되면 전동기는 어떻게 되는가?

5. 그림 16.2에서 자기 유지회로의 동작에 대하여 설명하시오.

제6장

전선의 종류와 굵기 산정

6.1 전선의 종류와 용도

전선이나 케이블의 종류에는 절연전선, 코드, 캡타이어 케이블, 고압 케이블, 저압 케이블 및 나전선 등이 있으며, 전선에 사용되는 도체로는 동(연동 및 경동), 알루미늄 합금, 동합금 등이 사용된다. 절연체나 보호 피복 재료로는 천연고무, 합성고무, 합성수지 등이 사용되고 있으나 최근에는 합성수지의 발달로 거의 합성수지가 사용되고 있다. 이러한 전선이나 케이블은 그 종류가 대단히 많을 뿐 아니라 종류에 따라 특성에 차이가 있으므로, 설계나 사용 과정에서는 사용 목적에 적합한 것을 선정하여야 한다.

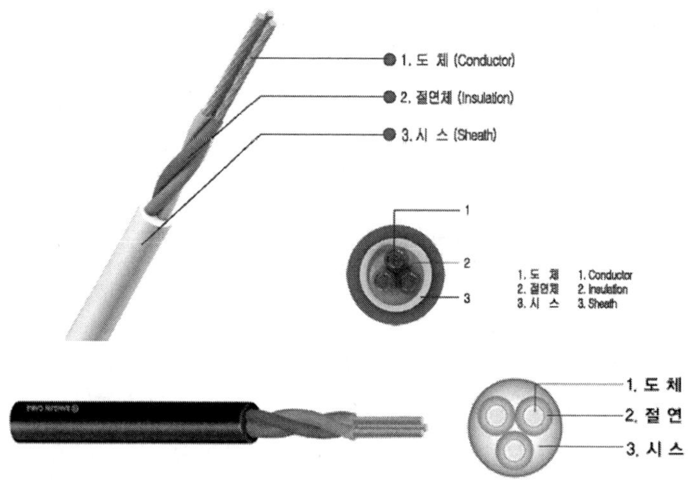

그림 6.1 전선의 구조

1 절연전선

절연 전선의 종류로는 면 절연전선, 고무 절연전선, 비닐 절연전선, 인입용 절연전선 외에도 형광등, 네온관등용 등 여러 가지를 들 수 있다. 그 중 대표적인 절연전선의 종류 및 용도를 들면 다음과 같다

1) OW(Out-door weather proof Wire) – 옥외용 비닐 절연전선

AC600V 이하의 저압 가공전선로에 사용되며, 전기용 경동선을 도체로 하고 PVC로 피복한 절연전선으로 종전의 면 절연전선보다 내후성 및 내구성이 우수하다.

그림 6.2 옥외용 비닐 절연전선

2) DV (Drop-Wire) – 600V 인입용 비닐절연전선

주로 AC600V 이하의 가공인입선으로 사용되며 각심이 선명하게 착색되어 있으므로 배선시 편리하고 피복의 내후성이 매우 우수하다. 따라서 화재 또는 감전의 사고 없이 오래 사용가능하다. 도체로는 전기용 경동선 또는 경동연선을 사용하고 절연체로는 PVC를 사용한다.

그림 6.3 600V 인입용 비닐절연전선

3) IV(Indoor-Wire) – 비닐 절연전선

600V 이하의 일반 공작물이나 전기기기의 옥내 배선용으로 사용되는 것으로 사용이 간편하고 색별 표시가 다양하여 식별이 용이하다. 도체로는 전기용 연동선을 사용하고 절연체로는 PVC를 사용한다.

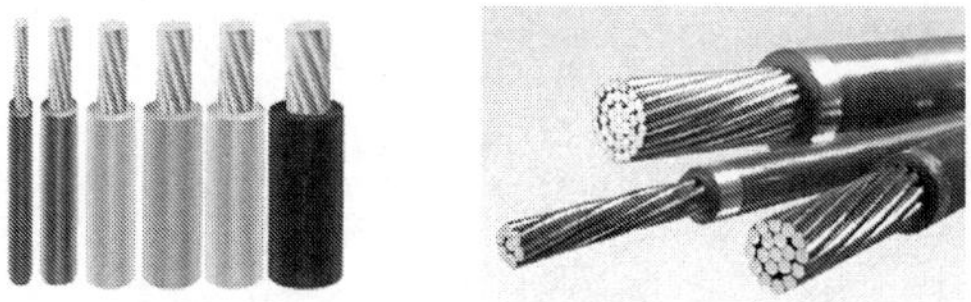

그림 6.4 비닐 절연전선

4) KIV (Insulated Flexibled Wire) – 전기기기용 비닐 절연전선

주로 AC600V 이하의 전기기기 배선에 사용되는 전선으로 도체가 유연한 절연전선이다. 도체로는 주석도금 연동선 또는 전기용 연동선을 사용하고 절연체로는 PVC를 사용한다.

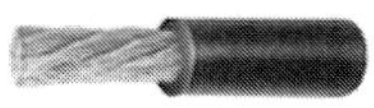

그림 6.5 전기기기용 비닐 절연전선

5) HIV(Heat Resistant Indoor Wire) – 2종 내열 비닐 절연전선

600V 이하의 일반 공작물이나 전기기기의 옥내 배선용으로 사용되는 것으로 내열성 가소제를 첨가한 비닐로 절연하며 최대 도체 사용온도는 이다.

그림 6.6 2종 내열 비닐 절연전선

6) GV(Ground Wire) – 접지용 비닐 절연전선

건축물 및 일반 전기 공작물이나 접지에 사용(1,2급 접지용)된다. 도체로는 전기용 연동선 또는 연동 연선을 사용한다. 절연체로는 PVC를 사용한다.

그림 6.7 접지용 비닐절연전선

7) EVF(로멕스 전선)

이 케이블은 장기간 사용하여도 내마모성 및 내후성이 우수하여 600V 이하의 저압회로에 널리 사용한다.

- 도체 : 전기용 연동선
- 절연체 : PVC
- 시스 : PVC

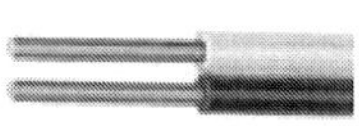

그림 6.8 로멕스 전선

2 코드

코드는 휘기 쉽고 잘 끊어지지 않아 옥내 300V 이하의 전기, 전자, 음향기기, 조명기기 등 소형 전기 기구의 접속에 주로 사용되며, 가는 구리선(연동선 지름 0.18~0.329[㎜]인 심선)을 여러 가닥 꼬아서 묶음을 만든 후 절연 피복을 한 전선을 말한다. 도체로는 집합 연동연선을 사용하고 절연체로는 PVC를 사용한다.

표 6.1 코드의 심선수 및 색별

심선수	색 별	비 고[1]
2심 3심 4심	흑, 백 흑, 백, 적 또는 흑, 백, 녹 흑, 백, 적, 녹	• 전압선(선도체) : 흑, 적색 • 중선선(중선도체) : 백색 • 접지선(접지도체) : 녹색

* 비고 1. 괄호안은 KS 및 국제규격에서 사용하는 용어임

• 종류 : ① 단심 비닐코드(VSF)
② 2종 단심 비닐 코드(HVSF)
③ 2개연 비닐코드(VTF)
④ 2종 2개연 비닐코드(HVTF)
⑤ 비닐 평형코드(VFF)
⑥ 2종 비닐 평형코드(HVFF)
⑦ 비닐 캡타이어 원형 코드(VCTF)
⑧ 2종 비닐 캡타이어 원형 코드(HVCTF)
⑨ 비닐 캡타이어 타원형 코드(VCTFK)
⑩ 2종 비닐 캡타이어 타원형 코드(HVCTFK)
⑪ 고무절연 고무시스 캡타이어 원형 코드(CTF)

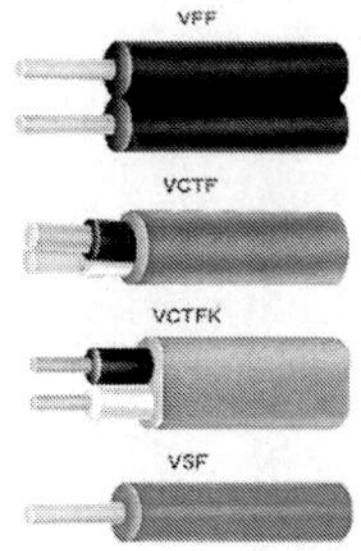

1) VSF/HVSF – 단심비닐 코드/2종 단심 비닐 코드

심선에 염화비닐을 고르게 피복한 전선으로 주로 옥내에서 AC300V 이하의 소형 전기 기구에 사용된다. 가용성 및 절연성이 좋으면 색상이 선명하다. 도체로는 전기용 연동선을 사용한다.

그림 6.9 단심 비닐코드

2) VTF/HVTF – 2개연 비닐코드/2종 2개연 비닐코드

단심 비닐 코드를 2본 좌로 꼬아 합친 비닐 코드

3) VFF/HVFF – 비닐평형코드/2종 비닐 평형코드

옥내에서 사용하는 300V이하의 소형 전기기구에 사용되는 전선으로 유연성이 있으며 연동선을 집합하여 PVC로 절연한 전선이다.

그림 6.10 비닐 평형코드

4) VCTF/HVCTF – 비닐 캡타이어 원형 코드/2종 비닐 캡타이어 원형 코드

주로 공장 광산 농장 등에서 AC600V 이하 또는 DC800V 이하의 전압을 사용하는 이동용 전기기기 또는 배선용 및 이와 비슷한 용도로 사용한다. 도체로는 연동선을 집합하여 사용하며 절연체로는 PVC를 사용한다.

그림 6.11 비닐 캡타이어 원형 코드

5) VCTFK/HVCTFK – 비닐 캡타이어 타원형 코드/2종 비닐 캡타이어 타원형 코드

AC300V 이하의 옥내 소형전기기구에 사용되는 전선으로 가요성 및 절연선이 우수하고 유연선이 있으며 연동선을 집합히여 PVC로 절연한 전선이다.

그림 6.12 비닐 캡타이어 타원형 코드

6) CTF – 고무절연 고무시스 캡타이어 원형 코드

충격, 마찰, 굴곡 등의 기계적 내성이 높고 내수, 내열 ,내산 및 내 알칼리성 등의 화학적 내성이 우수함. AC300V/500V 이하의 옥내용으로 전기, 전자, 음향기기 조명기기 등에 널리 사용되며 유연선이 매우 우수하다. 도체로는 연동 집합선을 사용하고 절연체로는 합성고무를 사용한다.

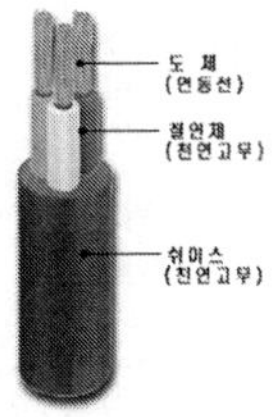

그림 6.13 고무절연 고무시스 캡타이어 원형 코드

3 전력용 케이블

1) VCT – 600V 비닐 절연 캡타이어 케이블

광산, 공장, 농장에서 교류 600V 이하, 직류 750V 이하의 이동용 전기기기 간 및 내부 배선, 이와 유사한 용도에 사용하는 전선이다. 도체로는 연동 집합선을 사용하고 절연체로는 천연고무 또는 EP 고무를 사용한다. 시스로는 클로로프렌을 사용한다.

- 선심색별 : 선심2(흑/백), 선심3(흑/백/적 또는 흑/백/녹), 선심4(흑/백/적/녹)
- 종류 : ① 2종 천연고무 절연 천연고무 캡타이어 케이블(2CT)
  ② 2종 천연고무 절연 클로로프렌 타이어 케이블 2심(2RN CT)

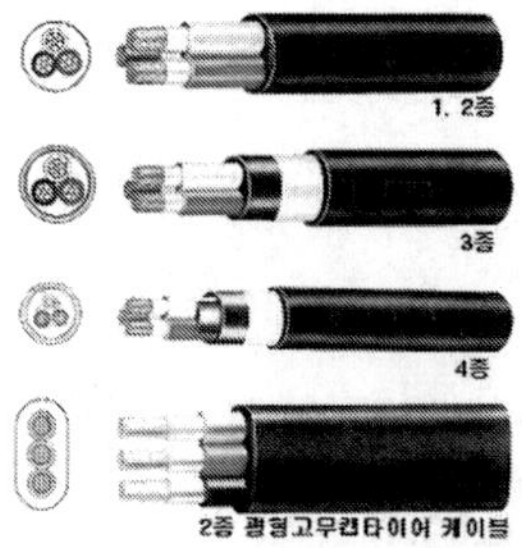

그림 6.14 600V 비닐 절연 캡타이어 케이블

2) VV – 600V 비닐 절연 비닐 시스 케이블

AC600V 이하의 전기 공작물이나 전기기기의 전원공급용 또는 옥내 전원공급 배선, 저압회로 등에 널리 사용된다. 도체로는 전기용 연동선을 사용하고 절연체와 시스로는 PVC를 사용한다.

- 종류 : ① 600V 비닐 절연 비닐 시스 원형(VVR)
  ② 600V 비닐절연 비닐시스 평형(VVF)

그림 6.15 600V 비닐 절연 비닐 시스 케이블

3) EV, CV, FR-CV- 600V 폴리에틸렌 및 가교폴리에틸렌(난연성) 전력케이블

이 케이블은 장기간 사용하여도 내마모성 및 내후성이 우수하여 600V 이하의 저압회로에 널리 사용된다. FR-CV 케이블 경우 난연성이 우수한 케이블이다. 도체로는 전기용 연동선(원형, 원형압축, 분할압 축연선)을 사용하고 절연체로는 EV(PE), CV(XLPE), FR-CV(XLPE)을 사용한다. 시스로는 EV 및 CV(PVC), FR-CV(FR/PVC)를 사용한다.

- 선심2(흑/백), 선심3(흑/백/적), 선심4(흑/백/적/녹)
- 종류 : EV, CV, FR-CV

그림 6.15 600V 폴리에틸렌 및 가교폴리에틸렌(난연성) 전력케이블

4) EV, CV, CE, FR-CV - 3.3KV, 6.6KV 고압 폴리에틸렌 및 가교폴리에틸렌 케이블

이 케이블은 3,000V 또는 6,600V의 전력회로에 사용하며 전기적, 물리적, 화학적 특성이 우수하고 난연성(FR-CV)이 좋은 케이블이다. 절연체로는 EV(PE), CV, CE, FR-CV(XLPE)를 사용하고, 시스로는 EV/CV(PVC), FR-CV(FR/PVC), CE(PE)를 사용한다. 그리고 차폐를 위하여 동 테이프를 사용한다.

- 선심색별 : 백색, 청색, 적색
- 종류 : EV, CV, FR-CV

그림 6.16 3.3KV, 6.6KV 고압 폴리에틸렌 및 가교폴리에틸렌 케이블

5) CN/CV - 22.9KV-y 가교폴리에틸렌절연 비닐피복 동심중성선 전력케이블

22.9KV-y 다중접지 계통의 지중배전 선로용으로 전기적, 물리적, 화학적으로 특성이 우수한 케이블이다. 도체는 전기용 연동선(원형연선, 원형압축연선, 수밀압축연선)을 사용하고, 내부 반도전층은 : 반도전성 XLPE, 외부 반도전층은 반도전성 XLPE, 절연체는 XLPE를 사용한다. 그리고 동심중성선은 전기용 연동선, 시스로는 PVC를 사용한다.

- EV, CV, FR-CV

그림 6.17 22.9KV-y 가교폴리에틸렌절연 비닐피복 동심중성선 전력케이블

6) VVR - 600V 비닐절연 비닐 시스 원형 케이블

이 케이블은 장기간 사용하여도 내마모성 및 내후성이 우수하여 600V이하의 저압 회로에 널리 사용된다. 도체로는 전기용 연동선, 절연체와 시스는 PVC를 사용한다.

- 종류 : 소선경 : 2.0mm, 2.6mm

그림 6.18 600V 비닐절연 비닐 시스 원형 케이블

4 WCT - 용접용 케이블

광산, 공장, 농장, 건설현장 등에서 600V이하의 저속 이동용 전기기기의 배선용 마찰, 충격, 굴곡, 내열, 내화학성 등이 우수하다. 도체는 연동 집합선, 절연체는 천연 고무 또는 EP 고무, 시즈는 천연고무를 사용한다.

- 종류 : ① 리드용 1종 케이블
  ② 리드용 2종 케이블
  ③ 홀더용 1종 케이블
  ④ 홀더용 2종 케이블

그림 6.19 용접용 케이블

5 소방용 케이블

1) 소방용 내열 케이블(FR-3, Core Type)

화재발생 시의 비상방송용 Speaker, 비상용 유도등, 소화전의 기동장치, Speaker의 이동장치, 경보장치 등 안전회로의 배선에 사용된다. XLPE로 절연하고 내열 보강층을 두고 난연 PVC로 시스를 한 내열 케이블(내열특성 : 380℃, 15분)

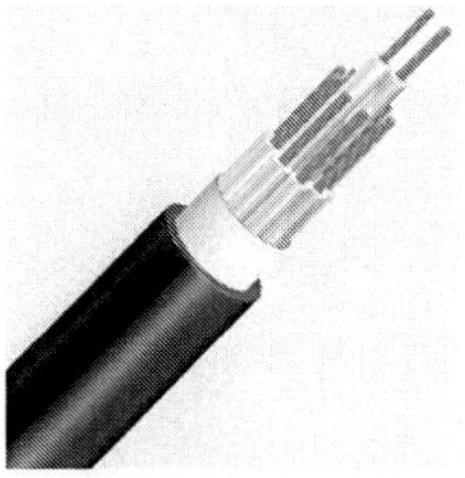

그림 6.20 소방 내열선(FR-3)

(1) FR-3(소방 내열선)

코아타입 소방용 내열전선으로 화재경보 및 비상경보장치의 회로에 사용되는 제어, 신호용 케이블

(2) FR-8(소방용 내화전선)

코아타입 소방용 내화전선으로 화재경보 및 비상경보장치, 스프링클러 등의 내화성이 요구되는 곳에 사용되는 케이블

2) 소방용 내열 케이블(FR-3, Pair Type)

화재발생시의 비상방송용 Speaker, 비상용 유도등, 소화전의 기동장치, Speaker의 이동장치, 경보장치 등 안전회로의 배선에 사용. XLPE로 절연하고 내열 보강층을 두고 난연 PVC로 시스를 한 내열 케이블(내열특성 : 380℃, 15분)

6 제어용 케이블

1) CVS – 제어신호용 비닐절연 비닐시스 케이블

정밀용, 600V 이하의 제어용 회로에 사용되는 케이블로 PVC로 절연 및 시스하고 시스사이를 PVC로 메움

2) CVV – 제어용 비닐 절연 시스 케이블

일반용, 600V 이하의 제어용 회로에 사용되는 케이블로 관로 등에 기중 포설되며 최대도체사용온도는 60℃

그림 6.21 제어용 비닐 절연 시스 케이블

(1) CVV-S – 정전 차폐부 제어용 비닐절연 시스 케이블

차폐용, 600V 이하의 정전차폐가 요구되는 제어용 회로에 사용되는 케이블로 관로 등에 포설되며 최대 도체사용온도는 60℃

(2) CVV-SB – 편조형 제어용 비닐절연 비닐 시스 케이블

차폐용, 600V 이하의 정전차폐가 요구되는 제어용 회로에 사용되는 케이블로 관로 등에 포설되며 최대 도체사용온도는 60℃

3) CEV – 제어용 폴리에틸렌 절연 비닐시스 케이블

일반용, 난연용

4) CCV – 제어용 큐프렌 절연 비닐시스 케이블

내구성, 내열용

5) CRN – 제어용 고무절연플로로프린 시스 케이블

일반용, 가요성, 저온 특수성

6) CBN – 제어용 부틸고무 절연 클로로프린 시스 케이블

내구성, 내열성, 난연성

7) HCVV – 제어용 내열 PVC절연 내열비닐 시스 케이블

내열성 가소제를 사용한 PVC로 절연 및 시스 케이블

8) FR-CV – 제어용 내열 PVC절연 내열비닐 시스 케이블

난연 PVC로 절연하고 난연성 PVC로 시스 케이블

7 통신용 케이블

1) TIV – PVC 옥내 전화선

옥내 전화선로를 배선하는데 사용된다. PVC로 절연한 2심 8자형 PVC 옥내 전화선

2) TOV – PVC 옥외 전화전

전화선로를 단자함에서 옥내까지 인입하는데 사용된다. PVC로 절연한 2심 8자형 PVC 옥외전화선

3) ECX – 고주파 동축케이블

고주파 기기의 접속, 내부배선, 급전선 등에 사용된다. PE로 절연하고 연동선으로 편조한 후 PVC로 피복을 한 PE 절연, 동망 편조, PVC 시스

4) TOV-SS – 강심 옥외전화선

가입구역 외 및 주간거리가 장원한 구간에 사용된다. 2심의 연동선 및 1심의 지지선(강선)에 PVC로 절연한 강심 옥외전화선

5) CPEV – 시내대(市內對) PE 절연, PVC 시스 케이블

단거리에 사용되는 통신선. PE로 절연하고 PVC로 시스한 시내 쌍(Pair) 케이블
UTP 랜 케이블 / 0.5*4P, 25P, 50P, 100P

6) TJV – PVC 점퍼선

전화국에 실험실 내에 단자간 연결하는데 사용된다. 도체로 주석도금 연동선을 사용하고 절연체로 PVC를 사용한다.

7) TJVN – 나일론 피복점퍼선

전화국에 실험실내에 단자 간 연결하는데 사용된다. 도체로 주석도금 연동선을 사용하고 절연체로 PVC, 코팅제로 나이론을 사용한다.

8 나전선

동도체 나선은 전력선이나 통신선의 도체로 사용하며 세선(0.18mm)에서 태선(4.0mm)까지의 단선 도체와 경동연선(HS) 및 연동연선(AS) 및 복합 연동 연선(ACSR) 등이 있다. 가공송전선과 재번선 및 접지용 전선으로 사용(일반용과 가공송전선으로 구분)

9 기타 전선

1) UL 전선

<table>
<tr><th colspan="2">규격명</th><th>1.1007CSA Type TR-64
2. 1015 CSA Type TEW</th></tr>
<tr><td colspan="2">용도</td><td>전기 및 전자기기의 내부 배선</td></tr>
<tr><td rowspan="2">특징</td><td>1007CSA Type TR-64</td><td>온도와 볼트 등급 : UL80℃ 300V, CSA90℃ 300V
가연성 : VW-1, FT1 pass
TA-SC도체는 쉽게 한계를 가지지만 납땜인두, 래핑과 거멀못 연결에 대해서는 적당하다.</td></tr>
<tr><td>1015 CSA Type TEW</td><td>온도와 볼트 등급 : UL105℃ 600V, CSA105℃ 600V
UL과 CSA에 사용가능
가연성 : VW-1, FT1 pass
TA-SC도체는 쉽게 한계를 가지지만 납땜인두, 래핑과 거멀못 연결에 대해서는 적당하다.</td></tr>
</table>

2) SV 전선

이 케이블은 장기간 사용하여도 내마모성 및 내후성이 우수하여 600V 이하의 저압회로에 널리 사용된다. 도체로는 전기용 연동선을 사용하고 절연체는 PVC를 사용한다.

그림 6.22 SV 전선

3) 열색선(5색,10색 코드선)

옥내에서 사용하는 300V이하의 소형 전기기구 및 배전반 내의 배선에 사용된다. 도체로는 전기용 연동선을 사용하고 절연체는 PVC를 사용한다.

그림 6.23 열색선

4) 석면선

주로 내열을 요구하는 전기기기의 배선, 전열 기기 및 조리기구 산업용 사출기 수지를 용융하기 위한 열원, 히터 공급용 전기 배선에 사용, 밥솥, 보일러, 가스렌지,후라이펜, 조명기기 등에 사용되며 도체로는 주석도금 연동선, 절연체로는 무알칼리 글라스 섬유-동심원으로 횡권이 사용된다. 또한 편조는 무알칼리 글라스 섬유, 코팅은 난연성 실리콘 바니쉬가 사용된다.

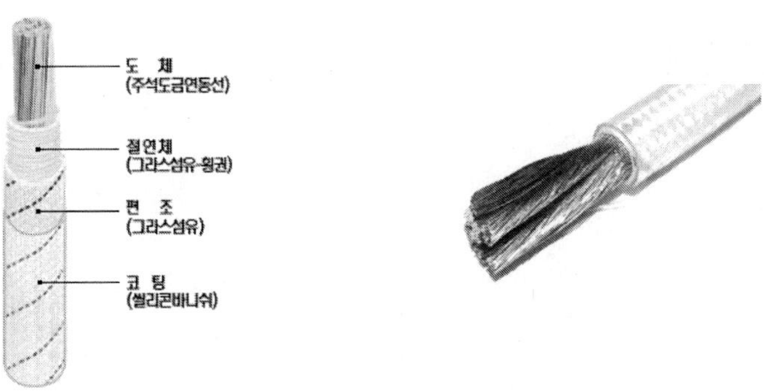

그림 6.24 석면선

5) 테프로 전선(불소수지 절연전선)

내열성, 내화학성, 내충격성, 내전기적 특성이 우수하여 내한, 내열을 요구하는 전기기기의 배선에 사용된다. 도체로는 주석도금 연동선(또는 순니켈선, 니켈도금선, 은도금연동선)이 사용되고 절연체는 불소수지가 사용된다.

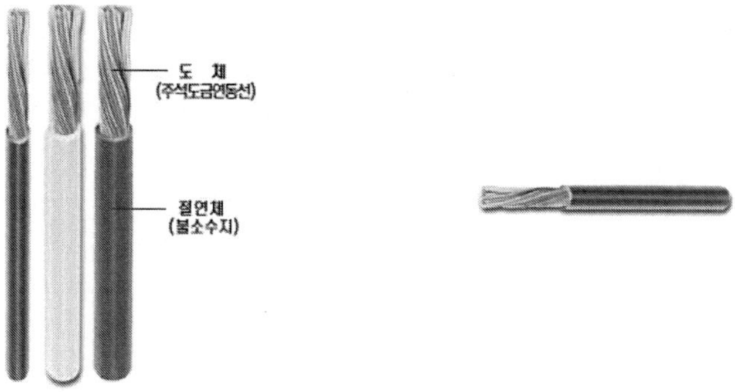

그림 6.25 테프로 전선(불소수지 절연전선)

6) 동축케이블

유선방송국에서 가입자까지 영상신호 전송 시스템에 사용되며 사용기능에 따라 간선, 지선 인입선으로 구분된다.

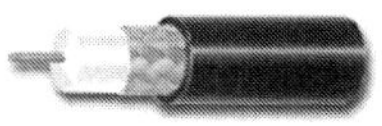

그림 6.26 동축 케이블

6.2 전선약호

약호	의미
AAAC	All Aluminum Alloy Conductor
AAC	All Aluminium Conductor
AACSR/EST	Aluminium Alloy Conductor, Extra high STrength Steel Reinforced (고장력 강심 알루미늄 합금연선)

약호	의미
ACSR	Aluminium Conductor Steel Reinforced(강심 알루미늄선, KSC 3113)
ACSR-OZ	輕防食 ACSR
ACSR-IZ	中防食 ACSR
ACSR-SZ	重防食 ACSR
ACSR-AMS	Al Mylar tape Shield
ACSR-AW	Aluminium clad steel Wire(알루미늄피 강선)
CATV	Community Antenna TV
CAZV	(154kV) 가교 PE절연 알루미늄피 비닐 방식 전력케이블
CAZE	(154kV) 가교 PE절연 알루미늄피 PE 방식 전력케이블
CV	가교PE(XLPE)절연 PVC쉬스 전력케이블
CN/CV	Concentric Neutral CV케이블(동심중성선 CV)
Compensation wire	補償導線
CVV	PVC절연 PVC쉬스 제어용 케이블(KS C 3330)
CPEV	PE절연 PVC쉬스 시내 쌍 케이블(KS C 3603)
CVP	가교 PE절연 PVC쉬스 3개연 Triplex 전력케이블
DM-(quad)	Dieselhorst-Martin(4개연)
DM-DSTA	Double Steel Tape Armoured
DV	poly Vinyl chloride insulated Drop wire (인입용 비닐전연 전선, KS C 3315)
ECX	고주파 동축 케이블(PE절연 편조형, KS C 3610)
EHV cables	Extra High Voltage cable
EVVR	Elevator Vinyl Vinyl Round type
EVVF-L	Elevator Vinyl Vinyl Flat Low (PVC절연 PVC쉬스 저층용 엘리베이터 케이블)
EVVF-H	Elevator Vinyl Vinyl Flat High(고층용)
FR	Fire Retardant
FR-3	소방용 내열전선
FR-8	소방용 내화 케이블
FRLS	Flame Retardant Low Smoke cables
GV	PVC(Vinyl) insulated wire for Grounding use (접지용 비닐절연 전선)

약호	의미
HAI	경 알루미늄 연선(KS C 3112)
HD	Hard Drawn(경동)
Heat Tracing Cables	定溫電線
HIV	600V 2종 비닐절연 전선(KS C 3328)
HVV	내열성 PVC절연 PVC쉬스 케이블
IC	옥내용 가교 PE절연 전선(XHHW)
I/C AMS	Individual and Common Aluminium Mylar tape Shield
HF-IO	저독성 난연 폴리 올리핀 절연전선
HF-CO	가교 폴리에틸렌 절연 저독성 난연 폴리올레핀 시스 전력용 케이블로 절연 및 쉬스가 있는 케이블
IFVV	PVC절연 PVC쉬스 Interface용 케이블
IV	Indoor polyVinyl chloride insulated wire 600V 비닐절연 전선(KS C 3302)
LV(cables)	Low Voltage cables
LV-MAE	al wellMantel Armour pE sheathed
Magnet Wire	卷線(에나멜선)
MI(cables)	Mineral Insulated cables
MLFC	난연성 폴리프렉스 口出線
MV(cables)	Medium Voltage cables
Halogen free Cables	무독성 케이블

※ 주)

* HF-CO는 가교 폴리에틸렌 절연 저독성 난연 폴리올레핀 시스 전력용 케이블로 절연 및 쉬스가 있는 케이블
* HF-IO 는 저독성 난연 폴리올레핀 절연전선으로 절연만 있는 케이블

약호는

* HF--할로겐 프리(Halogen free flame retardant)
* c---가교 폴리에틸렌
* I--절연(Insulation)
* O--저독성 난연 폴리올레핀

약호	의미
OC	Outdoor Crosslinked PE insulated wire(옥외용 가교 PE절연 전선)
OC-W	Watetproof(수밀형)OC
OPGW	composite Ground Wire with Optical fiber(광복합가공지선)

약호	의미
OW	Outdoor Weatherproof polyvinyl chloride insulated Wire(옥외용 비닐절연 전선, KS C 3313)
PIC	Plastic Insulated Conductor
PILE cables	Paper Insulated Lead sheathed Cables
RCT	600V 고무절연 캡타이어케이블(KS C 3317)
RF(cables)	Radio Frequency coaxial cables(고주파 동축케이블)
RNCT	600V 플로로프렌절연 캡타이어 케이블(KS C 3317) (난연성, 내유, 내약품성, 내마모성이 우수)
S	tape Shield
SB	wire Braid Shield
SH	PVC절연 PVC 쉬스 전화용 국내 케이블(KS C 3604)
SOL-PDC	Solid 도체 가교 PE절연 특고압 인화용 전선 Pole transformer Drop wire Crosslinked PE insulated
STACIR	Super Thermal resitivity Aluminium Conductor Invar Reinforced(초내열 인바심 알루미늄 합금연선)
-STA -SWA -SVV	Steel Tape Armoured(cables) Steel Wire Armoured(cables) PVC절연 PVC 쉬스 신호용 케이블
TIV	PVC 옥내 전화선(KS C 3340)
TOV	8자형 비닐 옥외 전화선(KS C 3306)
TACSR	Thermal Aluminium Conductors, Steel Reinforced (내열 알루미늄 합금연선)
-TR	Tree Retardant
URD	Underground Residential Distribution cable
UDP	Underground Distribution Primary cable
VCT	Vinyl CabType cable
VV	600V PVC절연 PVC쉬스 케이블(KS C 3323)
VFF	PVC절연 평형(Flat)코드
VSF	기구용 비닐 단심코드(KS C 3304)
VVF	PVC절연 PVC쉬스 평형(Flat) 케이블
WCT	용접용 케이블(리드용 1종 케이블, KS C 3321)
WD-1/TT	군용 야전선
WNCT	용접용 케이블(리드용 2종 케이블, KS C 3321)
WRCT	홀더용 1종 케이블
WRNCT	홀더용 2종 케이블

6.3 전선재료 약호

약호	의미
AI	Aluminium
AMS	Al Mylar tape Shield
AW	Aluminium clad steel Wire
CR	Chloroprene Rubber
Cu	Copper
EC	Electric Conductor
EPDM	Ethylene-Propulene Diene Monomer
EPR	Ethylene-Propylene Rubber
EVA	Ethylene Vinyl Acetate
Glass tape	유리섬유 테이프
HC	High Conductivity
LS tape	al Laminated polyester tape
Mica tape	마이카 테이프
Non-woven polyester fabric tape	부직포 테이프
NR	Natural Rubber
OFHC	Oxygen-free High-Conductivity Copper
Mylar	al laminated polyester tape
Pb	Lead(鉛)
PE	PolyEthylene
PEF	Foamed PolyEthylene
PP	PolyPropylene
PS	PolyStyrene
PTFE	PolyTetraFluoroEthylene
PVC	PolyVinyl Chloride
PVDF	PolyVinyliDene Fluoride
SCR	Southwire Continuous Rod
SR	Silicone Rubber
XLPE	Cross-linked PolyEthylene

6.4 전선 관련 가공 자재와 공구

1 터미널 러그

터미널 러그는 전선의 종단부에 연결을 위하여 사용되는 자재로서 다음과 같이 다양한 종류의 터미널 러그가 있다. 이러한 터미널 러그는 전선 종단 연결 및 처리시 연결의 용이성을 위하여 사용된다.

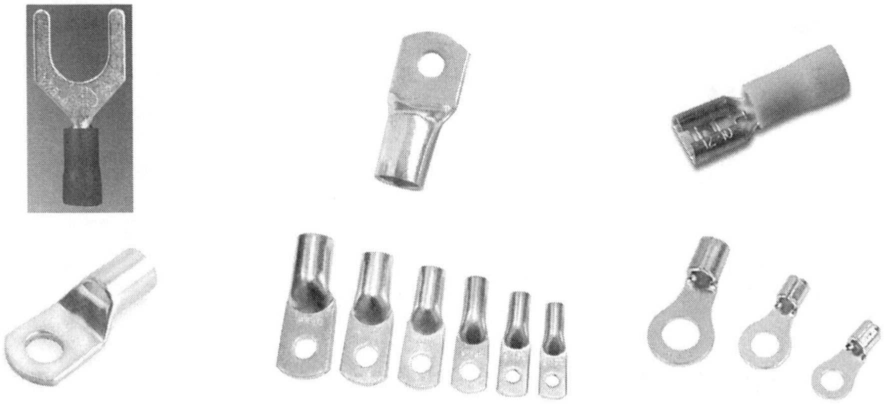

그림 6.27 각종 터미널 러그

2 각종 수공구

전선을 절단 또는 연결 및 종단부 러그 처리들을 위한 수공구로는 터미널 러그 압 착기, 뺀치, 니퍼, 롱노우즈, 스트리퍼 등이 있다.

그림 6.28 터미널 러그 압착기

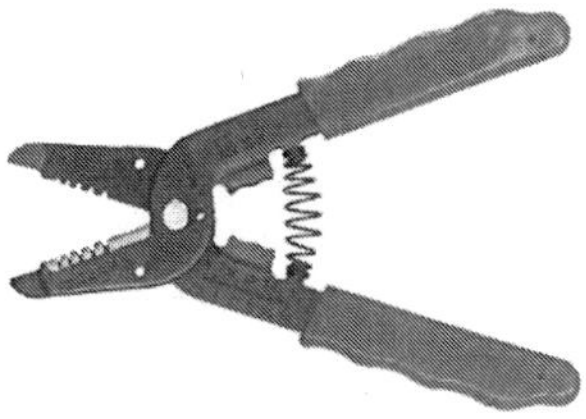
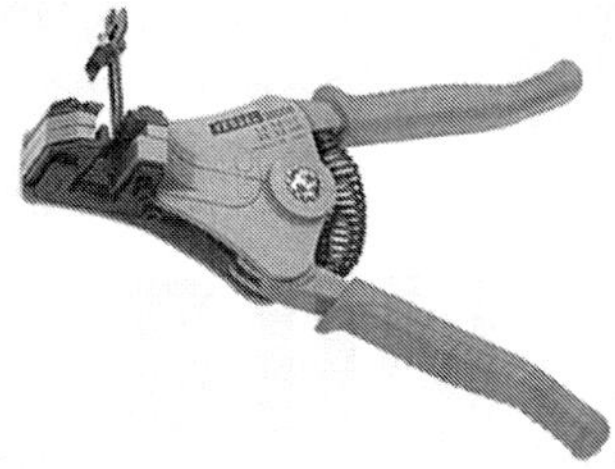

그림 6.29 스트리퍼

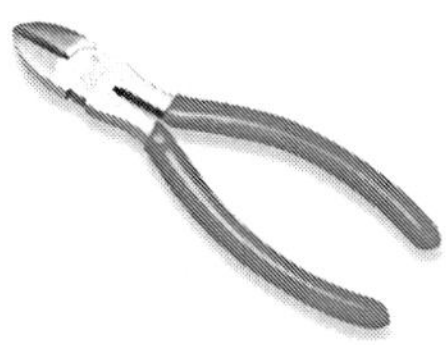

그림 6.30 니퍼

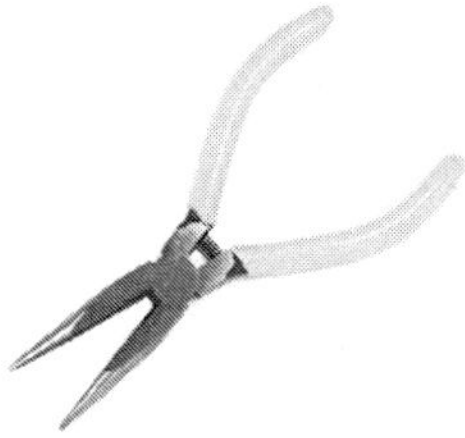
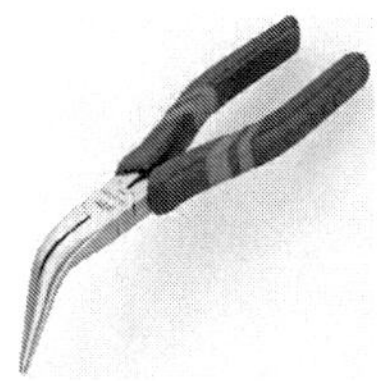

그림 6.31 롱노우즈

3 넘버링기와 넘버링 튜브

PLC나 시퀀스 회로에서 사용할 때는 배선 및 유지보수의 편리함을 위하여 반드시 터미널 캡에 넘버링을 하여 사용한다. 터미널 러그를 전선의 종단부에 연결시 터미널 러그 압착기를 사용한다.

그림 6.32 튜브 넘버링기

그림 6.33 넘버링 튜브

6.5 전선의 허용전류와 굵기 선정

전선에 허용전류[1] 이상의 전류가 흐르면 주울열이 발생하여 절연물의 손상 및 화재의 원인이 된다. 따라서 전선에 안전하게 흐를 수 있는 최대 허용전류 값을 결정하여야 한다. 통상 전선의 허용전류라 함은 연속시 허용전류를 말하며, 일반적으로 허용전류는 전선에 사용되는 절연체의 최고 허용온도[2]의 영향을 받으므로 시설방법에 따라 그 값이 크게 변화하므로 충분한 주의를 필요로 하고, 전선의 굵기 선정 시에는 전선의 허용전류 이외에 전선의 허용 전압강하 및 전선의 기계적 강도를 고려하여 선정하여야 한다.

전선의 최고 허용 온도는 여러 가지 시험을 실시한 결과 단시간의 과부하에 대해서는 100℃로 하고 있으나 장시간 사용할 경우에는 전선 접속 장소의 열화 등을 고려해서 허용 온도를 90℃로 억제한다는 것을 표준으로 삼고 있다. 따라서 가공 송전선로의 주위온도가 한여름에는 40℃로 되었다면 전선의 온도상승은 50℃를 넘지 않는 범위 내에서 송전하여야 한다. 허용전류 즉, 전류밀도(허용전류/단면적)는 도체의 도전율(경동선, 연동선), 저항온도계수, 표피효과계수, 근접효과계수, 소선연입율(1.02~1.04), 분할도체(1.01~1.02), 최대 도체 저항계수(1.03~1.04), 압축성형에 따른 가공경화계수(1.03~1.04), 케이블(1심, 2심, 3심)에 따라 달라진다.

또한 설치 환경 즉, 주위온도, 지상, 가공 ,지하공동구 지하매설, 배전반내의 Bus Bar 형태 등 이러한 것들은 전류허용에 감소계수(Derating Factor)가 더 적용되어 허용전류가 더 떨어지게 된다.

1 가공 송전선의 허용전류(전류밀도) 계산

■ 켈빈의 법칙에 따른 전류밀도 σ

$$\cdot C = \sqrt{\frac{WMP}{\rho N}} = \sqrt{8.89 \cdot \frac{55MP}{N}}$$

C : 경제적인 전류밀도[A/㎟]
W : 전선의 중량[kg/㎟-m]
M : 전선의 가격[원/kg]
P : 전선비에 대한 연경비의 비율(소수로 표시)
ρ : 전선의 저항율 1/55[Ω · ㎟/m]
N : 전력향의 가격[원/㎾ 년]

1) 허용전류란 상시허용전류, 단락시 허용전류, 단시간 허용전류로 분류된다.
2) 절연체의 절연저항은 절연체의 온도와 역비례 한다.

- $A = \frac{1}{C} \cdot P = \frac{1}{C} \cdot \sqrt{3} \cdot VI\cos\theta$

A : 단면적
P : 전력

1) 전선의 단면적과 전류밀도와의 관계

전선의 단위 면적당 허용전류는 표피효과 등의 영향에 의하여 전선의 굵기와 반비례한다. 즉, 전선의 굵기가 굵어질수록 전선의 허용 전류 밀도는 낮아진다. 특히 전선의 굵기가 수백 mm^2 이상이 되면 표피효과, 근접효과 등의 감소계수에 상당히 많은 영향을 받는다.

가공전선보다 케이블의 전류밀도가 더욱 떨어지는데, 이는 도체의 저항에 의해 발 생되는 열이 주위 조건에 따라 열방산 속도가 다르기 때문이다. 상기와 같은 이유로 일률적으로 단위 면적당 허용전류를 구하는 것은 어렵다. 따라서 케이블, 동 Bus Bar, 변압기의 권선 등 사용되는 형태에 따라 전류밀도 적용법이 달라진다.

전선의 단위면적당 허용전류는 그 전선의 허용전류 밀도에 의해 결정된다.

표 6.2 가공전선에서 경동연선의 허용전류

공칭단면적(㎟)	표준전류용량(A)	전류밀도(A/㎟)
250	755	3.02
200	660	3.0
150	540	3.6
100	420	4.2
75	350	4.6
55	290	5.2
38	225	5.9
22	160	7.2

표 6.3 LG 전선 CV/1C의 허용전류(공기 중 포설 90℃ 연속)

공칭단면적 (mm^2)	표준전류용량(A)	전류밀도(A/mm^2)
2.0	32	16
3.5	45	12.85
5.5	60	10.9

8	74	9.25
14	103	7.35
22	136	6.18
38	192	5.05
60	257	4.28
100	355	3.55
150	458	3.05
200	547	2.735
250	625	2.5
325	733	2.25
400	829	2.07
500	939	1.878
600	1036	1.72
800	1303	1.62

표 6.4 나도체 간선(Bus Bar) NEC Code

시설장소의 조건	전류밀도(A/㎟)	비고
• 통풍이 없는 곳 • 통풍이 원활한 곳	1.55 1.85	도체의 단면 1평방인치 당으로 규정하고 있으므로 전류밀도는 환산값임.

2) 연속시 허용전류(상시 허용전류)

연속시 허용전류란 장시간에 걸쳐 통전할 수 있는 전류로 주위 조건이 완전히 포화 안정된 상태에서 케이블이 허용하는 전류를 말한다. 연속시 허용전류는 주위온도, 전기 기계기구의 정격전류, 전선의 최고허용전류 (절연체의 종류, 공사 방법에 따라 달라진다), 접속된 부하의 종류, 과전류 차단기 시설에 따른 전류조건을 고려하여 결정된다.

(1) 허용온도의 보정

주위온도가 30℃ 이상일 때에는 보정계수 $\sqrt{\dfrac{(\theta_1-\theta_2)}{30}}$ 를 적용한다.

• θ_1 : 절연물별 최고허용온도, • θ_2 : 설치장소의 주위온도, • 30 : 기저온도

표 6.5 절연체 종류별 최고 허용온도(기저온도에 의한 전류보정계수 예)

절연체의 종류	주위온도 30℃ 이하일 때 보정계수	전류감소계수	절연물의 최고 허용온도℃	
			연속시($\theta 1$)	단락시
가교폴리에틸렌	1.41	$R=\frac{\sqrt{90-\theta}}{30}$	90	230
부틸고무	1.29	$R=\frac{\sqrt{80-\theta}}{30}$	80	
에틸렌프로필렌고무	1.29	$R=\frac{\sqrt{80-\theta}}{30}$	80	
폴리에틸렌내열비닐	1.22	$R=\frac{\sqrt{75-\theta}}{30}$	75	140
일반용 비닐(IV)	1.0	$R=\frac{\sqrt{60-\theta}}{30}$	60	120
내열비닐(HIV)	1.22	$R=\frac{\sqrt{75-\theta}}{30}$	75	120
천연고무	1.0	$R=\frac{\sqrt{60-\theta}}{30}$	60	150
규소고무절연 유리편조	1.41	$R=\frac{\sqrt{90-\theta}}{30}$	90	높은 온도 : 전선의 온도상승이 주위에 유해한 영향을 미칠 위험이 없고 사람이 접촉할 우려가 없는 장소에는 각각 높은 절연체의 허용온도
	2.24	$R=\frac{\sqrt{180-\theta}}{30}$	180	
600V 불소수지절연	1.27	$R=\frac{\sqrt{90-\theta}}{30}$	90	
	2.15	$R=\frac{\sqrt{200-\theta}}{30}$	200	

표 6.6 공사방법별 기저(주위) 온도의 적용 예(허용전류 계산 상의 포설조건)

공사방법	주위온도℃	기타
관로	25	지중관로를 말한다.
직매	25	케이블을 지중에 직접매설 하는 경우
기중(공중) 및 암거	40	케이블트레이, 공기 중의 배관 등
수저	25	수중에 설치되는 것을 말한다.

표 6.7 전선관 내 수납 전선 수에 따른 전류감소계수 적용 예

<table>
<tr><th rowspan="3">동일관내의 전선 본수</th><th colspan="3">전류감소계수</th><th rowspan="3">비고</th></tr>
<tr><th rowspan="2">기술기준</th><th colspan="2">제조업체(희성)</th></tr>
<tr><th>금속관</th><th>경질비닐</th></tr>
<tr><td>3본 이하</td><td>0.70</td><td>0.70</td><td>0.60</td><td rowspan="4">★ 경질비닐전선관의 경우는 인접하는 전력선에 의한 전자적인 불평형을 고려하여 산정한 것임.</td></tr>
<tr><td>4본</td><td>0.63</td><td>0.63</td><td>0.53</td></tr>
<tr><td>5~6본</td><td>0.56</td><td>0.56</td><td>0.46</td></tr>
<tr><td>7본 이상</td><td>0.49</td><td>0.49</td><td>0.38</td></tr>
</table>

표 6.8 다조포설에 따른 전류감소율 적용

<table>
<tr><th colspan="2">구분</th><th colspan="12">전류 저감율</th></tr>
<tr><th rowspan="2">중심간격</th><th>단</th><th colspan="5">1단 포설</th><th colspan="7">2단 포설</th></tr>
<tr><th>열</th><th>1</th><th>2</th><th>3</th><th>6</th><th>7~20</th><th>2</th><th>3</th><th>4</th><th>5</th><th>6</th><th>7</th><th>8~20</th></tr>
<tr><td colspan="2">S=D</td><td>1.0</td><td>0.85</td><td>0.70</td><td>0.7</td><td>0.7</td><td>0.7</td><td>0.6</td><td>0.6</td><td>0.56</td><td>0.53</td><td>0.51</td><td>0.50</td></tr>
<tr><td colspan="2">S=2D</td><td>1.0</td><td>0.95</td><td>0.95</td><td>0.9</td><td>0.8</td><td>0.9</td><td>0.9</td><td>0.85</td><td>0.73</td><td>0.72</td><td>0.71</td><td>0.7</td></tr>
<tr><td colspan="2">S=3D</td><td>1.0</td><td>1.00</td><td>1.00</td><td>0.95</td><td>-</td><td>0.95</td><td>0.95</td><td>0.90</td><td>-</td><td>-</td><td>-</td><td>-</td></tr>
</table>

<table>
<tr><th colspan="2">구분</th><th colspan="11">전류 저감율</th></tr>
<tr><th rowspan="2">중심간격</th><th>단</th><th colspan="11">3단 포설</th></tr>
<tr><th>열</th><th>3</th><th>4</th><th>5</th><th>6</th><th>7</th><th>8</th><th>9~10</th><th>11~12</th><th>13~15</th><th>16~19</th><th>20</th></tr>
<tr><td colspan="2">S=D</td><td>0.48</td><td>0.41</td><td>0.37</td><td>0.34</td><td>0.32</td><td>0.31</td><td>0.3</td><td>0.3</td><td>0.3</td><td>0.3</td><td>0.3</td></tr>
<tr><td colspan="2">S=2D</td><td>0.8</td><td>0.8</td><td>0.68</td><td>0.66</td><td>0.65</td><td>0.64</td><td>0.64</td><td>0.63</td><td>0.62</td><td>0.61</td><td>0.60</td></tr>
<tr><td colspan="2">S=3D</td><td>0.85</td><td>0.85</td><td>–</td><td>–</td><td>–</td><td>–</td><td>–</td><td>–</td><td>–</td><td></td><td>–</td></tr>
</table>

- S : 전선 중심에서 인접한 다른 전선 중심간의 거리
- D : 전선의 외경
- [주의사항] 제조업체에서 산출되는 허용전류의 기준은 일반적으로 S = 2d의 조건으로 제시하는 값이므로 케이블 트레이 공사시 S의 조건을 명기하여야 한다.

2 간선의 선정시 적용할 허용전류의 계산

* 전기법규 제195조 : 저압 옥내 간선의 시설
* 전기법규 제196조 : 분기회로의 시설
에 따라 다음과 같이 계산된다.

1) 백열등, 전열기, 기타소형 기계기구(전동기 1/4HP 이하), 소비전류 6A 이하의 경우

- 부하 정격전류의 합 이상으로 한다.

2) 전동기 등 기동전류가 큰 전기기계 기구를 사용하는 경우

- 50A 이하 : 정격전류의 합 × 1.25배
- 50A 초과 : 정격전류의 합 × 1.1배

3) 전동기와 전열기를 함께 사용하는 경우

① 전열기 합계전류가 전동기 합계전류보다 크거나 같을 때
: 간선의 허용전류≥전열기 합계전류 + 전동기 합계전류

② 전열기 합계전류가 전동기 합계전류보다 작을 때
: 간선의 허용전류≥전열기 합계전류 + K×(전동기 합계전류)
K : 정격전류의 합이 50A 이하일 때 : 1.25배
정격전류의 합이 50A 초과일 때 : 1.1배

4) 과전류 차단기를 부착하는 경우

- 전열기 합계 전류가 전동기 합계 전류보다 크거나 같을 때
: 간선의 허용전류≥과전류차단기의 정격전류
- 전열기 합계전류가 전동기 합계전류보다 작을 때
① 과전류차단기의 정격전류≤전열기 합계전류 + 3×전동기 합계전류
② 과전류차단기의 정격전류≤2.5×간선의 허용전류
* ①과 ②를 비교하여 작은 값을 선택한다.
단, 전열기 합계전류 + 3×전동기 합계전류가 당해 간선의 허용전류(애자사용 배선시의 허용전류) 2.5배 이하일 경우의 과전류차단기의 정격은 당해 간선허용전류의 2.5배 이하로 한다.

- 간선의 허용전류가 100A를 초과하고 과전류차단기의 표준규격에 해당하지 아니할 경우에는 상위 규정에도 불구하고 가장 근사한 상위 값으로 선택할 수 있다.

예 1) 옥내간선에서의 전선 및 차단기 선정

제195조 : 저압 옥내 간선의 시설

① 3상 4선 380V, 20KW 공급 수용

부하내역 : 3상 7.5마력 전동기 1대, 나머지 일반부하

- 계약전력
  - 기동성 부하(7.5*0.75*1.25) : 7KW
  - 일반 부하 : 13KW
- 정격전류
  - 기동성 부하 7KW/(1.732*380)*1000 = 10.6A
  - 일반부하 13KW/(1.732*380)*1000 = 19.7A
- 조건 : 기동성 부하<일반부하인 경우이므로
  - 전선은 (기동성 부하+일반부하) 30A 이상의 허용전류를 가진 전선 선정
  - 차단기는 (기동성 부하*3배)+일반부하 = (10.6A*3배)+19.7A = 51.5A 이므로 51.5A 이하의 정격을 가지는 차단기 50A 선정

② 3상 4선식 380V 20KW 공급 수용

부하내역 : 3상 7.5마력 전동기 2대, 나머지 일반부하

- 계약전력
  - 기동성 부하(7.5*2*0.75*1.25) : 14KW
  - 일반부하 : 6KW
- 정격전류
  - 기동성 부하 14KW/(1.732*380)*1000 = 21.1A
  - 일반부하 6KW/(1.732*380)*1000 = 9.1A
- 조건 : 기동성 부하>일반부하인 경우이므로
  - 기동성 부하 정격전류의 합이 50A 이하인 경우 : 전선은 (기동성 부하*1.25배) + 일반부하
  - 기동성 부하 정격전류의 합이 50A 이상인 경우 : 전선은 (기동성 부하*1.1배) + 일반부하
    의 공식을 적용하여

- 전선은 (21.2A*1.25배)+9.1A = 35.6A
  이므로 35.6A 이상의 허용전류를 가진 전선 선정
- 차단기는 (기동성 부하*3배)+일반부하의 공식을 적용하여
  (21.2*3배)+9.1 = 72.7A 이므로
  72.7A 이하인 정격차단기 60A 선정

예 2) 분기회로에서의 전선 및 차단기 선정

① 기동성 부하, 1상 2선 220V, 15HP 전동기(조건 : 전류 50A 이하)

- 정격전류
  - 입력 : (15HP*0.75*1.33)/220V*1000 = 68A
  - 출력 : (15HP*0.75)/220V*1000 = 51A
- 전선은 전동기 정격전류 * 1.1배 이므로
  - 68A * 1.1 배 = 74.8A 이상의 허용전류를 가진 전선 선정
- 차단기는 전선 허용전류 산정치(K) * 2.5배 이므로
  - 74.8A(K)*2.5배 = 187A 이하인 정격 차단기 175A 선정

② 1상 2선 220V, 15KW 전동기 (조건 : 전류 50A 초과)

- 정격전류
  - 입력 : (15KW*1.33)/220V*1000 = 90.6A
  - 출력 : (15KW)/220V*1000 = 68A
- 전선은 전동기 정격전류*1.1배 이므로
  - 90.6A*1.1배 = 99.6A 이상의 허용전류를 가진 전선 선정
- 차단기는 전선 허용전류 산정치(K)*2.5배 이므로
  - 99.6A (K)*2.5배 = 249.1A 이하인 정격 차단기 225A 선정

예 3) 분기회로에서의 전선 및 차단기 선정

제196조 : 분기회로의 시설

① 기동성 부하, 3상 4선 380V, 10HP 전동기(조건 : 정격전류 50A 이하)

- 정격전류
  - 입력 (10 HP* 0.75*1.25)/(1.732*380)*1000 = 14.2A
  - 출력 10HP*0.75)/(1.732*380)*1000 = 11.4A
- 전선은 전동기 정격전류*1.25배 이므로

- 14.2A*1.25배 = 17.8 A 이상의 허용전류를 가진 전선 선정
- 차단기는 전선 허용전류 산정치(K)*2.5배 이므로
  - 17.8A(K)*2.5배 = 44.5A 이하인 정격차단기 40A 선정
  - 3상 4선 380V 10KW 전동기(조건 : 정격전류 50A 이상)
- 정격전류
  - 입력 (10KW *1.25)/(1.732*380) *1000 = 19A
  - 출력 (10KW)/(1.732*380)*1000 =15A
- 전선은 전동기 정격전류*1.25배 이므로
  - 19A*1.25배 = 23.75A 이상의 허용전류를 가진 전선 선정
- 차단기는 전선 허용전류 산정치(K)*2.5배 이므로
  - 23.75A(K)*2.5배 = 59.3A 이하인 정격차단기 50A 선정

3 단락시 허용전류

단락, 지락시 고장전류가 흐르는 시간(일반적으로 0.5~2초) 동안에 통전 가능한 허용전류를 말하며, 일반적으로 연속시 최고허용온도를 취하는 것으로 하며, 절연체의 종류, 도체재료, 단락 지속시간의 영향을 받는다.

표 6.9 단락시 허용전류 계산 간략식

절연체의 종류	허용전류 계산식(단위 A)		비고
	동도체	알루미늄 도체	
가교폴리에틸렌혼합물 규소고무혼합물	134×A / t	89×A / t	• A : 단면적㎟ • t : 고장지속시간 (초) • 단락전류 참고
부틸고무	139×A / t	94×A / t	
에틸렌프로필렌고무	139×A / t	94×A / t	
폴리에틸렌혼합물	98×A / t	66×A / t	
비닐혼합물	97×A / t	65×A / t	
천연고무혼합물	115×A / t	78×A / t	

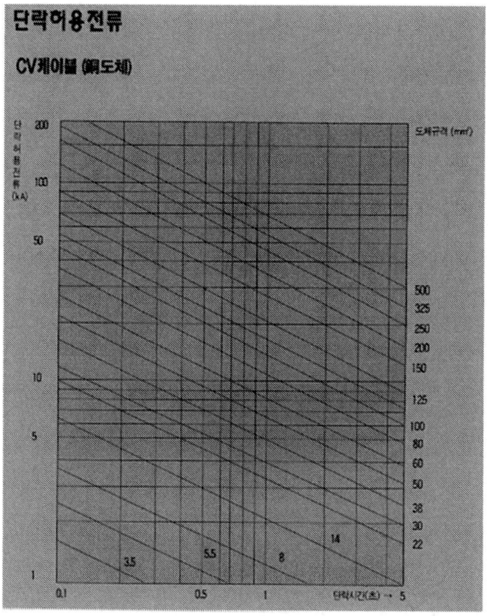

$$I = S \times \sqrt{\frac{0.155\log\dfrac{234.5+T_1}{234.5+T_2}}{t}} = \frac{0.141}{\sqrt{t}} \times S(A)$$

I : 단락전류(KA)

S : 케이블 도체 단면적(mm^2)

t : 단락시간 (초)

T_1 : 도체 최고 허용온도

T_2 : 단락시 도체 허용온도(20℃)

그림 6.34 CV케이블 단락시 허용전류(銅도체) - 희성전선

4 전선별 허용전류

■ 주의사항

- 기저온도가 다를 경우에는 기저온도에 의한 전류보정계수를 곱한 값으로 한다.(7번 이후에 적용 : 기저온도에 의한 전류보정계수보기), 산출식에 의한 계산으로도 된다.
- 7번 이후의 허용전류계산의 포설조건과 실제 사용되는 조건이 다를 경우에는 실제의 조건에 부합시켜 계산을 검토하여야 한다(허용전류 계산상의 포설조건 보기)
- 고온장소의 정의

  주위온도가 보통 사용상태에서 30℃를 초과하는 장소를 말하며, 전기조건이 때때로 30℃를 초과하는 경우는 고온장소로 취급하지 아니한다.

표 6.10 허용 전류표 –IV 전선

구 분 / 규격(㎟)	KSC IEC 60364-5-52							
	표 A. 52-2(52-C1)				표 A. 52-4(52-C3)			
공사방법	A1(2본)–단상				A1(3본)–삼상			
주위온도	도체온도:70℃,주위온도:30℃				도체온도:70℃,주위온도:30℃			
회로수 (보정계수)	1회로	2회로 (×0.8)	3회로 (×0.7)	4회로 (×0.65)	1회로	2회로 (×0.8)	3회로 (×0.7)	4회로 (×0.65)
1.5	14.5	11.6	10.2	9.4	13.5	10.8	9.5	8.8
2.5	19.5	15.6	13.7	12.7	18.0	14.4	12.6	11.7
4	26.0	20.8	18.2	16.9	24.0	19.2	16.8	15.6
6	34.0	27.2	23.8	22.1	31.0	24.8	21.7	20.2
10	46.0	36.8	32.2	29.9	42.0	33.6	29.4	27.3
16	61.0	48.8	42.7	39.7	56.0	44.8	39.2	36.4
25	80.0	64.0	56.0	52.0	73.0	58.4	51.1	47.5
35	99.0	79.2	69.3	64.4	89.0	71.2	62.3	57.9
50	119.0	95.2	83.3	77.4	108.0	86.4	75.6	70.2
70	151.0	120.8	105.7	98.2	136.0	108.8	95.2	88.4
95	182.0	145.6	127.4	118.3	164.0	131.2	114.8	106.6
120	210.0	168.0	147.0	136.5	188.0	150.4	131.6	122.2
150	240.0	192.0	168.0	156.0	216.0	172.8	151.2	140.4
185	273.0	218.4	191.1	177.5	245.0	196.0	171.5	159.3
240	321.0	256.8	224.7	208.7	286.0	228.8	200.2	185.9
300	367.0	293.6	256.9	238.6	328.0	262.4	229.6	213.2
400	-	-	-	-	-	-	-	-
비 고	- A1의 공사방법은 다음과 같다. 1) 내용 : 연절연이 된 벽내의 전선관에 공사한 절연도체(매입공사) 2) 그림 : A1 							

표 6.11 HIV 전선-A1

구분 / 규격(㎟)	KSC IEC 60364-5-52							
	표 A. 52-3(52-C2)				표 A. 52-5(52-C4)			
공사방법	A1(2본)-단상				A1(3본)-삼상			
주위온도	도체온도:90℃,주위온도:30℃				도체온도:90℃,주위온도:30℃			
회로수 (보정계수)	1회로	2회로 (×0.8)	3회로 (×0.7)	4회로 (×0.65)	1회로	2회로 (×0.8)	3회로 (×0.7)	4회로 (×0.65)
1.5	19.0	15.2	13.3	12.4	17.0	13.6	11.9	11.1
2.5	26.0	20.8	18.2	16.9	23.0	18.4	16.1	15.0
4	35.0	28.0	24.5	22.8	31.0	24.8	21.7	20.2
6	45.0	36.0	31.5	29.3	40.0	32.0	28.0	26.0
10	61.0	48.8	42.7	39.7	54.0	43.2	37.8	35.1
16	81.0	64.8	56.7	52.7	73.0	58.4	51.1	47.5
25	106.0	84.8	74.2	68.9	95.0	76.0	66.5	61.8
35	131.0	104.8	91.7	85.2	117.0	93.6	81.9	76.1
50	158.0	126.4	110.6	102.7	141.0	112.8	98.7	91.7
70	200.0	160.0	140.0	130.0	179.0	143.2	125.3	116.4
95	241.0	192.8	168.7	156.7	216.0	172.8	151.2	140.4
120	278.0	222.4	194.6	180.7	249.0	199.2	174.3	161.9
150	318.0	254.4	222.6	206.7	285.0	228.0	199.5	185.3
185	362.0	289.6	253.4	235.3	324.0	259.2	226.8	210.6
240	424.0	339.2	296.8	275.6	380.0	304.0	266.0	247.0
300	486.0	388.8	340.2	315.9	435.0	348.0	304.5	282.8
400	579.0	463.2	405.3	376.4	-	-	-	-
비고	- A1의 공사방법은 다음과 같다. 1) 내용 : 연절연이 된 벽 내의 전선관에 공사한 절연도체(매입공사) 2) 그림 : A1 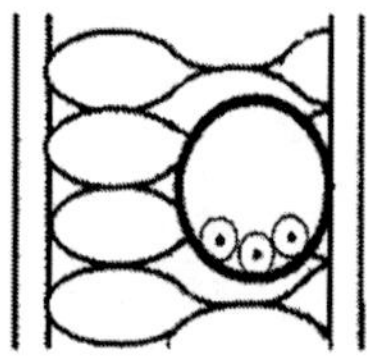							

표 6.12 HIV 전선-B1

구분 / 규격(㎟)	KSC IEC 60364-5-52									
	표 A. 52-3(52-C2)					표 A. 52-5(52-C4)				
공사방법	B1(2본)-단상					B1(3본)-삼상				
주위온도 (온도계수)	30℃	30℃ (×0.91)	40℃ (×0.91)	40℃ (×0.91)	40℃ (×0.91)	30℃	40℃ (×0.91)	40℃ (×0.91)	40℃ (×0.91)	40℃ (×0.91)
회로수 (보정계수)	1회로		2회로 (×0.8)	3회로 (×0.7)	4회로 (×0.65)	1회로		2회로 (×0.8)	3회로 (×0.7)	4회로 (×0.65)
1.5	23.0	20.9	16.7	14.7	13.6	20.0	18.2	14.6	12.7	11.8
2.5	31.0	28.2	22.6	19.7	18.3	28.0	25.5	20.4	17.8	16.6
4	42.0	38.2	30.6	26.8	24.8	37.0	33.7	26.9	23.6	21.9
6	54.0	49.1	39.3	34.4	31.9	48.0	43.7	34.9	30.6	28.4
10	75.0	68.3	54.6	47.8	44.4	66.0	60.1	48.0	42.0	39.0
16	100.0	91.0	72.8	63.7	59.2	88.0	80.1	64.1	56.1	52.1
25	133.0	121.0	96.8	84.7	78.7	117.0	106.5	85.2	74.5	69.2
35	164.0	149.2	119.4	104.5	97.0	144.0	131.0	104.8	91.7	85.2
50	198.0	180.2	144.1	126.1	117.1	175.0	159.3	127.4	111.5	103.5
70	253.0	230.2	184.2	161.2	149.6	222.0	202.0	161.6	141.4	131.3
95	306.0	278.5	222.8	194.9	181.0	269.0	244.8	195.8	171.4	159.1
120	354.0	322.1	257.7	225.5	209.4	312.0	283.9	227.1	198.7	184.5
150	407.0	370.4	296.3	259.3	240.7	-	-	-	-	-
185	464.0	422.2	337.8	295.6	274.5	-	-	-	-	-
240	546.0	496.9	397.5	347.8	323.0	-	-	-	-	-
300	628.0	571.5	457.2	400.0	371.5	-	-	-	-	-
400	751.0	683.4	546.7	478.4	444.2	-	-	-	-	-
비 고	- B1의 공사방법은 다음과 같다. 1) 내용 : 목재벽면의 전선관에 공사한 절연도체(노출공사) 2) 그림 : B1 									

표 6.13 CV, F-CV, FR-8, F-FR-8 케이블-A1, A2 -단상

구분 / 규격(㎟)	KSC IEC 60364-5-52							
	표 A. 52-3(52-C2)				표 A. 52-3(52-C2)			
공사 방법	A1(단심)-1C(2본)-단상				A2(다심)-2C(1본)-단상			
주위 온도	도체온도:90℃,주위온도:30℃				도체온도:90℃,주위온도:30℃			
회로수 (보정계수)	1회로	2회로 (×0.8)	3회로 (×0.7)	4회로 (×0.65)	1회로	2회로 (×0.8)	3회로 (×0.7)	4회로 (×0.65)
1.5	19.0	15.2	13.3	12.4	18.5	14.8	13.0	12.0
2.5	26.0	20.8	18.2	16.9	25.0	20.0	17.5	16.3
4	35.0	28.0	24.5	22.8	33.0	26.4	23.1	21.5
6	45.0	36.0	31.5	29.3	42.0	33.6	29.4	27.3
10	61.0	48.8	42.7	39.7	57.0	45.6	39.9	37.1
16	81.0	64.8	56.7	52.7	76.0	60.8	53.2	49.4
25	106.0	84.8	74.2	68.9	99.0	79.2	69.3	64.4
35	131.0	104.8	91.7	85.2	121.0	96.8	84.7	78.7
50	158.0	126.4	110.6	102.7	145.0	116.0	101.5	94.3
70	200.0	160.0	140.0	130.0	183.0	146.4	128.1	119.0
95	241.0	192.8	168.7	156.7	220.0	176.0	154.0	143.0
120	278.0	222.4	194.6	180.7	253.0	202.4	177.1	164.5
150	318.0	254.4	222.6	206.7	290.0	232.0	203.0	188.5
185	362.0	289.6	253.4	235.3	329.0	263.2	230.3	213.9
240	424.0	339.2	296.8	275.6	386.0	308.8	270.2	250.9
300	486.0	388.8	340.2	315.9	442.0	353.6	309.4	287.3
비 고	A1의 공사방법은 다음과 같다. 1) 내용 : 연절연이 된 벽내의 전선관에 공사한 절연도체(매입공사) 2) 그림 : 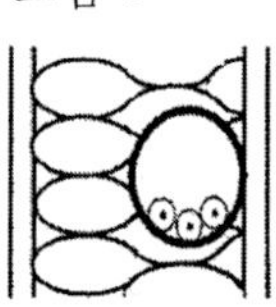				A2의 공사방법은 다음과 같다. 1) 내용 : 단열이 된 벽내의 전선관에 공사한 다심케이블(매입공사) 2) 그림 : 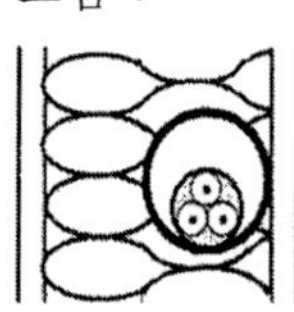			

표 6.14 CV, F-CV, FR-8, F-FR-8 케이블-B1, B2 -단상

구분 규격(㎟)	KSC IEC 60364-5-52									
	표 A. 52-3(52-C2)					표 A. 52-3(52-C2)				
공사 방법	B1(단심)-1C(2본)-단상					B1(다심)-2C(1본)-단상				
주위온도 (온도계수)	30℃	40℃ (×0.91)	40℃ (×0.91)	40℃ (×0.91)	40℃ (×0.91)	30℃	40℃ (×0.91)	40℃ (×0.91)	40℃ (×0.91)	40℃ (×0.91)
회로수 (보정계수)	1회로		2회로 (×0.8)	3회로 (×0.7)	4회로 (×0.65)	1회로		2회로 (×0.8)	3회로 (×0.7)	4회로 (×0.65)
1.5	23.0	20.9	16.7	14.7	13.6	22.0	20.0	16.0	14.0	13.0
2.5	31.0	28.2	22.6	19.7	18.3	30.0	27.3	21.8	19.1	17.7
4	42.0	38.2	30.6	26.8	24.8	40.0	36.4	29.1	25.5	23.7
6	54.0	49.1	39.3	34.4	31.9	51.0	46.4	37.1	32.5	30.2
10	75.0	68.3	54.6	47.8	44.4	69.0	62.8	50.2	44.0	40.8
16	100.0	91.0	72.8	63.7	59.2	91.0	82.8	66.2	58.0	53.8
25	133.0	121.0	96.8	84.7	78.7	119.0	108.3	86.6	75.8	70.4
35	164.0	149.2	119.4	104.5	97.0	146.0	132.9	106.3	93.0	86.4
50	198.0	180.2	144.1	126.1	117.1	175.0	159.3	127.4	111.5	103.5
70	253.0	230.2	184.2	161.2	149.6	221.0	201.1	160.9	140.8	130.7
95	306.0	278.5	222.8	194.9	181.0	265.0	241.2	192.9	168.8	156.7
120	354.0	322.1	257.7	225.5	209.4	305.0	277.6	222.0	194.3	180.4
150	-	-	-	-	-	-	-	-	-	-
185	-	-	-	-	-	-	-	-	-	-
240	-	-	-	-	-	-	-	-	-	-
300	-	-	-	-	-	-	-	-	-	-
비고	- B1의 공사방법은 다음과 같다. 1) 내용 : 목재벽면의 전선관에 공사한 절연도체(노출공사) 2) 그림 : 					- B2의 공사방법은 다음과 같다. 1) 내용 : 목재벽면의 전선관에 공사한 다심케이블(노출공사) 2) 그림 : 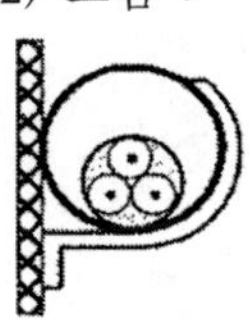				

표 6.15 CV, F-CV, FR-8, F-FR-8 케이블-A1, A2 - 삼상

구분 / 규격(㎟)	KS C IEC 60364-5-52							
	표 A. 52-5(52-C4)				표 A. 52-5(52-C4)			
공사방법	A1(단심)-1C(3본)-삼상				A2(다심)-3C(1본)-삼상			
주위온도	도체온도:90℃, 주위온도:30℃				도체온도:90℃,주위온도:30℃			
회로수 (보정계수)	1회로	2회로 (×0.8)	3회로 (×0.7)	4회로 (×0.65)	1회로	2회로 (×0.8)	3회로 (×0.7)	4회로 (×0.65)
1.5	17.0	13.6	11.9	11.1	16.5	13.2	11.6	10.7
2.5	23.0	18.4	16.1	15.0	22.0	17.6	15.4	14.3
4	31.0	24.8	21.7	20.2	30.0	24.0	21.0	19.5
6	40.0	32.0	28.0	26.0	38.0	30.4	26.6	24.7
10	54.0	43.2	37.8	35.1	51.0	40.8	35.7	33.2
16	73.0	58.4	51.1	47.5	68.0	54.4	47.6	44.2
25	95.0	76.0	66.5	61.8	89.0	71.2	62.3	57.9
35	117.0	93.6	81.9	76.1	109.0	87.2	76.3	70.9
50	141.0	112.8	98.7	91.7	130.0	104.0	91.0	84.5
70	179.0	143.2	125.3	116.4	164.0	131.2	114.8	106.6
95	216.0	172.8	151.2	140.4	197.0	157.6	137.9	128.1
120	249.0	199.2	174.3	161.9	227.0	181.6	158.9	147.6
150	285.0	228.0	199.5	185.3	259.0	207.2	181.3	168.4
185	324.0	259.2	226.8	210.6	295.0	236.0	206.5	191.8
240	380.0	304.0	266.0	247.0	346.0	276.8	242.2	224.9
300	435.0	348.0	304.5	282.8	396.0	316.8	277.2	257.4
비고	- A1의 공사방법은 다음과 같다. 1) 내용 : 연절연이 된 벽내의 전선관에 공사한 절연도체(매입공사) 2) 그림 : 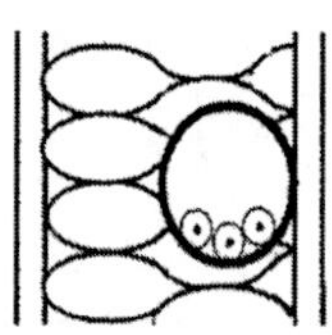				- A2의 공사방법은 다음과 같다. 1) 내용 : 단열된 벽 내의 전선관에 다심케이블(매입공사) 2) 그림 : 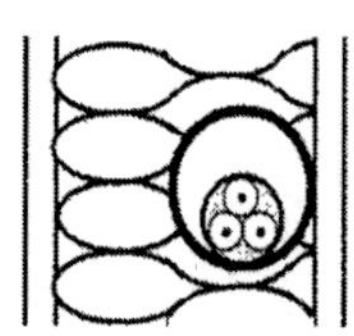			

표 6.16 CV, F-CV, FR-8, F-FR-8 케이블-B1,B2 - 삼상

구분 / 규격(㎟)	KSC IEC 60364-5-52									
	표 A. 52-5(52-C4)					표 A. 52-5(52-C4)				
공사방법	B1(단심)-1C(3본)-삼상					B1(다심)-3C(1본)-삼상				
주위온도 (온도계수)	30℃	40℃ (×0.91)	40℃ (×0.91)	40℃ (×0.91)	40℃ (×0.91)	30℃	40℃ (×0.91)	40℃ (×0.91)	40℃ (×0.91)	40℃ (×0.91)
회로수 (보정계수)	1회로		2회로 (×0.8)	3회로 (×0.7)	4회로 (×0.65)	1회로		2회로 (×0.8)	3회로 (×0.7)	4회로 (×0.65)
1.5	20.0	18.2	14.6	12.7	11.8	19.5	17.7	14.2	12.4	11.5
2.5	28.0	25.5	20.4	17.8	16.6	26.0	23.7	18.9	16.6	15.4
4	37.0	33.7	26.9	23.6	21.9	35.0	31.9	25.5	22.3	20.7
6	48.0	43.7	34.9	30.6	28.4	44.0	40.0	32.0	28.0	26.0
10	66.0	60.1	48.0	42.0	39.0	60.0	54.6	43.7	38.2	35.5
16	88.0	80.1	64.1	56.1	52.1	80.0	72.8	58.2	51.0	47.3
25	117.0	106.5	85.2	74.5	69.2	105.0	95.6	76.4	66.9	62.1
35	144.0	131.0	104.8	91.7	85.2	128.0	116.5	93.2	81.5	75.7
50	175.0	159.3	127.4	111.5	103.5	154.0	140.1	112.1	98.1	91.1
70	222.0	202.0	161.6	141.4	131.3	194.0	176.5	141.2	123.6	114.8
95	269.0	244.8	195.8	171.4	159.1	233.0	212.0	169.6	148.4	137.8
120	312.0	283.9	227.1	198.7	184.5	268.0	243.9	195.1	170.7	158.5
150	-	-	-	-	-	-	-	-	-	-
185	-	-	-	-	-	-	-	-	-	-
240	-	-	-	-	-	-	-	-	-	-
300	-	-	-	-	-	-	-	-	-	-
비고	-B1의 공사방법은 다음과 같다. 1) 내용 : 목재벽면의 전선관에 공사한 절연도체 (노출공사) 2) 그림 					-B2의 공사방법은 다음과 같다. 1) 내용 : 목재벽면의 전선관에 공사한 다심케이블(노출공사) 2) 그림 : 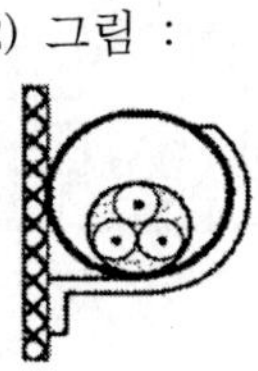				

표 6.17 HIV, CV, FR-8 케이블 – D 공사

구분 / 규격(㎟)	KSC IEC 60364-5-52							
	표 A. 52-3(52-C2)				표 A. 52-5(52-C4)			
공사방법	D(다심)-2C(1본)-단상				D(다심)-3C(1본)-삼상			
주위온도	도체온도:90℃, 주위온도:30℃, 지중온도:20℃				도체온도:90℃, 주위온도:30℃, 지중온도:20℃			
회로수 (보정계수)	1회로	2회로 (×0.75)	3회로 (×0.65)	4회로 (×0.6)	1회로	2회로 (×0.75)	3회로 (×0.65)	4회로 (×0.6)
1.5	26.0	19.5	16.9	15.6	22.0	16.5	14.3	13.2
2.5	34.0	25.5	22.1	20.4	29.0	21.8	18.9	17.4
4	44.0	33.0	28.6	26.4	37.0	27.8	24.1	22.2
6	56.0	42.0	36.4	33.6	46.0	34.5	29.9	27.6
10	73.0	54.8	47.5	43.8	61.0	45.8	39.7	36.6
16	95.0	71.3	61.8	57.0	79.0	59.3	51.4	47.4
25	121.0	90.8	78.7	72.6	101.0	75.8	65.7	60.6
35	146.0	109.5	94.9	87.6	122.0	91.5	79.3	73.2
50	173.0	129.8	112.5	103.8	144.0	108.0	93.6	86.4
70	213.0	159.8	138.5	127.8	178.0	133.5	115.7	106.8
95	252.0	189.0	163.8	151.2	211.0	158.3	137.2	126.6
120	287.0	215.3	186.6	172.2	240.0	180.0	156.0	144.0
150	324.0	243.0	210.6	194.4	271.0	203.3	176.2	162.6
185	363.0	272.3	236.0	217.8	304.0	228.0	197.6	182.4
240	419.0	314.3	272.4	251.4	351.0	263.3	228.2	210.6
300	474.0	355.5	308.1	284.4	396.0	297.0	257.4	237.6
비 고	- D의 공사방법은 다음과 같다. 1) 내용 : 지중의 덕트 내에 공사한 다심케이블(지중매설공사) 2) 그림 : 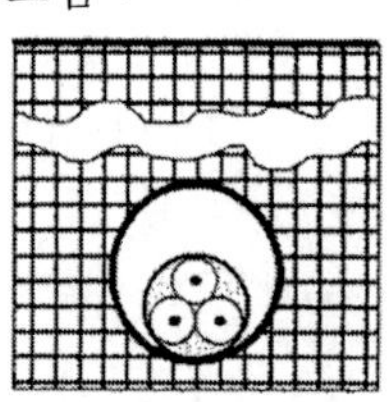							

표 6.18 CV, FCV, FR8, FFR8-E, F 공사-1

구분 / 규격(㎟)	KSC IEC 60364-5-52								
	표 A. 52-12(52-C11) - PUNCHED TYPE TRAY								
공사방법	F (단심)-1C			E (다심)-2C			E (다심)-3,4C		
주위온도 (온도,보정계수)	30℃	40℃ (×0.91)	보정계수 (×0.72)	30℃	40℃ (×0.91)	보정계수 (×0.72)	30℃	40℃ (×0.91)	보정계수 (×0.72)
1.5	-	-	-	26.0	23.7	17.0	23.0	20.9	15.1
2.5	-	-	-	36.0	32.8	23.6	32.0	29.1	21.0
4	-	-	-	49.0	44.6	32.1	42.0	38.2	27.5
6	-	-	-	63.0	57.3	41.3	54.0	49.1	35.4
10	-	-	-	86.0	78.3	56.3	75.0	68.3	49.1
16	-	-	-	115.0	104.7	75.3	100.0	91.0	65.5
25	141.0	128.3	92.4	149.0	135.6	97.6	127.0	115.6	83.2
35	176.0	160.2	115.3	185.0	168.4	121.2	158.0	143.8	103.5
50	216.0	196.6	141.5	225.0	204.8	147.4	192.0	174.7	125.8
70	279.0	253.9	182.8	289.0	263.0	189.4	246.0	223.9	161.2
95	342.0	311.2	224.1	352.0	320.3	230.6	298.0	271.2	195.2
120	400.0	364.0	262.1	410.0	373.1	268.6	346.0	314.9	226.7
150	464.0	422.2	304.0	473.0	430.4	309.9	399.0	363.1	261.4
185	533.0	485.0	349.2	542.0	493.2	355.1	456.0	415.0	298.8
240	634.0	576.9	415.4	641.0	583.3	420.0	538.0	489.6	352.5
300	736.0	669.8	482.2	741.0	674.3	485.5	621.0	565.1	406.9
400	868.0	789.9	568.7	-	-	-	-	-	-
500	998.0	908.2	653.9	-	-	-	-	-	-
630	1151.0	1047.4	754.1	-	-	-	-	-	-
비고	-F의 공사방법 1) 내용 : TRAY내에 3개 이상의 도체를 밀착하여 포설한 공사 2) 그림 : 			-E의 공사방법 1) 내용 : TRAY내에 다심(2C) 케이블을 포설한 공사 2) 그림 : 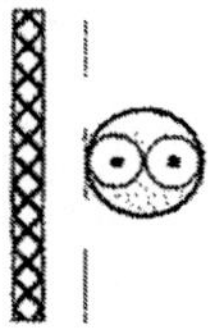			-E의 공사방법 1) 내용 : TRAY내에 다심(3,4C)케이블을 포설한 공사 2) 그림 : 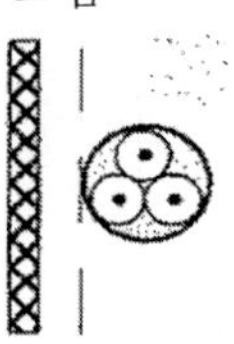		

표 6.19 CV, FCV, FR8, FFR8-E, F 공사-2

구분 / 규격(㎟)	KSC IEC 60364-5-52								
	표 A. 52-12(52-C11) - LADDER TYPE TRAY								
공사방법	F (단심)-1C			E (다심)-2C			E (다심)-3,4C		
주위온도 (온도, 보정계수)	30℃	40℃ (×0.91)	보정 계수 (×0.78)	30℃	40℃ (×0.91)	보정계수 (×0.78)	30℃	40℃ (×0.91)	보정 계수 (×0.78)
1.5	-	-	-	26.0	23.7	18.5	23.0	20.9	16.3
2.5	-	-	-	36.0	32.8	25.6	32.0	29.1	22.7
4	-	-	-	49.0	44.6	34.8	42.0	38.2	29.8
6	-	-	-	63.0	57.3	44.7	54.0	49.1	38.3
10	-	-	-	86.0	78.3	61.0	75.0	68.3	53.2
16	-	-	-	115.0	104.7	81.6	100.0	91.0	71.0
25	141.0	128.3	100.1	149.0	135.6	105.8	127.0	115.6	90.1
35	176.0	160.2	124.9	185.0	168.4	131.3	158.0	143.8	112.1
50	216.0	196.6	153.3	225.0	204.8	159.7	192.0	174.7	136.3
70	279.0	253.9	198.0	289.0	263.0	205.1	246.0	223.9	174.6
95	342.0	311.2	242.8	352.0	320.3	249.8	298.0	271.2	211.5
120	400.0	364.0	283.9	410.0	373.1	291.0	346.0	314.9	245.6
150	464.0	422.2	329.3	473.0	430.4	335.7	399.0	363.1	283.2
185	533.0	485.0	378.3	542.0	493.2	384.7	456.0	415.0	323.7
240	634.0	576.9	450.0	641.0	583.3	455.0	538.0	489.6	381.9
300	736.0	669.8	522.4	741.0	674.3	526.0	621.0	565.1	440.8
400	868.0	789.9	616.1	-	-	-	-	-	-
500	998.0	908.2	708.4	-	-	-	-	-	-
630	1151.0	1047.4	817.0	-	-	-	-	-	-
비고	- F의 공사방법 1) 내용 : TRAY 내에 3개 이상의 도체를 밀착하여 포설한 공사 2) 그림 : 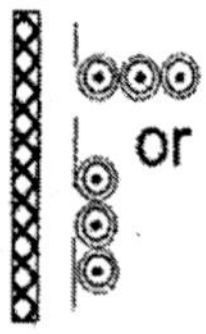			- E의 공사방법 1) 내용 : TRAY 내에 다심(2C)케이블을 포설한 공사 2) 그림 : 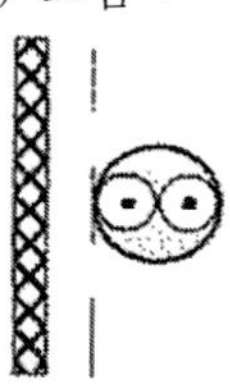			- E의 공사방법 1) 내용 : TRAY 내에 다심(3,4C)케이블을 포설한 공사 2) 그림 : 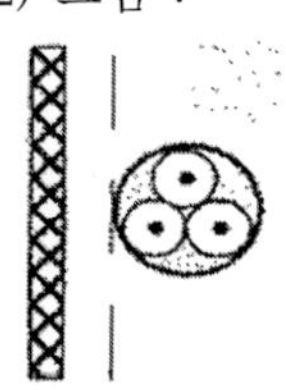		

표 6.20 집합감소계수 일반

A. 52-17(52-E1)복수회로 또는 다심케이블 복수의 집합에 대한 감소계수

A. 52-2(52-C1)~A.52-13(52-C12)의 허용전류를 이용

<table>
<tr><th rowspan="2">항</th><th rowspan="2">배치
(케이블밀착)</th><th colspan="12">회로 또는 다심 케이블의 수</th><th rowspan="2">허용 전류를 이용</th></tr>
<tr><th>1</th><th>2</th><th>3</th><th>4</th><th>5</th><th>6</th><th>7</th><th>8</th><th>9</th><th>12</th><th>16</th><th>20</th></tr>
<tr><td>1</td><td>기중이나 벽면에 묶거나 매설 또는 수납</td><td>1.00</td><td>0.80</td><td>0.70</td><td>0.65</td><td>0.60</td><td>0.57</td><td>0.54</td><td>0.52</td><td>0.50</td><td>0.45</td><td>0.41</td><td>0.38</td><td>52-C1 ~ 52-C12 방법A~F</td></tr>
<tr><td>2</td><td>벽 또는 막힘형 트레이의 단일층</td><td>1.00</td><td>0.85</td><td>0.79</td><td>0.75</td><td>0.73</td><td>0.72</td><td>0.72</td><td>0.71</td><td>0.70</td><td colspan="3" rowspan="4">9개 이상의 회로 또는 다심 케이블인 경우 이 이상의 감소계수는 없음</td><td rowspan="2">52-C1~ 52-C16 방법C</td></tr>
<tr><td>3</td><td>목재 천장면 아래에 직접 고정한 단일층</td><td>0.95</td><td>0.81</td><td>0.72</td><td>0.68</td><td>0.66</td><td>0.64</td><td>0.63</td><td>0.62</td><td>0.61</td></tr>
<tr><td>4</td><td>환기형 수평 또는 수직 트레이의 단일층 (Punched type)</td><td>1.00</td><td>0.88</td><td>0.82</td><td>0.77</td><td>0.75</td><td>0.73</td><td>0.73</td><td>0.72</td><td>0.72</td><td rowspan="2">52-C7~ 52-C12 방법 E와 F</td></tr>
<tr><td>5</td><td>사다리 지지대 또는 클리트의 단일층 (Ladder type)</td><td>1.00</td><td>0.87</td><td>0.82</td><td>0.80</td><td>0.80</td><td>0.79</td><td>0.79</td><td>0.78</td><td>0.78</td></tr>
</table>

비고

1. 이러한 계수는 동일하게 부하가 걸린 동일 집합에 속한 케이블에 적용할 수 있다.
2. 인접 케이블간의 수평간격이 그 외경의 2배를 초과할 경우, 감소계수를 적용할 필요는 없다.
3. 동일한 계수를 다음에 적용한다. (단심 케이블 2개 또는 3개의 집합체, 다심 케이블)
4. 하나의 계통이 2심과 3심 케이블로 구성된 경우에 전체 케이블 수는 회로 수와 같은 것으로 간주하고, 그 보정계수를 2심 케이블에는 2개의 부하도체에 대한 표를, 3심 케이블에는 3개의 부하도체에 대한 표를 적용한다.
5. 집합체가 n개 단심 케이블로 구성된 경우에는 2개 부하도체의 n/2 회로 또는 3개 부하도체의 n/3회로로 간주해도 무방하다.
6. 이 표에 나타낸 값은 표 52-C1 ~52-C12에 제시된 도체의 굵기와 공사 형태 범위에 대한 평균값이다. 보정계수의 정확도는 ±5%오차 범위 내에 있다.
7. 특수 공사 및 이 표에 나타내지 않은 다른 공사방법인 경우에는 특수한 경우에 대비해 계산한 계수를 사용하는 것이 바람직하며 52-E4 ~ 52-E5를 참조한다.

표 6.21 온도계수

표 A.52-17(52-E1) 복수회로 또는 다심케이블 복수의 집합에 대한 감소계수
A. 52-2(52-C1)~A.52-13(52-C12)의 허용전류를 이용

<table>
<tr><th rowspan="2">항</th><th rowspan="2">배치
(케이블밀착)</th><th colspan="12">회로 또는 다심 케이블의 수</th><th rowspan="2">허용전류를 이용</th></tr>
<tr><th>1</th><th>2</th><th>3</th><th>4</th><th>5</th><th>6</th><th>7</th><th>8</th><th>9</th><th>12</th><th>16</th><th>20</th></tr>
<tr><td>1</td><td>기중이나 벽면에
묶거나 매설 또는 수납</td><td>1.00</td><td>0.80</td><td>0.70</td><td>0.65</td><td>0.60</td><td>0.57</td><td>0.54</td><td>0.52</td><td>0.50</td><td>0.45</td><td>0.41</td><td>0.38</td><td>52-C1 ~
52-C12
방법A~F</td></tr>
<tr><td>2</td><td>벽 또는 막힘형
트레이의 단일층</td><td>1.00</td><td>0.85</td><td>0.79</td><td>0.75</td><td>0.73</td><td>0.72</td><td>0.72</td><td>0.71</td><td>0.70</td><td rowspan="4" colspan="3">9개 이상의 회로
또는 다심
케이블인
경우 이 이상의
감소 계수는 없음</td><td rowspan="2">52-C1 ~
52-C16
방법C</td></tr>
<tr><td>3</td><td>목재 천장면
아래에 직접
고정한 단일층</td><td>0.95</td><td>0.81</td><td>0.72</td><td>0.68</td><td>0.66</td><td>0.64</td><td>0.63</td><td>0.62</td><td>0.61</td></tr>
<tr><td>4</td><td>환기형 수평 또는
수직 트레이의 단일층
(Punched type)</td><td>1.00</td><td>0.88</td><td>0.82</td><td>0.77</td><td>0.75</td><td>0.73</td><td>0.73</td><td>0.72</td><td>0.72</td><td rowspan="2">52-C7 ~
52-C12
방법E와 F</td></tr>
<tr><td>5</td><td>사다리 지지대
또는 클리트의
단일층
(Ladder type)</td><td>1.00</td><td>0.87</td><td>0.82</td><td>0.80</td><td>0.80</td><td>0.79</td><td>0.79</td><td>0.78</td><td>0.78</td></tr>
</table>

비고

1. 이러한 계수는 동일하게 부하가 걸린 동일 집합에 속한 케이블에 적용할 수 있다.
2. 인접 케이블간의 수평간격이 그 외경의 2배를 초과할 경우, 감소계수를 적용할 필요는 없다.
3. 동일한 계수를 다음에 적용한다. (단심케이블 2개 또는 3개의 집합체, 다심케이블)
4. 하나의 계통이 2심과 3심 케이블로 구성된 경우에 전체 케이블 수는 회로 수와 같은 것으로 간주하고, 그 보정계수를 2심 케이블에는 2개의 부하도체에 대한 표를, 3심 케이블에는 3개의 부하도체에 대한 표를 적용 한다.
5. 집합체가 n개 단심 케이블로 구성된 경우에는 2개 부하도체의 n/2 회로 또는 3개 부하도체의 n/3회로로 간주해도 무방하다.
6. 이 표에 나타낸 값은 표 52-C1 ~52-C12에 제시된 도체의 굵기와 공사 형태 범위에 대한 평균값이다. 보정계수의 정확도는 ±5%오차 범위 내에 있다.
7. 특수 공사 및 이 표에 나타내지 않은 다른 공사방법인 경우에는 특수한 경우에 대비해 계산한 계수를 사용하는 것이 바람직하며 52-E4 ~ 52-E5를 참조한다.

표 6.22 집합감소계수(지중배관)

표 A.52-18(52-E2)지중에 직접 시설한 복수의 케이블에 대한 보정계수

A.52-2(52-C1)~A.52-5(52-C4)의 공사방법 D 단심 또는 다심 케이블

회 로 수	케이블간 간격(a)				
	0 (케이블밀착)	1 (케이블직경)	0.125M	0.25M	0.5M
2	0.75	0.80	0.85	0.90	0.90
3	0.65	0.70	0.75	0.80	0.85
4	0.60	0.60	0.70	0.75	0.80
5	0.55	0.55	0.65	0.70	0.80
6	0.50	0.55	0.60	0.70	0.80

1) 다심케이블

2) 단심케이블

- 이 값은 매설깊이가 0.7M, 토양의 열저항률이 2.5Km/W인 경우에 적용한다.
- 이 값은 표 A.52-2~A.52-5에 제시된 케이블의 크기와 공사 형태 범위에 대한 평균값이다. 평균을 구해 그 값을 반올림하여 대부분의 경우 ±10% 이하의 오차 결과를 얻을 수 있다.(좀 더 정확한 값이 필요한 경우 IEC 60287-2-1에서 규정하는 계산방법으로 계산한다.)

IEG3610을 이용한

시퀀스 제어 실습

1판 8쇄 2026년 3월 3일

저 자 김세찬 / 이한석
발행인 송광헌
발행처 **복두(더)**
주 소 서울특별시 영등포구 경인로82길 3-4
센터플러스 807호
(우) 07371
전 화 02-2164-2580
FAX 02-2164-2584
등 록 1993. 11. 22. 제 10-902 호

정가 : 16,000원
ISBN : 979-11-85880-90-7 93560

한국과학기술출판협회 회원사